U0203032

第二次青藏高原综合科学考察研究丛书

南亚污染物跨境传输
及其对青藏高原环境影响评估报告

康世昌　丛志远　王小萍　张　凡　张强弓等　著

科学出版社

北　京

内 容 简 介

本书是第二次青藏高原综合科学考察研究的最新成果之一，内容涵盖青藏高原大气环境本底状况、大气污染物的历史变化、跨境传输过程与机制，以及大气污染物的气候效应和环境影响等方面。

本书可供地理、环境、大气、生态、水文、气候变化和区域经济社会可持续发展等有关领域的科研和技术人员、大专院校相关专业师生使用和参考，也为在生态保护、环境外交等领域和部门工作的同仁提供参考。

审图号：GS（2021）2233号

图书在版编目（CIP）数据

南亚污染物跨境传输及其对青藏高原环境影响评估报告 / 康世昌等著.
—北京：科学出版社，2021.8
（第二次青藏高原综合科学考察研究丛书）
国家出版基金项目
ISBN 978-7-03-062810-7

Ⅰ.①南… Ⅱ.①康… Ⅲ.①大气污染物–影响–青藏高原–环境质量评价–研究报告 Ⅳ.①X820.3

中国版本图书馆CIP数据核字（2019）第239868号

责任编辑：杨帅英 张力群 / 责任校对：何艳萍
责任印制：肖 兴 / 封面设计：吴霞暖

科学出版社 出版
北京东黄城根北街16号
邮政编码：100717
http://www.sciencep.com
北京汇瑞嘉合文化发展有限公司 印刷
科学出版社发行 各地新华书店经销
*
2021年8月第 一 版 开本：787×1092 1/16
2021年8月第一次印刷 印张：16 1/4
字数：385 000
定价：198.00元
（如有印装质量问题，我社负责调换）

"第二次青藏高原综合科学考察研究丛书"
指导委员会

主　任	孙鸿烈	中国科学院地理科学与资源研究所
副主任	陈宜瑜	国家自然科学基金委员会
	秦大河	中国气象局
委　员	姚檀栋	中国科学院青藏高原研究所
	安芷生	中国科学院地球环境研究所
	李廷栋	中国地质科学院地质研究所
	程国栋	中国科学院西北生态环境资源研究院
	刘昌明	中国科学院地理科学与资源研究所
	郑绵平	中国地质科学院矿产资源研究所
	李文华	中国科学院地理科学与资源研究所
	吴国雄	中国科学院大气物理研究所
	滕吉文	中国科学院地质与地球物理研究所
	郑　度	中国科学院地理科学与资源研究所
	钟大赉	中国科学院地质与地球物理研究所
	石耀霖	中国科学院大学
	张亚平	中国科学院
	丁一汇	中国气象局国家气候中心
	吕达仁	中国科学院大气物理研究所
	张　经	华东师范大学
	郭华东	中国科学院空天信息创新研究院
	陶　澍	北京大学

刘丛强　中国科学院地球化学研究所

龚健雅　武汉大学

焦念志　厦门大学

赖远明　中国科学院西北生态环境资源研究院

胡春宏　中国水利水电科学研究院

郭正堂　中国科学院地质与地球物理研究所

王会军　南京信息工程大学

周成虎　中国科学院地理科学与资源研究所

吴立新　中国海洋大学

夏　军　武汉大学

陈大可　自然资源部第二海洋研究所

张人禾　复旦大学

杨经绥　南京大学

邵明安　中国科学院地理科学与资源研究所

侯增谦　国家自然科学基金委员会

吴丰昌　中国环境科学研究院

孙和平　中国科学院测量与地球物理研究所

于贵瑞　中国科学院地理科学与资源研究所

王　赤　中国科学院国家空间科学中心

肖文交　中国科学院新疆生态与地理研究所

朱永官　中国科学院城市环境研究所

"第二次青藏高原综合科学考察研究丛书"
编辑委员会

主　编　姚檀栋

副主编　徐祥德　欧阳志云　傅伯杰　　施　鹏　　陈发虎　丁　林
　　　　　吴福元　崔　鹏　葛全胜

编　委　王　浩　王成善　多　吉　沈树忠　张建云　张培震
　　　　　陈德亮　高　锐　彭建兵　马耀明　王小丹　王中根
　　　　　王宁练　王伟财　王建萍　王艳芬　王　强　王　磊
　　　　　车　静　牛富俊　勾晓华　卞建春　文　亚　方小敏
　　　　　方创琳　邓　涛　石培礼　卢宏伟　史培军　白　玲
　　　　　朴世龙　曲建升　朱立平　邬光剑　刘卫东　刘屹岷
　　　　　刘国华　刘　禹　刘勇勤　汤秋鸿　安宝晟　祁生文
　　　　　许　倞　孙　航　赤来旺杰　严　庆　苏　靖　李小雁
　　　　　李加洪　李亚林　李晓峰　李清泉　李　嵘　李　新
　　　　　杨永平　杨林生　杨晓燕　沈　吉　宋长青　宋献方
　　　　　张扬建　张进江　张知彬　张宪洲　张晓山　张鸿翔
　　　　　张镱锂　陆日宇　陈　志　陈晓东　范宏瑞　罗　勇
　　　　　周广胜　周天军　周　涛　郑文俊　封志明　赵　平
　　　　　赵千钧　赵新全　段青云　施建成　秦克章　莫重明
　　　　　徐柏青　徐　勇　高　晶　郭学良　郭　柯　席建超
　　　　　黄建平　康世昌　梁尔源　葛永刚　温　敏　蔡　榕
　　　　　翟盘茂　樊　杰　潘开文　潘保田　薛　娴　薛　强
　　　　　戴　霜

《南亚污染物跨境传输及其对青藏高原环境影响评估报告》编写委员会

主　　笔　康世昌　丛志远

副主笔　王小萍　张　凡　张强弓

编　　委　（按姓氏汉语拼音排序）

陈鹏飞　丛志远　龚　平　黄　杰　吉振明

康世昌　李潮流　刘　彬　曲　斌　史晓楠

万　欣　王传飞　王冠星　王小萍　武广明

徐柏青　徐建中　杨俊华　殷秀峰　曾　辰

张　凡　张宏波　张强弓　张玉兰

丛书序一

　　青藏高原是地球上最年轻、海拔最高、面积最大的高原，西起帕米尔高原和兴都库什、东到横断山脉，北起昆仑山和祁连山、南至喜马拉雅山区，高原面海拔 4500 米上下，是地球上最独特的地质 – 地理单元，是开展地球演化、圈层相互作用及人地关系研究的天然实验室。

　　鉴于青藏高原区位的特殊性和重要性，新中国成立以来，在我国重大科技规划中，青藏高原持续被列为重点关注区域。《1956—1967年科学技术发展远景规划》《1963—1972 年科学技术发展规划》《1978—1985 年全国科学技术发展规划纲要》等规划中都列入针对青藏高原的相关任务。1971 年，周恩来总理主持召开全国科学技术工作会议，制订了基础研究八年科技发展规划（1972—1980 年），青藏高原科学考察是五个核心内容之一，从而拉开了第一次大规模青藏高原综合科学考察研究的序幕。经过近 20 年的不懈努力，第一次青藏综合科考全面完成了 250 多万平方千米的考察，产出了近 100 部专著和论文集，成果荣获了 1987 年国家自然科学奖一等奖，在推动区域经济建设和社会发展、巩固国防边防和国家西部大开发战略的实施中发挥了不可替代的作用。

　　自第一次青藏综合科考开展以来的近 50 年，青藏高原自然与社会环境发生了重大变化，气候变暖幅度是同期全球平均值的两倍，青藏高原生态环境和水循环格局发生了显著变化，如冰川退缩、冻土退化、冰湖溃决、冰崩、草地退化、泥石流频发，严重影响了人类生存环境和经济社会的发展。青藏高原还是"一带一路"环境变化的核心驱动区，将对"一带一路"沿线 20 多个国家和 30 多亿人口的生存与发展带来影响。

　　2017 年 8 月 19 日，第二次青藏高原综合科学考察研究启动，习近平总书记发来贺信，指出"青藏高原是世界屋脊、亚洲水塔，是地球第三极，是我国重要的生态安全屏障、战略资源储备基地，是中华民族特色文化的重要保护地",要求第二次青藏高原综合科学考察研究要"聚焦水、生态、人类活动,着力解决青藏高原资源环境承载力、灾害风险、绿色发展途径等方面的问题,为守护好世界上最后一方净土、建设美丽的青藏高原作出新贡献,让青藏高原各族群众生活更加幸福安康"。习近平总书记的贺信传达了党中央对青藏高原可持续发展和建设国家生态保护屏障的战略方针。

第二次青藏综合科考将围绕青藏高原地球系统变化及其影响这一关键科学问题,开展西风-季风协同作用及其影响、亚洲水塔动态变化与影响、生态系统与生态安全、生态安全屏障功能与优化体系、生物多样性保护与可持续利用、人类活动与生存环境安全、高原生长与演化、资源能源现状与远景评估、地质环境与灾害、区域绿色发展途径等 10 大科学问题的研究,以服务国家战略需求和区域可持续发展。

"第二次青藏高原综合科学考察研究丛书"将系统展示科考成果,从多角度综合反映过去 50 年来青藏高原环境变化的过程、机制及其对人类社会的影响。相信第二次青藏综合科考将继续发扬老一辈科学家艰苦奋斗、团结奋进、勇攀高峰的精神,不忘初心,砥砺前行,为守护好世界上最后一方净土、建设美丽的青藏高原作出新的更大贡献!

孙鸿烈

第一次青藏科考队队长

丛书序二

青藏高原及其周边山地作为地球第三极矗立在北半球，同南极和北极一样既是全球变化的发动机，又是全球变化的放大器。2000年前人们就认识到青藏高原北缘昆仑山的重要性，公元18世纪人们就发现珠穆朗玛峰的存在，19世纪以来，人们对青藏高原的科考水平不断从一个高度推向另一个高度。随着人类远足能力的不断加强，逐梦三极的科考日益频繁。虽然青藏高原科考长期以来一直在通过不同的方式在不同的地区进行着，但对于整个青藏高原的综合科考迄今只有两次。第一次是20世纪70年代开始的第一次青藏科考。这次科考在地学与生物学等科学领域取得了一系列重大成果，奠定了青藏高原科学研究的基础，为推动社会发展、国防安全和西部大开发提供了重要科学依据。第二次是刚刚开始的第二次青藏科考。第二次青藏科考最初是从区域发展和国家需求层面提出来的，后来成为科学家的共同行动。中国科学院的A类先导专项率先支持启动了第二次青藏科考。刚刚启动的国家专项支持，使得第二次青藏科考有了广度和深度的提升。

习近平总书记高度关怀第二次青藏科考，在2017年8月19日第二次青藏科考启动之际，专门给科考队发来贺信，作出重要指示，以高屋建瓴的战略胸怀和俯瞰全球的国际视野，深刻阐述了青藏高原环境变化研究的重要性，要求第二次青藏科考队聚焦水、生态、人类活动，揭示青藏高原环境变化机理，为生态屏障优化和亚洲水塔安全、美丽青藏高原建设作出贡献。殷切期望广大科考人员发扬老一辈科学家艰苦奋斗、团结奋进、勇攀高峰的精神，为守护好世界上最后一方净土顽强拼搏。这充分体现了习近平总书记的生态文明建设理念和绿色发展思想，是第二次青藏科考的基本遵循。

第二次青藏科考的目标是阐明过去环境变化规律，预估未来变化与影响，服务区域经济社会高质量发展，引领国际青藏高原研究，促进全球生态环境保护。为此，第二次青藏科考组织了10大任务和60多个专题,在亚洲水塔区、喜马拉雅区、横断山高山峡谷区、祁连山-阿尔金区、天山-帕米尔区等5大综合考察研究区的19个关键区,开展综合科学考察研究,强化野外观测研究体系布局、科考数据集成、新技术融合和灾害预警体系建设,产出科学考察研究报告、国际科学前沿文章、服务国家需求评估和咨询报告、科学传播产品四大体系的科考成果。

两次青藏综合科考有其相同的地方。表现在两次科考都具有学科齐全的特点,两次科考都有全国不同部门科学家广泛参与,两次科考都是国家专项支持。两次青藏综合科考也有其不同的地方。第一,两次科考的目标不一样:第一次科考是以科学发现为目标;第二次科考是以摸清变化和影响为目标。第二,两次科考的基础不一样:第一次青藏科考时青藏高原交通整体落后、技术手段普遍缺乏;第二次青藏科考时青藏高原交通四通八达,新技术、新手段、新方法日新月异。第三,两次科考的理念不一样:第一次科考的理念是不同学科考察研究的平行推进;第二次科考的理念是实现多学科交叉与融合和地球系统多圈层作用考察研究新突破。

"第二次青藏高原综合科学考察研究丛书"是第二次青藏科考成果四大产出体系的重要组成部分,是系统阐述青藏高原环境变化过程与机理、评估环境变化影响、提出科学应对方案的综合文库。希望丛书的出版能全方位展示青藏高原科学考察研究的新成果和地球系统科学研究的新进展,能为推动青藏高原环境保护和可持续发展、推进国家生态文明建设、促进全球生态环境保护做出应有的贡献。

姚檀栋

第二次青藏科考队队长

前　言

　　青藏高原的环境正承受着来自周边地区大气污染物跨境输入的压力。第一次青藏高原综合科学考察较少涉及外源污染物对高原环境的影响；而后期的各类研究也只是对外源污染的问题进行了粗略探讨。鉴于此，在青藏高原开展污染物跨境传输的科学考察，瞄准国家环境安全的长远战略问题，评估污染物对生态环境和人体健康的影响，不但可以为青藏高原生态文明建设提供支撑，而且还可为争取环境外交话语权提供科学基础。习近平总书记在致中国科学院青藏高原综合科学考察研究队的贺信中，从推动青藏高原可持续发展的角度出发，提出青藏科考的核心目标是"揭示青藏高原环境变化机理，优化生态安全屏障体系……，聚焦水、生态、人类活动，着力解决青藏高原资源环境承载力、灾害风险、绿色发展途径等方面的问题"。因此，在第二次青藏高原综合科学考察中，针对经济社会可持续发展的需求，结合科学研究的不断深入，针对人类活动排放污染物、特别是南亚污染物跨境传输对青藏高原的影响，开展系统的考察研究具有重要的战略和科学意义。

　　本书是第二次青藏高原综合科学考察研究的最新成果。全书共分为七章，对青藏高原大气环境本底状况、大气污染物跨境传输及其环境影响进行较为系统的论述。第1章从国家生态保护的战略需求和地球系统科学的前沿问题上，概述青藏高原跨境污染物科学考察的背景和意义。第2章以黑碳、重金属和持久性有机污染物为例，系统论述基于青藏高原冰芯、湖泊沉积物等记录获得的大气污染物的历史变化。第3章着重介绍青藏高原大气污染物（颗粒态和气态）的现状、本底特征以及时空变化，并对其影响因素进行讨论。第4章从观测和模式模拟等方面探讨复杂地形下大气污染物跨境传输的过程与机制。第5章总结大气气溶胶的直接气候效应，以及对冰冻圈（冰川、积雪）消融的影响。第6章深入论述典型污染物在地表生态系统（森林、草地等）中的分布和环境影响，对青藏高原及跨境河流的水质进行系统评价。第7章对目前的认知进行了全面总结。

本书介绍的研究成果是科考队成员共同努力完成，青藏高原台站的长期系统观测是本报告的坚实基础，科考强化观测对科学问题的认识产生了进一步的提升。同时也对前期该领域的成果进行了回顾和总结。本书的主要完成者和撰写人分别是：第 1 章，康世昌、丛志远；第 2 章，康世昌、王小萍、黄杰、张玉兰；第 3 章，丛志远、王小萍、徐柏青、张强弓、刘彬、殷秀峰、李潮流、陈欣桐、万欣、武广明、陈鹏飞、王茉、徐建中；第 4 章，丛志远、康世昌、王小萍、吉振明、杨俊华、陈欣桐、张天舒；第 5 章，张玉兰、吉振明、康世昌；第 6 章，王小萍、张凡、龚平、李潮流、张强弓、王传飞、史晓楠、曾辰、张宏波、王冠星、曲斌；第 7 章，康世昌、丛志远。

科考工作的开展和本书的编辑出版得到了第二次青藏高原综合科学考察研究、多项国家自然科学基金项目的资助 [科技部专项：第二次青藏高原综合科学考察研究"跨境污染物调查与环境安全"（2019QZKK0605）；中国科学院战略性先导科技专项：泛第三极环境变化与绿色丝绸之路建设 (XDA20040501)；国家自然科学基金重点项目：南亚大气污染物跨境传输及其对青藏高原冰冻圈环境的影响（41630754）；中国科学院前沿科学重点研究项目：三极地区吸光性杂质时空格局及其对冰冻圈变化的影响（QYZDJ-SSW-DQC039）]，作者表示由衷感谢。感谢中国高寒区地表过程与环境观测研究网络野外台站在仪器观测和后勤保障方面的大力支持。同时也感谢对青藏高原科考事业给予关心、支持和帮助的所有师长和同仁。特别感谢第二次青藏高原综合科学考察研究首席科学家姚檀栋院士在研究项目整体实施过程中给予的指导和支持。老一辈青藏高原科研工作者的"三铁"精神（铁的决心意志、铁的身体素质、铁的科研成果）始终在激励着每一位科考队员。

由于时间紧迫、涉及面广，报告的写作和准备过程中难免有遗漏或值得商榷之处，请读者指正，期待在未来的科考实施中得以体现。

摘　要

　　青藏高原拥有独特的环境系统与生态类型，对我国乃至亚洲生态安全具有重要的屏障作用。尽管当地人类活动稀少，大气环境整体洁净，但周边区域大气污染物可以通过长距离传输进入青藏高原，影响脆弱的生态环境。污染物跨境传输及其影响不但是国家环境安全的长远战略问题，也是环境外交的紧迫现实问题。本报告结合前期工作与聚焦本次科考关键区，全面总结和评估了近十年来青藏高原大气污染物方面的研究进展，包括大气污染物历史变化、现状与来源、跨境传输过程与机理、气候效应和对生态系统的影响。污染物历史变化主要来自冰芯和湖泊沉积物记录。污染物现状与来源重点讨论大气气溶胶化学成分 [元素、离子、黑碳（BC）、有机碳（OC）、总汞、PAHs 等]、降水化学和气态污染物 [臭氧、汞和持久性有机污染物（POPs）等] 的时空变化特征及来源。结合卫星遥感与模式模拟对跨境污染物的传输机理和气候效应进行了综述。通过对污染物在陆地生态系统（草地、森林、农田等）和水生生态系统中的迁移转化分析，评估了污染物对生态系统的潜在风险。主要认识如下：

　　（1）从历史趋势上看，自 20 世纪 50 年代以来，高原南部大气中黑碳呈现持续上升，南亚黑碳排放的持续加剧是导致这种增长的主要原因。与黑碳类似，有毒污染物如汞和 POPs 的冰芯记录也呈现了显著增长的趋势。上述污染物历史变化趋势表明高原受到污染物的影响愈发严重，污染物在高原的环境负荷持续增长。

　　（2）青藏高原大气气溶胶的质量浓度和化学成分水平整体较低，但存在明显的季节变化，表现为季风前期（pre-monsoon）/ 春季高，而季风期（monsoon）/ 夏季低，反映了南亚棕色云爆发和雨季降水清除两个因素的显著约束。青藏高原及喜马拉雅南坡不同区域气溶胶组成的突出特征是有机碳含量相对于元素碳（EC）非常高。大气气溶胶中左旋葡聚糖与有机碳和元素碳的显著相关性表明生物质燃烧是碳质组分的重要来源。黑碳气溶胶 [14]C 组成显示从高原边缘到内陆，生物质燃烧对黑碳的贡献逐渐增大。连续在线气溶胶观测表明，春季（季风前期）是全年污染物含量最高季节，受南亚跨境污染物的影响最为显著。

（3）青藏高原受到周边污染排放的影响已是不争的事实。历史记录、现代观测和模拟表明，南亚是高原大气污染物的主要源区，中亚以及高原自身的人为排放也有输入。以冬半年为例，青藏高原中南部有超过 60% 的黑碳来自南亚的人类排放。大气污染物的跨境传输主要是典型时段（尤其是春季）污染物事件的长距离传输。模式模拟提出污染物跨境传输具有山谷输送和高空翻越（深对流）两种形式，气溶胶激光雷达实地观测进一步证实该观点，提供了污染物跨境传输的确切证据。

（4）大气污染物对青藏高原的气候变化带来显著影响。季风前期及季风期硫酸盐、黑碳和有机碳气溶胶的综合辐射效应导致由北向南的温度梯度减弱，抑制南亚季风向北推进，引起喜马拉雅山地区近 30 年降水减少。当气溶胶排放浓度加倍时，南亚季风在印度次大陆的爆发时间将推迟 1 ～ 2 候。黑碳 - 雪冰辐射效应使高原西部及喜马拉雅地区近地面增温 0.1 ～ 1.5℃ 和雪水当量减少 5 ～ 25 mm。 黑碳和粉尘等可以降低青藏高原冰川表面反照率平均约 20%，进而导致冰川加速融化。

（5）大气污染物对青藏高原生态环境的负面影响业已凸显。陆生和水生生态系统中有毒污染物（POPs 和汞等）存在强烈的生物累积放大效应，因而对外源污染物输入非常敏感，例如，青藏高原鱼体内的甲基汞浓度最高可达 1196 ng g^{-1}，显著高于环境质量安全限值。青藏高原森林具有显著的大气污染物传输"拦截效应"，发挥着生态安全屏障的功能，但累积效应将在未来带来更大的生态风险。

（6）青藏高原河流水质主要受冰川融水补给、土壤和母岩风化等自然过程的影响，水质总体优良。但跨境河流下游河段经过人口聚集区后受到污染，重金属和有机污染物等的含量显著升高，给生态系统带来危害。对南亚通道跨境河流的水质调查有助于第三极地区河流水资源的可持续利用管理。

本报告是在第二次青藏高原综合科学考察研究中的"人类活动与环境安全"任务下，紧密围绕习近平总书记提出的科考核心目标和实施战略，针对人类活动排放污染物、特别是南亚跨境传输对青藏高原的影响，通过喜马拉雅山脉两侧的同步对比观测，明晰了污染物跨境传输的机理、规模和影响。为我国的环境外交谈判提供话语权和主动权，为青藏高原环境保护和可持续发展提供科技支撑。

关键词： 污染物　人类活动　大气环流　跨境传输　环境外交　气候效应　风险评估

目　录

第1章

青藏高原污染物科学
考察研究的意义

工业革命以来，人类的工农业生产与交通运输等活动向大气排放了大量污染物质，已经对生态环境造成了严重的损害（Akimoto，2003）。大气污染物按其存在状态可分为两大类：一类是颗粒态污染物，另一类是气态污染物；从其化学组成角度来看，大气污染物主要包括黑碳（black carbon，BC）、硫酸盐、硝酸盐、重金属（Pb、Hg、Cd、Cr 等）、持久性有机污染物（persistent organic pollutants，POPs）和臭氧等。由于这些污染物参与了大气循环过程，因此其负面影响不仅局限于城市或者局地尺度，而是区域和全球性问题。其中，重金属和 POPs 因其毒性而备受关注；黑碳在大气中具有较强的辐射强迫，对气候变暖具有显著作用；硝酸盐和铵盐等含氮物质的干湿沉降将极大地干预生态系统的结构和功能。

青藏高原素称地球的"第三极"，是"气 - 水 - 冰 - 生"多圈层体现最全，且相互作用最强烈的地区，也是全球气候环境变化的敏感地区（陈德亮等，2015；马耀明，2012；叶笃正，1979；Yao et al.，2012b）。青藏高原拥有独特的生态系统类型，其生态功能对保障我国乃至亚洲生态安全具有重要的屏障作用（孙鸿烈等，2012；姚檀栋等，2017）。青藏高原当地人类活动强度很低，自身排放污染物较少（樊杰等，2015），仍然是地球上除南北极之外的最后一方净土。然而，青藏高原毗邻地区都是欧亚大陆人口密集、工农业迅速发展的国家。特别是 20 世纪中期以来，伴随着经济发展和人口增加，南亚有机碳（organic carbon，OC）、黑碳以及硫酸盐等气溶胶的排放出现了快速增长（Ramanathan et al.，2005），使得该地区成为全球大气污染最为严重的区域之一。据世界卫生组织最新报告显示，全球空气污染最严重城市排名前 20 中，印度占 10 个，巴基斯坦占 1 个[①]。由于受到南亚季风和西风环流的影响，已有证据表明周边大气污染物可以通过长距离传输进入青藏高原，且这种影响有上升的趋势（Cong et al.，2013；Kaspari et al.，2011；Lüthi et al.，2015；Xu et al.，2009）。

跨境传输的污染物对青藏高原的环境（如大气、冰冻圈、生态系统）具有潜在的危害性（Zhang et al.，2014b）。特殊高寒环境下的青藏高原生态环境敏感且脆弱，跨境传输的污染物增加了青藏高原生态系统的不稳定性，加重了资源环境的压力。

青藏高原受到周边污染排放的影响已是毋庸置疑的事实。然而，现有研究大多局限于某个单一受体点位的观测数据，以及缺乏实际验证的模式模拟，所得结论往往是片面的，甚至存在极端错误的情况。例如，Kopacz 等（2011）用 GEOS-Chem 模式得出的中国东部特别是四川盆地的黑碳能够影响到喜马拉雅山脉（珠穆朗玛峰地区），认为其贡献甚至超过了南亚；而事实上中国东部全年均位于高原的下风向，污染物可能会影响到高原东缘，但不存在传输到青藏高原内陆的条件。出现上述错误的根本原因在于缺乏可靠观测以及对模型的实际验证。因此，迫切需要在高原以及周边污染物源区开展全面系统的野外观测，通过建立排放源区与受体区污染特征的对应关系以明确污染物的来源，确定不同来源区域的相对贡献以及空间上的影响范围。总之，目前存在的主要科学问题包括：青藏高原大气环境的本底状况如何？南亚大气污染物的源区特

---

① WHO. 2016. WHO Global Urban Ambient Air Pollution Database (update 2016).

征是什么？喜马拉雅山脉两侧的大气环境存在哪些异同？

作为高原南部污染物的重要来源，南亚污染排放的最显著特点是污染程度大。南亚大气中含有全球浓度最高的黑碳、多环芳烃（PAHs）及 POPs（Pozo et al.，2017）。目前关于大气污染化学组成的研究，主要集中在印度（Yadav et al.，2015）、尼泊尔（Yadav et al.，2017）和巴基斯坦（Jawad et al.，2014）的少数几个大城市及珠穆朗玛峰（以下简称"珠峰"）南坡的金字塔台站（Bonasoni et al.，2010）。这些工作受到采样条件的限制，采样大多是总悬浮颗粒物（TSP），而对于主要来源于人类活动且环境危害最大、最易长距离传输的细粒子（PM$_{2.5}$）还未涉及。对于来源解析而言，现有工作大多仅关注单一来源（如生物质燃烧）的排放贡献，而缺少工业排放、机动车、燃煤等其他来源的全面认识。虽然金字塔站已有多年（2006～2015 年）的连续观测，获得了大气黑碳和臭氧等的季节特征（冬春季高，夏季低），然而该站点已于 2015 年停止运行。卫星遥感监测（如 MODIS）可以在一定程度上填补大气气溶胶地基观测的不足，但是对于具体化学组成的监测却无能为力，且卫星遥感的大气成分大多是柱浓度，难以精确对应到地表浓度。总之，南亚是青藏高原污染物的主要源区，但是污染物排放的源特征却模糊不清，且无论在时间尺度、空间覆盖面还是污染物的种类与组成上均有明显不足。因此，有必要就南亚潜在源区污染物的输入进行系统研究。只有明确了青藏高原环境中污染物排放源区的排放程度与排放特征，才能准确刻画污染物向青藏高原传输的过程与机制，为大尺度污染物运移模拟提供数据验证基础。

大气污染物是如何输入青藏高原的？其输入贡献和对高原气候环境有何影响？受复杂地形的影响，对于大气污染物跨境传输的过程和机制认识还很薄弱。除了大气污染物的源区特征外，这些污染物如何跨越周边山脉的阻挡而进入高原，其途径和机制仍然是一个亟待解决的关键问题。探索不同气候环境要素与污染分布之间的关系，是解释污染物传输机制的重要基础。在外部源区和高原内部的受体点之间，目前建立的关联主要基于季节尺度上的一致性，如高原数个站点（珠峰、纳木错和藏东南）的黑碳均在冬春季南亚大气棕色云爆发时段出现高值（Wan et al.，2015；Zhao et al.，2013b），体现出和南亚观测结果相同的季节变化规律。在源区分析方面，已有的研究大多是基于气团反向轨迹（如 HYSPLIT 等）的时空发生频率统计上。根据反向气团轨迹的统计结果，高原南部非季风期受西风急流的控制，气团主要经过巴基斯坦、印度西北部和尼泊尔等地，而夏季受到南亚季风影响，气团主要来自印度东北部、孟加拉国等，由此推断出高原观测到的大气污染物来自上述地区。这些工作尽管提供了一些潜在源区的信息，但其中的不确定性较大，在定量评估其传输通量上尤为困难。

因此，在研究污染物跨境迁移机制的过程中，借助在线观测（黑碳仪、臭氧仪、太阳光度计等观测仪器）时间分辨率高的特点，实地观测和高分辨率区域模式相结合更为可行。同时颗粒物激光雷达与卫星遥感（CALIOP 等）联用将提供高空垂直断面上立体式、多维度的污染物信息。总之，目前迫切需要将多种观测手段和模式模拟综合集成，不但涵盖大气环流的物理化学过程，还应结合大气污染物化学组成与指纹信息，以显著的污染物传输事件为突破口，最终给出全面、精确的污染物跨境传输过程及机理。

在前期定位观测和考察中,对本关键区的大气环境进行了大量前期工作,取得了坚实的研究基础。自 2010 年起,与国际山地综合发展中心(ICIMOD)、尼泊尔加德满都大学等单位合作,并依托中国科学院高寒区地表过程与环境观测研究网络(简称"高寒网"),科考成员已逐步建立了涵盖尼泊尔、巴基斯坦和我国青藏高原关键区域、包含 20 余个台站的大气污染物观测网络(Kang et al.,2019)。观测网络经过多年的运行,无论是城市站还是环境恶劣的背景站,项目组在人员培训、仪器维护、统一采样方法等方面积累了大量的经验。

"保护最后一方净土"不但是国家生态安全的长远战略问题,也是环境外交的紧迫现实问题。从国家外交层面看,为打好国家净土保卫战和掌握环境外交话语权,迫切需要厘清外源污染物的严重性,用科学事实驳斥西方某些媒体对青藏高原环境污染成因的不实指责。

习近平总书记在致中国科学院青藏高原综合科学考察研究队的贺信中,从推动青藏高原可持续发展、推进国家生态文明建设的总战略,提出青藏科考的核心目标是"揭示青藏高原环境变化机理,优化生态安全屏障体系";从服务社会、造福人民的高度,提出青藏科考的实施战略,即"聚焦水、生态、人类活动,着力解决青藏高原资源环境承载力、灾害风险、绿色发展途径等方面的问题"。本专题在第二次青藏高原综合科学考察中的"人类活动与生存环境安全"任务下,瞄准国家环境安全的长远战略问题。紧密围绕习近平总书记提出的科考核心目标和实施战略,针对人类活动排放污染物、特别是南亚跨境传输对青藏高原的影响,通过南亚通道南端核心区喜马拉雅山脉两侧的同步对比观测,明晰污染物跨境传输的机理、规模和影响范围。为我国的环境外交谈判提供话语权和主动权,为青藏高原环境保护提供应对措施,为环境可持续发展提供科技支撑。

总之,从地球系统科学角度出发,研究人类活动排放污染物向青藏高原的输入机制、过程及其所产生的生态环境影响,是青藏高原地表多圈层(大气圈-水圈-冰冻圈-土壤圈-生物圈)相互作用研究的纽带和关键环节。为全球变化和人类活动双重影响下的青藏高原生态环境可持续发展提出理论依据,不但具有重要的科学意义,也是国家发展战略的科技需求(康世昌等,2019)。

第 2 章

大气污染物的历史记录

近几十年来，利用多种环境介质如冰芯、沉积物、树轮、泥炭等恢复过去大气环境变化的历史已成为弥补大气污染物监测时间较短缺陷的有效手段，是全球环境变化研究的重要内容。其中，冰芯、湖泊沉积物等载体具有连续性好、分辨率高、定年准确、易于获得等优点而成为优良的环境研究介质。以青藏高原为主体的第三极地区远离人类聚集地和工农业活动密集区，作为横贯中、低纬度的特殊地理单元，其独特的地形特征以及发育的大量冰川和湖泊，为重建该地区大气污染物的历史变化提供了便利条件，成为在全球范围内研究大气污染物环境演化过程的最理想地区之一。

全球冰芯的研究开始于20世纪60年代，通过南极和格陵兰冰盖冰芯取得了举世瞩目的成果，对深刻认识地球气候变化具有划时代意义。中低纬度的山地冰川，由于距离人类活动区域较近，且降水（积累）量大，时间分辨率高，是研究区域-半球尺度气候环境的重要途径。湖泊沉积物的大气污染物记录与冰芯记录互为补充，进一步丰富和扩展大气污染物的历史变化序列。我国自20世纪80年代后期以来，在青藏高原北部、南部和中部，帕米尔高原和天山等地钻取冰芯，并通过其中的多种代用指标重建了过去万年至年际尺度的气候变化特征（Qin et al.，2000；Thompson et al.，1997）；同时对青藏高原湖泊沉积物开展了部分研究工作。90年代相继开展了环境污染物的重建，如多种重金属元素（李月芳等，2000；Kaspari et al.，2009）、硫酸盐（Zhao et al.，2011）、铵盐（Kang et al.，2002）等。近年来新的指标逐渐被引入历史记录研究中，如持久性有机污染物（Wang et al.，2008b）、生物质燃烧指示物左旋葡聚糖（levoglucosan）等（You et al.，2016，2017）。这些研究结果都表明第三极偏远地区大气污染物（黑碳、重金属、POPs等）在20世纪中后期呈现逐步升高趋势。

2.1 黑碳历史变化

由于黑碳具有很强的稳定性，沉降到冰川和湖泊中得到累积与保存，因此可反演人类活动影响、气候环境变化的关系等。南亚和中亚地区化石燃料以及生物质燃烧产生的黑碳，对青藏高原地区环境产生重要影响（Ramanathan and Carmichael，2008；Xu et al.，2009）。

工业革命以来珠峰和各拉丹冬冰芯中BC浓度均呈显著上升趋势，1975～2000年的浓度约为1975年之前浓度的3倍（Kaspari et al.，2011；Matthew et al.，2016）[图2.1(a)]。珠穆朗玛峰地区冰芯中粉尘自19世纪60年代以来略有下降，雪冰中BC的辐射强迫更为显著，表明通过控制减排BC可以有效地降低喜马拉雅山脉地区雪冰反照率和冰川消融（Kaspari et al.，2011）。青藏高原冰芯记录还显示，20世纪50～60年代黑碳含量较高，但不同地区的冰芯黑碳记录呈现的历史变化趋势不尽相同，西风带气候区冰芯（慕士塔格）记录显示70年代以来黑碳含量较低，未出现明显的增长；而季风气候区冰芯记录无一例外显示80年代以来黑碳含量快速的增长趋势，这与青藏高原南部冰川较西北部冰川退缩幅度大是相一致的（Wang et al.，2015b；Xu et al.，2009）。图2.1(b)显示了全球不同区域过去150年来的黑碳排放量历史（Bond et al.，2007）。珠峰东绒布、宁

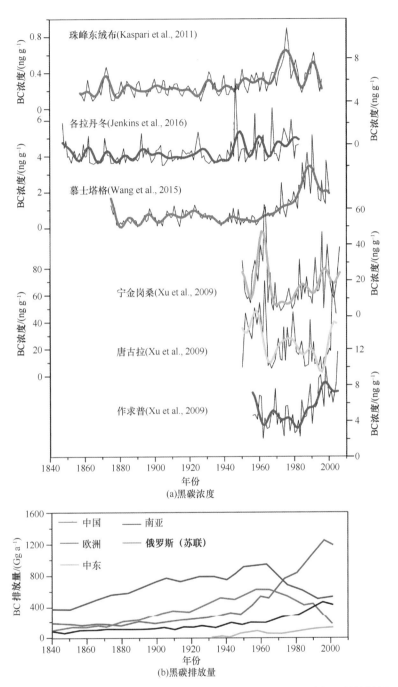

图 2.1　青藏高原地区冰芯记录的黑碳浓度变化（a）以及全球不同区域黑碳的排放量（b）

金岗桑及作求普（南亚季风气候区）冰芯黑碳历史变化与南亚地区黑碳的排放量变化较为一致，而慕士塔格（西风带影响区）更多地受到中东地区黑碳排放的影响。结合雪冰微粒的 Pb 同位素、污染事件追踪、气团轨迹反演、碳同位素指纹信息等进一步佐证了南亚和中亚地区人类活动排放的污染物可对青藏高原及周边地区环境产生深刻影响。

生物质燃烧是黑碳的重要排放源之一。利用左旋葡聚糖这一特定指示物,近期通过高原中部藏色岗日冰芯重建了 1990 年以来的生物质燃烧历史(You et al.,2018)。结果显示,2000 年以来青藏高原周边地区生物质燃烧显著增强。结合卫星遥感等资料,发现冰芯中记录的生物质燃烧增强主要是由于喜马拉雅山脉及临近的印度北部生物质燃烧增加所致。

青藏高原广为分布的封闭湖泊,为重建大气中黑碳浓度及其沉降通量的历史状况提供了新的思路。研究显示(Cong et al.,2013),纳木错湖泊沉积物中的黑碳沉降通量在 1857 ~ 1900 年之间保持相对稳定,此后逐渐上升,在 1960 年后,沉降通量急剧升高。通过对比不同区域的黑碳历史排放清单,纳木错湖泊沉积物中黑碳变化趋势与南亚高度一致。近几十年较之工业革命前的背景时期,黑碳沉降通量增加了约 2.5 倍。而纳木错湖芯中典型重金属元素(Pb、Zn 和 Hg)浓度在 1960 年后都表现出明显增高的趋势,也佐证了人类活动在 1960 年后开始显著影响到青藏高原内陆。

2.2 重金属历史记录

重金属主要包括 Hg、Cd、Pb、Cr、Zn、Cu、Co、Ni、Sb 和 Sn 等,以及类金属 As 及其化合物。其中汞和铅等因生物毒性显著以及容易长距离传输等特性而备受关注。

目前对青藏高原大气和雪冰等不同环境介质中的重金属开展了一系列工作。包括帕米尔高原慕士塔格冰芯、西昆仑山古里雅冰芯、喜马拉雅山珠穆朗玛峰东绒布冰芯,希夏邦马峰达索普冰芯和唐古拉山各拉丹冬冰芯等。如古里雅冰芯结果表明,自 1900 年以来,金属铬(Cd)呈显著增加趋势,反映了来自西亚有关国家人类活动排放污染物的历史情况(李月芳等,2000);慕士塔格冰芯过去 45 年的铅(Pb)记录显示,Pb 含量自 1973 年开始大幅升高,分别在 1980 年和 1993 年前后出现了两个高值阶段,1993 年以来逐渐降低,与中亚五国铅工业活动有关(李真等,2006);达索普冰芯上部 40 m 样品中的超痕量 Pb 含量增长趋势十分显著(Huo et al.,1999),造成这种持续增长的原因是青藏高原毗邻的南亚国家工业化进程加快,特别是由于人类活动大量使用含 Pb 燃料所导致,反映了第三极环境正在受到南亚等周边地区不断增加的人类排放污染物的影响。

汞(Hg)在大气中的停留时间可长达 0.5 ~ 2 年,这使其有足够的时间参与全球大气循环,最终通过水 - 气等界面间交换和大气干、湿沉降进入地表冰雪和湖泊等介质或其他生态系统。Yang 等(2010a)通过 9 支湖芯历史重建,较为系统地明晰了青藏高原大气 Hg 污染物的变化历史,指出近代人类活动造成 Hg 污染的加剧。Kang 等(2016b)利用 8 支浅湖芯和 1 支深孔冰芯集成重建了过去 500 年来 Hg 的历史变化(图 2.2),指出青藏高原冰芯 - 湖芯共同记录了自工业革命以来,尤其是第二次世界大战之后(1950s),大气汞沉降通量快速增加,与南亚地区近期人为汞排放的增长相对应,这与欧美地区大气汞沉降通量近几十年来呈现下降或保持稳定的趋势不一致,表明南

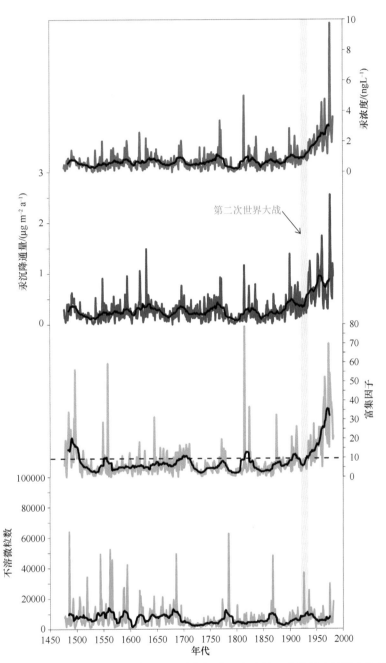

图 2.2 唐古拉山各拉丹冬冰芯记录大气汞污染物沉降历史（第二次世界大战以来快速升高）

（Kang et al.，2016b）

亚人为排放污染物是影响高原大气汞本底和沉降通量的主要原因。特别是，各拉丹冬冰芯成为第三极地区迄今为止最长时间序列的高分辨率大气汞沉降历史记录，也是全球屈指可数的长时间序列冰芯汞记录之一。

总而言之，尽管第三极不同地区的环境因子区域差异较大，但是为数不多的冰芯和湖芯历史重建工作共同揭示了自工业革命以来，特别是近几十年大气污染物沉降的快速增加，反映了青藏高原的生态环境正在受到周边地区（特别是南亚次大陆）不断增加的人类排放污染物的影响。

2.3 持久性有机污染物的历史记录

持久性有机污染物是指在环境中难降解、高脂溶性、可以在食物链中富集，能够在大气中通过蒸发 - 冷凝作用远距离传输而影响到区域乃至全球环境的一类半挥发性毒性很高的污染物（郑明辉，2013），包括有机氯杀虫剂、多氯联苯、二噁英等。冰芯能够忠实地记录大气 POPs 的历史沉降趋势，因而山地冰川被称为污染物的"自然档案馆"。

珠峰东绒布冰芯的数据显示 DDTs 的浓度在 20 世纪 60 ～ 70 年代中期出现高值（0.5 ～ 2 ng L^{-1}），之后迅速下降（Wang et al.，2008b）；90 年代后，冰芯中仅检测到低浓度的 DDTs [图 2.3（a）]，这与印度 DDTs 的排放历史是一致的。

东绒布冰芯 DDTs 的沉积通量在 1974 年达到最高值 217 pg cm^{-2}a^{-1} [图 2.3（b），Wang et al.，2008b]。20 世纪 70 年代 DDTs 的沉积通量为 14.2 ～ 217 pg cm^{-2}a^{-1} [图 2.3（b）]。以此沉积通量估算，1967 ～ 2004 年喜马拉雅 3 万 km^2 的冰川中存储了约 414 kg DDTs（Wang et al.，2008b）。

东绒布冰芯中 HCHs 类化合物只有 α-HCH 被检出（Wang et al.，2008b）。α-HCH 的浓度在 1970s 早期出现升高趋势（图 2.4），这期间全球范围内正大量使用 α-HCH。20 世纪 70 年代后 α-HCH 的浓度出现下降趋势，下降至 1990 年 α-HCH 浓度开始低于检出限 [图 2.4(a)]，这可能与印度 1997 年禁止了 α-HCH 的排放有关。东绒布冰芯 α-HCH 的历史记录既是对全球 α-HCH 大量使用的响应，也揭示了印度 α-HCH 的排放历史。

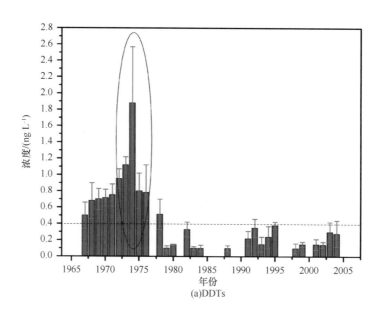

(a)DDTs

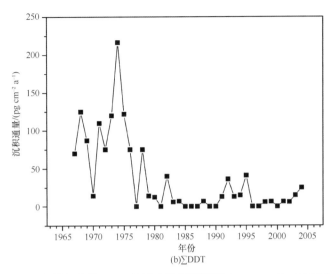

(b)∑DDT

图 2.3　东绒布冰芯 DDTs 的浓度及沉积通量（Wang et al.，2008b）

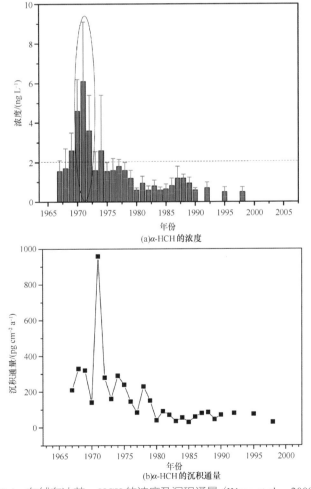

(a)α-HCH 的浓度

(b)α-HCH 的沉积通量

图 2.4　东绒布冰芯 α-HCH 的浓度及沉积通量（Wang et al.，2008b）

东绒布冰芯 α-HCH 的最大沉积通量（958 pg cm^{-2}a^{-1}）出现在 1971 年 [图 2.4(b)]（Wang et al.，2008b）。1970s α-HCH 的沉积通量为 83～958 pg cm^{-2}a^{-1} [图 2.4(b)]。以此沉积通量估算，喜马拉雅冰芯中存储了约 1382 kg α-HCH（Wang et al.，2008b）。

湖芯 POPs 的记录也能够响应大气 POPs 的历史排放趋势。羊卓雍错两根湖芯记录显示了相似的 POPs 时间变化特征（图 2.5）（Sun et al.，2018）。湖芯 DDTs 的浓度自 1950 年开始升高，1970s 达到峰值后开始下降（Sun et al.，2018），这与东绒布冰芯的历史记录是相同的。与冰芯记录不同的是，湖芯中 1990s 末期观测到 DDTs 的又一峰值，这可能是气候变暖影响下冰川消融向湖泊输入 DDTs 引起的（Sun et al.，2018）。HCHs 的历史趋势与 DDTs 是相同的，分别在 1970s 和 1990s 末期检测到浓度的峰值（Sun et al.，2018）。

总之，冰芯和湖芯详细记录了青藏高原过去 50～100 年污染物的历史变化趋势，为定量描述人类活动对环境的影响提供了重要依据。高原南部冰川的黑碳在过去的 50 年中呈现持续上升趋势，南亚黑碳排放的持续加剧是导致这种增长的主要原因。与黑碳类似，有毒污染物如汞和 POPs 的冰芯记录也显现了显著增长的趋势。上述污染物历史积累趋势表明高原受到污染物的影响愈发严重，污染物在高原的环境负荷持续增长。

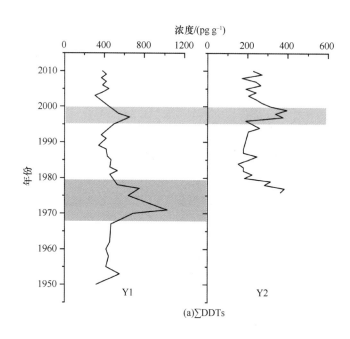

(a)∑DDTs

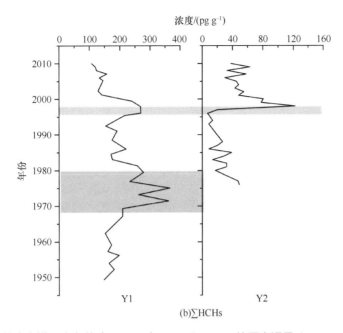

图 2.5　羊卓雍错两支湖芯（Y1，Y2）DDTs 和 HCHs 的历史记录（Sun et al.，2018）

第 3 章

大气污染物的现状及来源

　　大气污染物包括大气气溶胶（颗粒物）和气态污染物，主要来自人类活动的排放或大气二次反应的产物。大气污染物可通过大气传输进行区域和全球扩散，对人体健康、气候和生态系统带来不同程度的危害。由于青藏高原毗邻南亚和东亚两个重要的大气污染严重区域，青藏高原的大气和冰川已经受到主要来自上述地区排放的大气污染物的影响。

　　目前，已经在青藏高原开展了以大气黑碳气溶胶为代表的颗粒态污染物的含量、同位素组成、粒径分布、季节变化等大量的研究工作，并在此基础上开展了大气气溶胶光学厚度（AOD）的观测。这些研究表明，青藏高原的大气从整体上看非常洁净，是全球大气背景区之一，同时也发现从南亚传输到青藏高原的大气污染物的典型事件，如季风前是南亚大气污染物向青藏高原传输的重要时期。而且通过对大气污染物在冰川表面的沉降和对冰川反照率降低贡献的研究，发现大气污染物，尤其是吸光性物质在冰川的沉降是造成冰川退缩的重要因子。此外，对青藏高原大气气态污染物如 POPs 和汞的研究也发现了外源污染物向青藏高原的传输，并对生态系统产生危害的证据。

3.1　大气气溶胶的浓度、组成与来源

　　大气气溶胶是指悬浮于大气中的细小颗粒物，其粒径约为 1 nm ～ 100 μm，呈液态或固态。大气气溶胶有自然源（沙尘 / 土壤、海洋排放、火山喷发、植被排放、天然火灾等）和人为源（工农业排放和生物 / 化石燃料燃烧等）。大气中的悬浮颗粒物通常是多种源直接排放或二次作用而形成的混合物。依据源和化学性质的特征，大气气溶胶可以被划分为不同的类型，如海盐 (sea salt)、天然粉尘 (mineral/soil dust)、工业粉尘 (industrial dust)、碳质气溶胶 (carbonaceous aerosols，包括一次有机气溶胶、二次有机气溶胶和黑碳)、硫酸盐 (sulfate)，硝酸盐 (nitrate) 和铵盐 (ammonium)（Andreae and Rosenfeld，2008）。这些颗粒物有的属于非挥发性物质（如黑碳、海盐和天然粉尘），有的是半挥发性物质（如硝酸盐、铵盐和众多的有机化合物），而半挥发性物质可随大气物理和化学条件的改变在气态和固态间发生转换（McMurry，2000）。根据 Andreae 和 Rosenfeld(2008) 的总结，各气溶胶类型中，全球年排放量最高的是海盐（3000 ～ 20000 Tg）和天然粉尘（1000 ～ 2150 Tg），其次是硫酸盐（107 ～ 374 Tg）、碳质气溶胶（133 Tg）、工业粉尘（40 ～ 130 Tg）、铵盐（75 Tg）和硝酸盐（12 ～ 27 Tg）。

　　大气气溶胶广泛分布于不同的大气环境中，且与生物圈、岩石圈、水圈不断交换，对空气质量、气候变化和生物地球化学循环有重要的影响（Mahowald et al.，2011；Pöschl，2005；Pöschl and Shiraiwa，2015）。大气气溶胶也是影响人类健康的重要因素（Lim et al.，2012）。大气颗粒物通过吸收、反射和散射作用直接改变大气对太阳辐射的吸收、到达地面的太阳辐射以及大气层顶部对太阳辐射的反射（直接效应）（Ramanathan et al.，2001a）。同时，作为云滴和冰晶的凝结核，大气颗粒物可以改变云滴的浓度、粒径和生存时间，进而间接地影响太阳的辐射强迫（Menon，2004）。此外，吸光性气溶胶（如黑碳）可促使低云蒸发，沉降至地表后可降低雪冰的反照率及影响

雪冰的季节变化，这类作用可称作半直接效应（石广玉等，2008；Menon，2004）。

3.1.1 大气气溶胶质量浓度和数浓度

大气颗粒物的质量浓度、数浓度及浓度谱是大气气溶胶研究的基本内容，也是评估其环境与气候效应的基础。在高原城市加德满都和拉萨，颗粒物浓度相对较高（表 3.1）。加德满都谷地 $PM_{2.5}$ 和 PM_{10} 在季风前期可达 59 ± 61 μg m^{-3} 和 81 ± 76 μg m^{-3}，这主要是受到生物质燃烧的影响（Carrico et al.，2003）。气溶胶在线监测结果表明拉萨市区 PM_1、$PM_{2.5}$、PM_{10} 的 2006 年平均浓度分别为 10.5 μg m^{-3}、14.6 μg m^{-3}、33.9 μg m^{-3}（Gao et al.，2008），而 PM_{10} 滤膜采样（2010）获得的年平均浓度是 51.8 ± 42.5 μg m^{-3}，在 6.9 ～ 160 μg m^{-3} 范围内变化（Cong et al.，2011）。

喜马拉雅山地区，颗粒物的浓度水平很低，金字塔观测站（NCO-P）的 PM_1 和 PM_{1-10} 年均浓度分别为 1.94 ± 3.90 μg m^{-3} 和 1.88 ± 4.45 μg m^{-3}（Marinoni et al.，2010），但在南亚棕色云团爆发的时期，该站的 PM_1 仍然可达 23.5 ± 10.2 μg m^{-3}（Bonasoni et al.，2010）。此外，喜马拉雅山地区气溶胶的浓度水平还受到沙尘的显著影响。在沙尘活跃时期，背景监测点：Manora Peak（位于喜马拉雅山脉中段，印度）和朗当国家公园（喜马拉雅山脉南坡，尼泊尔）的大气颗粒物浓度都会显著升高（Carrico et al.，2003；Hegde et al.，2007；Ram et al.，2008）。

青藏高原东南部和东北地区大气气溶胶浓度已有少量报道。Zhao 等（2013b）报道林芝鲁朗的大气总悬浮物（TSP）年平均浓度为 23.49 ± 20.25 μg m^{-3}，而腾冲春季的 $PM_{2.5}$ 和 PM_{10} 分别为 30 ± 24 μg m^{-3} 和 32 ± 27 μg m^{-3}（Engling et al.，2011），$PM_{2.5}$ 背景浓度为 16.3 ± 6.7 μg m^{-3}（Sang et al.，2013）。位于青藏高原东北部地区的瓦里关山站，其 PM_{10} 为 24.85 μg m^{-3}（汤莉莉等，2010），与青海湖的大气颗粒物浓度（$PM_{2.5}$：21.27 ± 10.7 μg m^{-3}）接近（Zhang et al.，2014a），但较祁连山高山站（$PM_{2.5}$：9.5 ± 5.4 μg m^{-3}）的浓度高（Xu et al.，2014b）。

近期，Liu 等（2017）应用基于锥形元件振荡微量天平技术（tapered element oscillating microbalance，TEOM）的大气颗粒物监测系统（TEOM 1400a），对青藏高原阿里、珠峰、纳木错和藏东南地区背景大气气溶胶开展长期连续监测，研究发现青藏高原大气近地面气溶胶的质量浓度水平较低（图 3.1），粒径上呈现积聚模态和粗模态的双峰模态。阿里、珠峰、纳木错和藏东南观测站的细颗粒物（$PM_{2.5}$）日均质量浓度依次为 18.2 ± 8.9 μg m^{-3}、14.5 ± 7.4 μg m^{-3}、11.9 ± 4.9 μg m^{-3} 和 11.7 ± 4.7 μg m^{-3}。同时，细颗粒物浓度具有显著的日变化特征。结合同期的大气边界层物理要素与气溶胶化学组成，发现局地地形、山谷风系统和源排放是影响大气细颗粒物日变化的重要因素。在上述地基观测基础上，遥感结果进一步表明青藏高原气溶胶总浓度在空间上呈现出明显差异，与对应的陆地生态系统相关，即高山荒漠区域高于草甸和森林区域，而细颗粒物所占比率则为草甸和森林区域高于高山荒漠。

表 3.1 青藏高原地区大气溶胶质量浓度特征

位置	地理位置	时间	粒径	分析方法	质量浓度/($\mu g \cdot m^{-3}$)					参考文献
					年平均	季风前期	季风期	季风后期	冬季	
Kath Valley, Nepal	27.7°N, 85.5°E, 2150 m	1999~2000年	PM2.5	GA		59±61	8±7	25±14		Carrico et al., 2003
			PM10			81±76	11±15	29±15		
NCO-P, High Himalayas	27.9°N, 86.8°E, 5079 m	2006~2008年	PM1	OPC	1.94±3.90	3.9±5	0.6±1.1	1.5±1.4	1.3±3.6	Marinoni et al., 2010
			PM1-10		1.88±4.45	3.4±6.7	1.1±2.7	0.5±1.4	1.6±4.3	
Mukteshwar, Cen. Himalayas	29.78°N, 80.08°E, 2180 m	2005年12月至2008年12月	PM2.5	GA	26.6±19.3					Panwar et al., 2013
			PM10		46.0±41.0					
Manora Peak, Cen.Himalayas	29.4°N, 79.5°E, 1950 m	2006年	TSP	GA		171±50.5	64.7±73.9	52.4±18.0	65±34.6	Ram et al., 2008
		2005年2月至2008年7月	TSP	GA	29.0±8.4[a]					Ram et al., 2010
青海湖	36.97°N, 99.90°E, 3200 m	2010年6月至2010年9月	PM2.5	GA			21.27±10.70			Zhang et al., 2014a
			TSP				41.47±20.25			
祁连山	39.50°N, 96.51°E, 4180 m	2010年7月至2011年7月	PM2.5	GRIMM	9.5±5.4	15.76	11.69	3.50	5.59	Xu et al., 2014b
瓦里关山站	36.20°N, 100.95°E, 3818 m	2007年(5~7月)	PM10	GA	24.85					汤莉莉等, 2010
拉萨	29.40°N, 91.70°E, 3663 m	2006年	PM1	GRIMM	10.5					Gao et al., 2008
			PM2.5		14.6					
			PM10		33.9					
		2007年9月至2008年8月	TSP	GA	51.8±42.5					Cong et al., 2011
藏东南	29.46°N, 94.44°E, 3300 m	2008年7月至2009年7月	TSP	GA	23.49±20.25	43.71	14.78	18.29	24.41	Zhao et al., 2013b
腾冲	25.01°N, 98.30°E, 1960 m	2004年(4~5月)	PM2.5	TEOM		30±24				Engling et al., 2011
			PM10			32±27				
	98.30°E, 25.01°N, 1770 m	2004年(4~5月)	PM2.5	GA		16.3±6.7[b]				Sang et al., 2013

a 非沙尘时期的平均浓度，b 非生物质燃烧源影响的平均浓度

注：GA：Gravimetric analysis，OPC：optical particle counter，GRIMM：GRIMM dust monitor

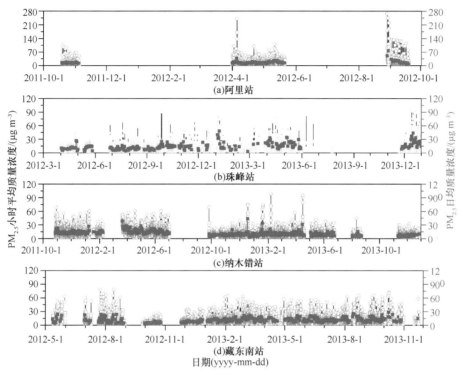

图 3.1　青藏高原背景地区 PM$_{2.5}$ 质量浓度（小时平均和日平均）的时间序列（Liu et al.，2017）

青藏高原大气气溶胶的质量浓度水平存在明显的季节变化，表现为季风前期 / 春季高，而季风期 / 夏季低（表 3.1），这种变化在喜马拉雅山地区和高原东南部地区都较为一致，反映了南亚棕色气团爆发和雨季降水清除两个因素对区域气溶胶浓度的显著约束。同时，受到高原地区特有的山谷风等因素的影响，喜马拉雅山地区气溶胶的质量浓度还存在明显的日变化（Panday and Prinn，2009；Sellegri et al.，2010；Shrestha et al.，2010）。

除质量浓度外，大气颗粒物的数浓度也是其重要的物理性质参数。已报道的 5 个观测点的年平均数浓度分别是：祁连山观测站，27 ± 31 cm^3（Xu et al.，2013a）；珠峰金字塔观测站，860 ± 55 cm^3（Sellegri et al.，2010）；Mt. Saraswati（喜马拉雅山脉西段），1150（80 ～ 8000）cm^3（Moorthy et al.，2011）；Mukteshwar（喜马拉雅山脉中段，尼泊尔），2730（220 ～ 27300）cm^3（Komppula et al.，2009）；瓦里关山观测站，2030（820 ～ 3820）cm^3（Kivekas et al.，2009）。观测还表明，这些区域都存在频繁的新粒子生成事件，其频率和特征与气体前体物的浓度和大气的动力与化学氧化条件相关，且呈现出季节变化（Moorthy et al.，2011；Sellegri et al.，2010；Venzac et al.，2008）。这些颗粒物可出现在核模态（nucleation mode）、爱根核模态（aitken mode）、积聚模态（accumulation mode）和粗模态（coarse mode），但有显著的区域差异。在喜马拉雅山脉南坡，受成核过程和低海拔区域污染物输送及季风降雨清除的影响，气溶胶的数浓度水平在季风前期和季风后期（post-monsoon）高，而在干季和夏季风时期低。与此相反，瓦里关山观测站的数浓度在夏季高（Kivekas et al.，2009）。在日变化中，珠峰金字塔观测站气溶胶的数浓度在白日高，而夜里低，受大气边界层动力（山谷风）影响显著（Sellegri et al.，2010）。

3.1.2　气溶胶中元素与主要离子

大气气溶胶中几乎包含了自然界存在的所有元素，并且不同程度的含有一些有毒有害的微量元素，如 Be、Hg、As、Cr、Cd、Pb 等。元素分析的主要方法包括质子荧光光谱（PIXE）、中子活化（INAA）、电感耦合等离子体质谱（ICP-MS）、电感耦合等离子体发射光谱（ICP-AES）、原子吸收光谱（AAS）、X 射线荧光光谱仪（XRF）等。大气气溶胶的元素组成是 20 世纪 60 年代至今开展最多的研究之一，涉及范围非常广泛。目前已经基本掌握不同元素的主要来源。如土壤中主要含有 Si、Al、Fe、Ti 等；海盐中含 Na、Cl、K 等；水泥、石灰等建材含 Ca 和 Al；钢铁冶金排放 Fe、Mn 和相应的金属元素以及 S；汽车尾气中有 Pb 和 Br；燃油排放 Ni、V、Pb 等，煤和焦炭飞灰中的地壳元素也包括 As 和 Se 等；焚烧垃圾产生 Zn、Cd 和 Sb 等。

偏远地区大气由于很少受到人类污染源的直接扰动，更能代表全球或者区域大范围大气成分的背景状况，从而能够更准确地反映出全球大气成分组成的变化情况，为定量描述人类活动对环境的影响提供了重要依据。另外，偏远地区由于特殊的地理位置和气候特点，其生态环境尤为脆弱，在受到人类污染影响时后果更显著。鉴此，近年来在南极、北极等地区为代表的偏远区域，科学家对大气中元素尤其是重金属元素含量水平、来源和传输途径进行了大量的研究工作。由于青藏高原远离人类工农业生产区，其大气环境受人类活动的影响程度低，通常认为青藏高原部分地区的大气气溶胶化学成分的观测值基本代表北半球大气环境的本底状况（温玉璞等，2001；Li et al.，2007a）。

青藏高原气溶胶元素特征研究主要集中在珠峰、五道梁、纳木错和瓦里关等数个地点。张仁健等（2001）对珠峰地区大气气溶胶化学元素成分进行了短期观测和分析，结果显示珠峰地区大气气溶胶以 Al、Ca、Si、K、Fe 等地壳元素为主，地壳元素占总元素浓度的 82% 以上，S、Pb 等与人类活动影响有关的污染元素含量很低（张仁健等，2001）。张小曳等（1996）和柳海燕等（1997）根据在五道梁采集的大气气溶胶元素浓度资料，分析了气溶胶微量元素的含量特征及其季节变化，结果表明五道梁低层大气气溶胶在总体上保持着自然大气的组成，以地壳土壤元素为主，由人类活动造成的污染轻微，气溶胶样品主要由高原局地粉尘（75%）和远源高空西风粉尘（25%）组成。瓦里关的大气气溶胶研究表明，该地区气溶胶中土壤及地壳等自然源的贡献率在 70% 以上，燃煤、交通及冶炼等人为源也占有一定比例（温玉璞等，2001）。

Cong 等（2007）和 Kang 等（2016a）对纳木错地区的大气气溶胶的元素组成做了分析。通过分析在不同气团控制下，元素的富集因子（enrich factor，EF）变化，判断该地区气溶胶的部分重金属主要源于南亚空气团的输入。如图 3.2 所示，元素 Cr、Ni、Cu、Zn 和 As 的 EF 大于 5，说明这些元素受到了人类排放污染物的影响，而其他元素总体

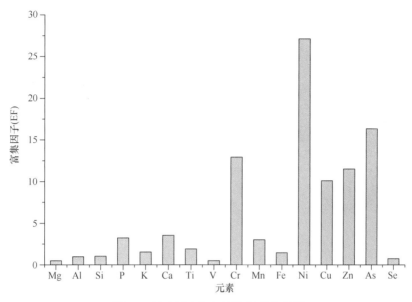

图 3.2　纳木错大气气溶胶的富集因子

上接近于 1，表明它们主要受地壳物质的影响。李潮流等（2007）利用 ICP-MS 测定了念青唐古拉峰扎当冰川垭口的大气颗粒物样品，结果表明，该冰川区的地壳元素浓度低于纳木错站的监测结果，而与人类活动密切相关的元素（如 B、Zn、As、Cd、Pb、Bi）也有较高的富集。

在青藏高原的东南部地区，玉龙雪山的冬季大气气溶胶样品中，微量元素 As、Br、Ca、Cu、S、Pb 和 Zn 的富集因子都超过 10，表明该地区的大气环境可能受到人为污染物的影响（Zhang et al.，2012a）。在青藏高原东缘的贡嘎山，大气颗粒物的金属元素浓度在冬春季节高，而夏秋季低（Yang et al.，2009）。

由于矿物铅同位素（^{204}Pb、^{206}Pb、^{207}Pb、^{208}Pb）在工业过程和环境中的保守性，大气颗粒物的铅同位素特征对识别其物源具有一定意义（Cheng and Hu，2010）。在青藏高原北部，瓦里关的大气颗粒物中的铅同位素组成（$^{206}Pb/^{207}Pb$ 和 $^{208}Pb/^{207}Pb$）与俄罗斯、哈萨克斯坦地区的气溶胶 / 矿石的铅同位素组成一致，表明中亚地区是青藏高原北部大气颗粒物的潜在物源区（Cheng et al.，2007）。在青藏高原的中南部，拉萨市区大气颗粒物的铅同位素组成（$^{206}Pb/^{207}Pb$ 和 $^{208}Pb/^{207}Pb$）与局地土壤的铅同位素组成最为一致（图 3.3），说明即使是在高原内部的城市，天然粉尘仍然是大气颗粒物的重要物源（Cong et al.，2011）。

水溶性离子在大气化学过程中起着重要的作用（唐孝炎等，2006）。水溶性离子组分具有吸湿性，能够在低于水的饱和蒸气压条件下形成雾滴，雾滴的粒径随着相对湿度的变化而变化，从而影响大气的光学性质，而且也会影响大气能见度，进而导致地球 - 大气系统能量平衡的变化。由于水溶性离子与水蒸气凝结有关，因此是云凝结核（CCN）的主要成分，可以影响云的寿命和光学性质，引起间接的辐射强迫作用。尤其是硫酸盐和硝酸盐气溶胶能够影响大气能见度，大部分城市中硫酸盐气溶胶是导致

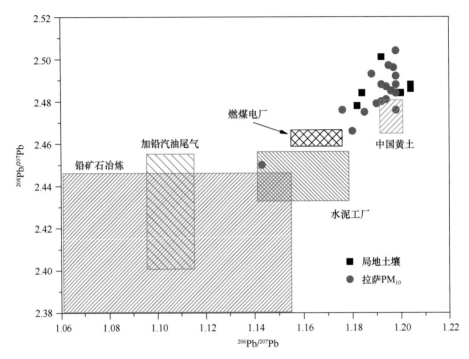

图 3.3　拉萨大气气溶胶（PM_{10}）中的铅同位素（$^{206}Pb/^{207}Pb$、$^{208}Pb/^{207}Pb$）组成
（Cong et al.，2011）

能见度降低的主要因素。水溶性离子是气溶胶中的重要化学成分，占气溶胶平均质量浓度的 20%～60%。其中，硫酸盐、硝酸盐和铵盐是水溶性离子的主要组成部分，占总离子浓度的 80% 左右。大气气溶胶中的 SO_4^{2-} 和 NO_3^- 主要来自大气中的光化学转化。硫酸盐和硝酸盐都是大气中最重要的强酸，对大气酸沉降有明显贡献。此外，水溶性离子还能够通过呼吸进入人体肺部，对人体健康有明显影响。

　　Wake 等（1994）在 1990～1991 年夏秋季节对青藏高原南部、中部和东北部冰川区的大气气溶胶进行了短期的采样。结果表明，在高原的不同区域，大气颗粒物的离子组成有鲜明的差异，这主要是受到物源和大气环流的影响。在瓦里关观测站，20 世纪 90 年代的观测表明，该地区的大气颗粒物的离子以 Ca^{2+}、NH_4^+、Cl^-、SO_4^{2-} 和 NO_3^- 为主（杨东贞等，1996；Ma et al.，2003），而粗、细粒子中的硝酸盐可能存在不同的形成机制。气态 HNO_3 与气态 NH_3 反应可能是细粒子硝酸盐生成的重要途径，而 NO_x 附着于矿物可能是粗粒子硝酸盐生成的重要途径（Ma et al.，2003）。

　　在最近十年里，少数学者陆续对青藏高原南部（珠峰地区）、东南部和东北部地区的大气气溶胶水溶性离子组成做了短时期的研究。Ming 等（2007）在珠峰北坡东绒布冰川采集了少量大气气溶胶，分析了其中的主要水溶性无机离子（Na^+、K^+、Mg^{2+}、Ca^{2+}、Cl^-、SO_4^{2-} 和 NO_3^-），结果显示其中 SO_4^{2-} 的浓度最高。推测这些 SO_4^{2-} 主要为地壳源和人为源的混合物。Engling 等（2011）对云南腾冲的春季气溶胶样品（$PM_{2.5}$ 和

PM_{10}）做了水溶性无机离子分析，表明该地区气溶胶的无机水溶性离子以 SO_4^{2-} 为主。OC（有机碳）与 nss-K^+（非海洋性钾离子）显示出良好的相关性，且在细粒子中表现得更为明显，这反映了有机质燃烧对该地区大气的影响。赵亚楠等（2009）报道了贡嘎山大气气溶胶的主要无机离子的浓度水平和季节变化特征。Zhang 等（2012a）对玉龙雪山冬季大气气溶胶的水溶性无机离子的组成做了分析，表明该地区冬季的大气颗粒物呈碱性，主要以 $CaCO_3$、$(NH_4)_2SO_4$ 和 $CaSO_4$ 形式存在。Zhao 等（2013b）对2008 ~ 2009 年期间林芝地区大气气溶胶的水溶性无机离子（Na^+、NH_4^+、K^+、Mg^{2+}、Ca^{2+}、Cl^-、NO_3^-、SO_4^{2-}）做了分析，认为这些离子（如 K^+、Ca^{2+}、SO_4^{2-}）的浓度变化特征对其来源有指示意义。最近，Zhang 等（2014a）和 Xu 等（2014b）分别报道了水溶性离子在青海湖和祁连山大气气溶胶的组成特征，表明 SO_4^{2-} 是其中主要的化学物质，可能反映了人类污染物排放对青藏高原东北部地区的影响。

Cong 等（2015a）分析了珠峰地区大气气溶胶中的水溶性离子，SO_4^{2-} 是最主要的阴离子，其次是 NO_3^-，分别占总离子质量的 25% 和 12%。Ca^{2+} 是最主要的阳离子。Cl^- 和 Na^+ 仅占总离子质量很小的比例，可以忽略不计。Ca^{2+} 指示的沙尘载荷在全年保持相对稳定，NH_4^+、K^+、NO_3^- 和 SO_4^{2-} 均在春季（季风前期）呈现出高值，而夏季最低。

南亚的大气污染非常严重。Tripathee（2015）通过对 2013 年 4 月至 2014 年 3 月在尼泊尔（加德满都、蓝毗尼、博克拉、东启、乔姆索）采集的大气气溶胶样品 TSP 中的离子进行分析（表 3.2）。加德满都总离子浓度为 39.9 $\mu g\ m^{-3}$，蓝毗尼为 30.5 $\mu g\ m^{-3}$，博克拉为 18.8 $\mu g\ m^{-3}$，东启为 14.1$\mu g\ m^{-3}$，乔姆索为 15.6 $\mu g\ m^{-3}$。5 个站点最主要的离子成分是 SO_4^{2-}，其次是 NO_3^-。Ca^{2+} 也是重要组成成分，主要来源于地壳物质。SO_4^{2-} 和 NO_3^-、NO_3^- 和 NH_4^+ 以及 Ca^{2+} 和 Mg^{2+} 之间呈现显著的相关性，表明其分别有相似的来源。最显著的酸性中和剂是 Ca^{2+}，其次是 NH_4^+ 和 Mg^{2+}。城市地区，高质量百分比的水溶性离子主要来自人为源，而农村地区高质量百分比的水溶性离子主要来自沙尘，表明城市地区气溶胶受到人类活动的显著影响（Tripathee，2015）。

上述五个尼泊尔站点中，水溶性离子的平均浓度水平与中国和印度两个相邻国家的结果进行了比较（表 3.2），TSP 中的主要水溶性离子成分是 Ca^{2+} 和 SO_4^{2-}，与印度的阿格拉（Agra）结果相类似（Satsangi et al.，2013）。蓝毗尼靠近印度边境，与印度城市有相似的大气环境（Deshmukh et al.，2012；Satsangi et al.，2013），这表明该地区可能已经受到印度 - 恒河平原气溶胶的影响。与青藏高原的气溶胶离子浓度相对比，尼泊尔5 个站点的浓度非常高，表明尼泊尔污染较重，尤其是城市地区，沙尘气溶胶 Ca^{2+} 浓度也远高于青藏高原（Cong et al.，2015a），这主要是由于喜马拉雅山南坡地区有大量的建筑扬尘，在该区域的降水中也发现了高浓度的沙尘组分（Tripathee et al.，2014b）。人为源水溶性离子（SO_4^{2-}、NO_3^- 和 NH_4^+）的含量远高于偏远的喜马拉雅山地区。城市站点中，Bode 和蓝毗尼的 SO_4^{2-}、NO_3^- 和 NH_4^+ 浓度水平与印度平原相当（Chelani et al.，2010；Deshmukh et al.，2012；Satsangi et al.，2013）。然而，尼泊尔郊区与印度站点相比，其浓度较低，与青藏高原偏远地区水平相当。

表 3.2　喜马拉雅山中段各站点大气气溶胶水溶性离子浓度水平与其他区域的比较（单位：$\mu g\ m^{-3}$）

水溶性离子组分	尼泊尔					其他区域						
						喜马拉雅山		玉龙雪山[d]	北京[e]	印度		
	蓝毗尼[a]	博克拉[a]	乔姆索[a]	Bode[a]	东启[a]	南坡[b]	北坡[c]			Agra[f]	Delhi[g]	Durg[h]
Cl^-	0.88	0.53	0.25	2.17	0.34	0.06	0.02	0.26	2.69	4.6	8.23	3.23
NO_3^-	4.07	2.04	1.39	5.79	1.95	0.78	0.20	0.57	21.1	6.7	15.13	5.63
SO_4^{2-}	6.85	3.99	3.30	10.96	4.06	1.41	0.43	1.77	24.8	5.9	16.74	8.88
Na^+	3.00	1.92	2.64	3.36	2.30	0.12	0.07	0.22	1.60	4.0	5.76	1.75
NH_4^+	4.22	0.81	0.81	6.17	2.17	0.54	0.03	0.37	11.9	2.7	6.06	5.18
K^+	3.02	0.98	0.51	2.62	0.94	0.20	0.02	0.26	1.74	3.5	4.11	0.87
Mg^{2+}	0.60	0.32	0.28	0.65	0.19	0.05	0.88	0.08	2.04	1.4	1.30	0.80
Ca^{2+}	7.85	8.17	6.42	8.19	2.17	0.66	0.04	3.93	9.05	6.7	6.82	2.53
						PM_{10}Dry-period	TSP Annual	TSP Winter	PM_{10} Annual	TSP Annual	PM_{10} Annual	PM_{10} Annual

a. Tripathee，2015；b. Carrico et al.，2003；c. Cong et al.，2015a；d. Zhang et al.，2012a；e. Sun et al.，2004；f. Satsangi et al.，2013；g. Chelani et al.，2010；h. Deshmukh et al.，2012

就季节变化而言，各站点都是季风期浓度最低，非季风期浓度较高，原因可能是季风期降水量较多（占全年降水量的 80% 左右），能有效冲洗掉大气中的颗粒物，而非季风期受农作物秸秆燃烧、机动车尾气排放、工厂燃煤和生活取暖生物质燃烧增加等的影响导致总离子浓度升高。此外，通过主成分分析，喜马拉雅山中段地区水溶性离子的三个主要来源是地壳、人为源和生物质燃烧。

3.1.3　碳质气溶胶

1. 黑碳与有机碳（EC/OC）

碳质气溶胶是大气气溶胶的重要组成部分，按其化学组成主要包括有机碳、元素碳（elemental carbon，EC）（或黑碳）和碳酸盐碳（carbonate carbon，CC）（Seinfeld and Pandis，2012）。EC 通常是由热分解法所测得，其能更好地描述热分析测量得到的物质，而把光学法测量的 EC 称作 BC，因此一般在研究中根据研究者的侧重点，EC 和 BC 会经常互换使用。EC 主要来源于生物质和化石燃料的不完全燃烧等一次排放。OC 既有一次来源也有二次来源。一次有机碳（primary organic carbon，POC）气溶胶来源于生物质和化石燃料燃烧、土壤扬尘、植物残余、真菌孢子、海浪飞沫等的直接释放，二次有机碳（secondary organic carbon，SOC）气溶胶主要是由挥发性有机物（volatile organic compounds，VOCs）与大气中的 OH 自由基、NO_x 或 O_3 等氧化剂发生光化学氧化反应作用形成。需要注意的是，OC 是有机气溶胶（organic aerosol，OA）的一部分，其他部分包含氢、氧和氮元素等，与 OC 类似，OA 也由两种类型组成，即一次来源有机气溶胶（primary organic aerosol，POA）和二次来源有机气溶胶（secondary organic aerosol，SOA）。在实验室中，有机气溶胶难以直接测得，一般获得的是含碳组分，所以可以利用 OC 来估算气溶胶中有机物的浓度水平，有机物（organic matter，OM）的质量浓度为 OC 的质量浓度与特定的系数相乘所得，一般对于城市站点系数为 1.6，非城市站点系数为 2.1（Turpin and Lim，2001）。

　　碳质气溶胶对全球气候变化和太阳辐射平衡都有重要影响，特别是其中的 OC，对区域和全球气候变化、生物地球化学循环、大气能见度、光化学烟雾、酸沉降和人体健康等有重大影响。例如，OC 包含碳氢化合物、芳香族聚合物及其他成分，如多环芳烃、邻苯二甲酸酯类等有害物质，这些有害物质可随颗粒物被吸入肺部而对人体、动物健康产生影响。多元酸、氨基酸等酸碱组分可调节大气酸雨的 pH 值，同时可与汞、铅等颗粒物重金属离子或 PAHs 等憎水性有机污染物发生作用，改变离子及污染物的毒性，进而影响其在地球各圈层的迁移及转化。此外，OC 对灰霾以及大气棕色云的形成具有重要影响，是此类污染物的主要成因之一。同时，OC 通过参与大气中的各种物理、化学反应对气候产生间接影响（Seinfeld and Pandis，2012）。

　　利用珠穆朗玛大气与环境综合观测研究站（QOMS-CAS，珠峰站）（28.36°N，86.95°E，4276m）架设的新一代黑碳仪（AE-33，Magee Scientific Corporation，USA），采用 1min 的时间分辨率，收集了 2015 年 5 月 15 日至 2017 年 11 月 21 日的黑碳气溶胶浓度数据（Chen et al.，2018）。其中，2017 年 10 月 10 日至 11 月 17 日，因仪器软件出现问题，导致数据缺失。AE-33 黑碳仪可以连续采集颗粒物，根据黑碳气溶胶在 370 nm、470 nm、520 nm、590 nm、660 nm、880 nm 和 950 nm 波段对光的吸收特性和透射光的衰减程度，获得黑碳气溶胶的浓度（Drinovec et al.，2015；Hansen et al.，1984）。通常将 880 nm 波段下测量到的黑碳质量浓度作为实际大气中的黑碳质量浓度，因为在该波段下，其他气溶胶的吸收大大减少，对黑碳气溶胶的影响较为微弱，可忽略不计。

　　珠峰站位于喜马拉雅山北麓，通过黑碳仪计算得出黑碳浓度平均值为 275.6 ± 320.3 ng m^{-3}，与前人在珠峰站基于膜采样和热光分析法检测出的元素碳（EC，类似 BC）的平均值较为接近（250 ± 220 ng m^{-3}）（Cong et al.，2015a），略高于喜马拉雅山南麓的尼泊尔金字塔站（160.5 ±296.1 ng m^{-3}）（Marinoni et al.，2010），同时远低于印度马诺拉峰所测得的黑碳浓度平均值（140 ～ 7600 ng m^{-3}）（Ram et al.，2010）。青藏高原中部的纳木错站元素碳的平均值为 190 ng m^{-3}（Wan et al.，2015），东南部然乌站黑碳的平均值为 139.1 ng m^{-3}（Wang et al.，2016b），浓度水平均低于珠峰站，表明青藏高原南缘受大气污染物的影响较内部更为强烈。

　　图 3.4 所示 2015 年 5 月 15 日至 2017 年 11 月 10 日的黑碳浓度日均值变化趋势，具有明显的季节特征。在季风前期，黑碳浓度值全年最高，最高值可达 2772.3 ng m^{-3}。进入季风期后，黑碳浓度显著降低，大部分保持在 200 ng m^{-3} 以下，最低值为 17.5 ng m^{-3}。随着季风退去，在季风后期和冬季，黑碳含量开始逐渐升高。

　　2015 年 5 月至 2017 年 9 月的黑碳浓度月平均值变化如图 3.5 所示：随着

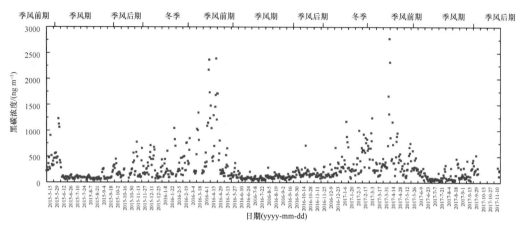

图 3.4　黑碳浓度日平均值变化（Chen et al.，2018）

季风前期、季风期、季风后期到冬季的季节交替顺序，黑碳浓度的月平均值呈现先减小后增加的趋势。其中，季风前期黑碳浓度最高，每年的最高值分别为 1082.2 ng m^{-3}（2016 年 4 月）和 757.5 ng m^{-3}（2017 年 4 月）；季风期黑碳浓度最低，最低值分别为 75.2 ng m^{-3}（2015 年 8 月），81.0 ng m^{-3}（2016 年 7 月），以及 65.2 ng m^{-3}（2017 年 7 月）。

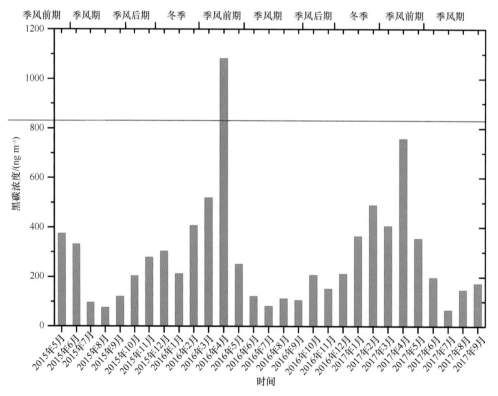

图 3.5　黑碳浓度月平均值变化

　　珠峰站黑碳浓度日均值与月均值变化均体现了明显的季节特征，主要与大气环流以及源地燃烧强度的季节变化有关。在非季风期，受西风的影响，珠峰站的气团主要来自巴基斯坦、印度北部，以及尼泊尔。这些地区生物质燃烧分布广泛，在季风前期尤为严重（Vadrevu et al.，2012），因此当气团经过时便可携带大量的污染物输送到珠峰地区（Cong et al.，2015a）。在季风期，西风减弱，西南风盛行，气团主要来自阿拉伯海和孟加拉湾，携带了大量的水汽，降水的增多有利于黑碳气溶胶发生湿沉降而消除，而此时南亚燃烧分布较少，因此珠峰站的黑碳浓度维持在较低水平。在污染物的输送过程中，除了大气环流的影响，喜马拉雅山局地的气象过程在污染物的传输中也起着非常重要的作用。已有研究表明，喜马拉雅山南段南坡上升的气流，可将南亚低海拔地区的污染物输送到高海拔地区，北坡由于覆盖着大量的冰川和积雪，形成了下沉的冰川风（Marinoni et al.，2010；Zou et al.，2008）。此过程促进了大气层底部和上部的空气交换，同时也促进了南北坡气流的耦合，使得来自南亚的污染物越过喜马拉雅山，顺着山谷输送到青藏高原内部（Cong et al.，2015c）。

　　近几年，青藏高原大气有机气溶胶的研究受到强烈关注，主要侧重有机气溶胶的浓度水平、来源和传输机制。这部分工作主要通过滤膜采样和分析进行。Cao 等（2009）对慕士塔格高海拔地区大气总悬浮颗粒物中的碳质成分进行了检测，发现研究区内 EC 浓度与世界其他偏远极地地区相似，EC 浓度为 0.055 $\mu g\ m^{-3}$，OC 浓度为 0.48 $\mu g\ m^{-3}$，代表了亚洲地区的背景水平，EC 浓度和 OC 浓度的相关性较好，且季节变化一致，主要是由于不同季节的气团对慕士塔格地区的影响，西风气流影响较大。Ming 等（2010）在纳木错地区的研究表明，其大气中的 EC 含量为 82 $ng\ m^{-3}$，降水中的 EC 含量为 8 $ng\ g^{-1}$，利用 AOD 数据，结合大气后向轨迹模型，推断纳木错 EC 的主要来源为南亚污染物的远距离传输，而较高的 OC/EC 比例表明 OC 可能主要来源于局地二次有机碳的形成；Zhao 等（2013a）通过分析纳木错地区 2006～2009 年间的碳质气溶胶含量，发现 OC 是纳木错地区碳质气溶胶主要组分，同时研究结果显示 EC 和 OC 的含量在三年中呈现逐渐增加的趋势，因此推断生物质燃烧是该区碳质气溶胶的主要来源；Wan 等（2015）分析了纳木错地区不同粒径段的 OC 和 EC，发现不同粒径段的 OC 在冬季、季风前期远高于季风和季风后期，而不同粒径段 OC 含量相对 EC 较高，可能是由于 SOC 的形成，研究结果进一步凸显了 OC 研究的重要性；而 Chen 等（2015）通过分析 2013 年夏季在纳木错地区采集的牛粪燃烧产生的 $PM_{2.5}$ 和 TSP，表明纳木错地区局地排放的 OC 和 EC 与来自长距离传输的污染物共同影响纳木错地区，但需要进一步的指标进行量化；Zhao 等（2013b）于 2008 年 7 月至 2009 年 6 月在林芝地区采集了 1 年的 TSP，分析发现 OC 和 EC 浓度比纳木错、慕士塔格和瓦里关略高，表明林芝地区可能受到来自上风向的污染物影响更大，并推测 OC 在季风和季风后期浓度较高是由于局地大量 SOC 的生成。Meng 等（2013）通过分析青海湖夏季气溶胶 $PM_{2.5}$ 中的有机组分（如二元酸等），发现二次有机气溶胶是青海湖地区大气有机气溶胶的重要组分，SOA 主要是由于青藏高原较强的太阳辐射氧化生成，生物质燃烧贡献很少。

　　此外，以上研究除慕士塔格地区受塔克拉玛干沙漠影响较大，其他地区非季风期

OC 的浓度远远高于季风期（Ji et al.，2015；Wan et al.，2015；Zhao et al.，2013a）。喜马拉雅山南北坡 OC 和 EC 浓度情况总结见图 3.6。

珠峰大气气溶胶中的 OC 和 EC 浓度与喜马拉雅山脉南坡高海拔站点（Langtang 和 NCO-P）类似（图 3.6）。珠峰大气气溶胶中的 OC、EC 和生物质燃烧的指示物（K^+ 和左旋葡聚糖）具有显著的相关关系，说明生物质燃烧是春季珠峰地区高浓度碳质组分的主要原因（Cong et al.，2015a）。

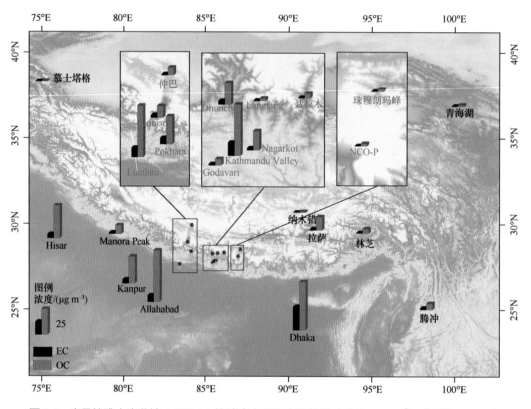

图 3.6　喜马拉雅山南北坡 OC 和 EC 的浓度水平和空间差异（单位：$\mu g\,m^{-3}$）（万欣，2017）

Wan 等（2015）采用 Anderson 九级采样，分析了 2012 年青藏高原纳木错地区碳质气溶胶的粒径分布，OC 和 EC 粒径分布呈现双模态（凝结模态、液滴模态、粗模态），如图 3.7 所示。OC 在细粒子模态的峰高低于粗粒子模态的峰高。在受人类活动影响较大的地区，如工业排放、机动车尾气、化石燃料的燃烧等，新鲜排放的污染物一般粒径小于 1μm，一般 OC 的粒径分布呈现细粒径段峰高于粗粒径段峰高的特点。0.43 ～ 0.65μm 粒径段为主峰的颗粒物通常被称为凝结态颗粒（Seinfeld and Pandis，2012），主要来源于气态向颗粒态的凝结和吸附，半挥发气体成核后吸附增长也可能形成；因此，亚微米颗粒中 OC 的分布说明 OC 主要来源于高温燃烧及随后的气 - 粒转化。大于 2.5μm 的粗颗粒主要来源于机械过程，如土壤及道路尘的再悬浮，粗颗粒中的有机碳主要有两种来源，一是土壤颗粒中本身含有的有机物，如微生物及微生物活动产生的

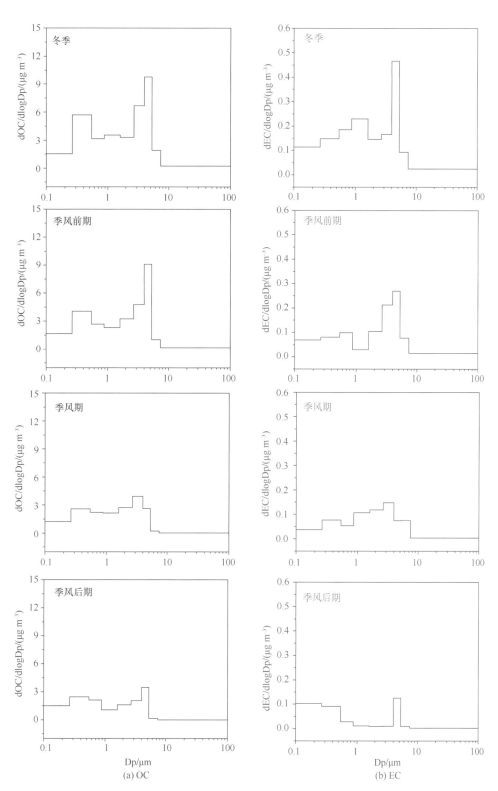

图 3.7　纳木错大气气溶胶不同季节 OC 和 EC 的粒径分布（Wan et al.，2015）

有机物，另一来源是气态有机物在再悬浮颗粒上的凝结和吸附。纳木错地区较少受到人类活动的影响，是清洁的背景地区，粗粒径段较高的 OC 峰值可能来源于远距离传输的污染物在传输过程中老化及发生各种光氧化反应生成，尤其是青藏高原具有很强的太阳辐射。

关于喜马拉雅山南坡有机气溶胶的相关研究近来也被陆续报道，如 Stone 等 (2010) 通过对加德满都 Godavari 观测的 $PM_{2.5}$ 和 CMB 模型分析了有机气溶胶的来源，认为生物质燃烧和二次有机气溶胶是 OC 的主要来源，而生物质和化石燃料的燃烧是 EC 的主要来源，并指出要进一步弄清 OC 的来源需要借助人为源和自然源的 SOA 标志物。Ram 等 (2010) 在印度 Manora 峰对 TSP 进行了为期 3 年的观测分析，给出了 OC、EC、WSOC 的浓度水平，主要污染来源为恒河平原，通过 OC/EC 值和 WSOC/OC 值，表明 SOC 对 OC 的重要贡献，对于评估区域的气溶胶辐射强迫有重要作用。Shakya 等 (2010) 通过对冬季采样期间加德满都碳质气溶胶含量的检测，获得该时段的 OC、EC 含量（其值分别为 $20.02 \pm 6.59 \mu g \ m^{-3}$ 和 $4.48 \pm 1.17 \mu g \ m^{-3}$），由于 SOC 对 OC 的贡献率仅为 31%，因此可推断加德满都冬季 OC 的来源主要为局地排放。Wan 等 (2017) 分析了印度恒河平原代表性区域蓝毗尼地区 TSP 中的 OC 和 EC，其年均浓度分别为 $32.8 \pm 21.5 \mu g \ m^{-3}$ 和 $5.95 \pm 2.66 \ \mu g \ m^{-3}$，分别占 TSP 质量浓度的 $18.6 \pm 9.36\%$ 和 $3.93 \pm 2.00 \ \%$。OC 和 EC 季节变化显著，季风后期浓度最高（OC 浓度为 $56.7 \pm 19.5 \ \mu g \ m^{-3}$），季风期浓度最低（OC 浓度为 $16.6 \pm 8.15 \ \mu g \ m^{-3}$）。相似的季节变化规律与印度恒河平原的其他地区，如 Delhi（Mandal et al.，2014）和 Kanpur（Ram et al.，2012）一致。蓝毗尼地区 OC 和 EC 呈现较好的相关性（$R^2 = 0.67$，$P < 0.001$），表明其具有相同的来源。Decesari 等 (2010) 在金字塔站也进行了 PM_{10} 中 OC 与 EC 的观测分析，表明污染物主要来自印度大气棕色云的影响（喜马拉雅两侧 OC 和 EC 浓度情况总结如图 3.6 所示）。

OC/EC 值变化特征可以识别碳质气溶胶的来源，一般情况下来源于生物质燃烧排放和二次生成的碳质气溶胶 OC/EC 值大于化石燃料燃烧释放（Bond et al.，2004；Cao et al.，2013；Ram et al.，2012）。Koch（2001）等研究得到的化石燃料燃烧和生物质燃料燃烧生成的气溶胶 OC/EC 值分别为 4.0 和 8.0；Watson 等 (2001) 报道了来自机动车尾气排放的 OC/EC 为 1.1，而来自燃煤的 OC/EC 值为 2.7；Bond 等 (2004) 研究表明尾气和燃煤排放气溶胶的 OC/EC 值分别为 0.8 和 6.2。尽管以上研究中两种燃料燃烧释放气溶胶的 OC/EC 值不同，但生物质燃料均高于化石燃料。目前，基于 OC/EC 值法，我国学者已在众多区域（在北京、深圳、香港、珠海等地）开展了污染物来源研究分析。研究发现在城市区域 OC/EC 值均在 $2.0 \sim 3.0$ 之间，由此表明化石燃料燃烧是城市地区污染物的主要来源（Cao et al.，2003；He et al.，2001；Ye et al.，2003）。然而，除污染物直接排放外，OC 的另外一种重要来源是由 VOCs 经一系列反应生成的 SOC。Heald 等 (2008) 研究发现就 VOCs 的排放量而言，生物源排放是人类活动排放的 10 倍。此外，颗粒态直接排放的 POC 不足气态排放 VOCs 碳量的二十分之一（Monks et al.，2009），同时，Hallquist 等 (2009) 研究表明对流层中广泛存在的各种化合物均有可能作为前体物形成大量 SOC。因此需要选择更合适的方法来判定有机碳的来源。

青藏高原和喜马拉雅山南坡的 OC/EC 值总结如图 3.8 所示，尽管两坡的比值都较高，但是北坡比值远高于南坡。万欣（2017）具体分析了 6 个站点（加德满都、蓝毗尼、博克拉、聂拉木、林芝和纳木错）不同季节的 OC/EC 值（图 3.8 和图 3.9）。就加德满都大气颗粒物中的 OC/EC 值而言，其年均值为 3.78，季风期平均值最低为 2.75，冬季平均值最高为 5.86，季风前期略低为 4.44。表明加德满都大气中的碳质成分来源比较复杂，可能生物质燃烧、化石燃料燃烧和二次有机气溶胶都有一定的贡献。冬季和季风前期可能由于生物质燃料使用增多，导致 OC/EC 值有所升高。此外，大部分样品的 OC/EC 值高于 2，表明很有可能存在二次有机气溶胶。蓝毗尼和博克拉地区的 OC/EC 值特征与加德满都呈现较高的一致性，表明大气中的碳质成分与加德满都类似，可能为二次来源、生物质燃料及化石燃料的共同贡献。

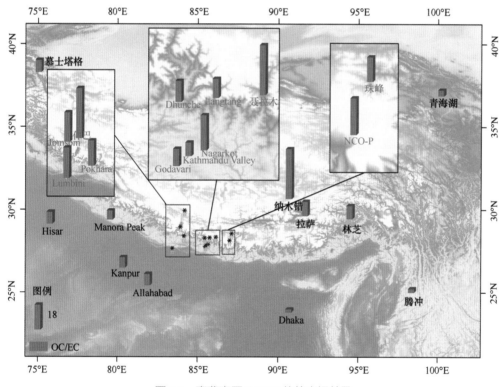

图 3.8　青藏高原 OC/EC 值的空间差异

在聂拉木地区，大气气溶胶 OC/EC 值的年均值为 13.7，由此看出，聂拉木地区的碳质气溶胶受生物质燃烧和二次有机物的影响较大。林芝地区 OC/EC 值在季风期为 16.0±14.6（3.41～79.8），冬季为 4.6±2.25（2.1～13.1），有显著的季节差异，表明季风期和冬季主要的碳质气溶胶来源可能有所不同，尤其是在季风期，可能由于森林排放出大量的 VOCs，经过大气化学反应生成了二次有机气溶胶，导致比值很高。纳木错地区 OC/EC 值在季风期为 35.2±46.1（7.31～157），冬季为 36.7±73.8

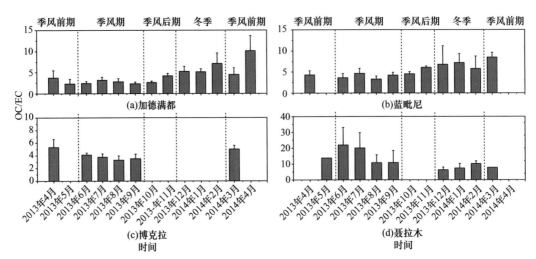

图 3.9　加德满都、蓝毗尼、博克拉和聂拉木大气气溶胶中 OC/EC 值的月变化

（4.64 ～ 276），是 6 个地区中比值最高的站点，但是季节差异不大，与之前在此地区做的研究结果相类似（Wan et al.，2015；Zhao et al.，2013b），并且比值波动很大，充分显示出背景地区由于其较高的太阳辐射强度，可能来自二次有机气溶胶的影响较大，此外可能受到南亚地区生物质燃烧的影响。

综上所述，青藏高原及喜马拉雅南坡不同区域 OC 和 EC 的浓度水平不同，但突出特征是 OC 的含量相对于 EC 浓度非常高，即 OC/EC 的值都很高，尽管来源尚待量化，但 OC 的重要性不容忽视。青藏高原有机气溶胶主要来源于南亚地区传输的污染物，SOA 的生成也是一个重要的潜在源，不同区域略有差异，局地排放和长距离传输都有贡献。

2. 棕碳

碳质气溶胶中的黑碳成分对太阳辐射具有显著的吸收性，从而被认为是全球气候变暖中的重要推动因子之一（Jacobson，2001），也因此在以往的大气研究中受到了广泛的关注。然而最新的研究发现，碳质气溶胶中还存在一部分棕色或黄色的有机成分，对太阳辐射也具有一定的吸收性，该部分有机碳质气溶胶被定义为棕碳（brown carbon，BrC）（Andreae and Gelencsér，2006）。

青藏高原独特的地貌和气候环境使高原上大气化学过程和环境变化趋势都具有鲜明的地域特色，成为研究气溶胶物质来源、迁移和转化的天然实验室。同时，青藏高原毗邻欧亚大陆上人口密集、工农业迅速发展的国家和地区。根据健康指标与评估研究所（Institute for Health Metrics and Evaluation，IHME）2017 年的研究，南亚地区年均 $PM_{2.5}$ 的含量高于 74 μg m^{-3}，成为全球仅次于非洲北部的重污染地区。这些污染物排放源主要有各种形式的化石燃料燃烧、农作物秸秆等生物质燃烧以及发电厂、砖厂、汽车等排放，其中多数过程都是大气中棕碳和黑碳等吸光物质的重要来源途径（Stockwell et al.，2016）。鉴于南亚地区大气环境污染的严重性，高原及其周边地区大气棕碳的研究将有助于了解这一区域的环境污染现状、洞悉吸光性碳质气溶胶的化学组成，为后期准确模拟分析气溶胶的气候效应提供数据基础。

棕碳气溶胶并非由确定的、物理化学性质一致的化学成分构成，而是由成分复杂、来源多样、物理化学特性高度不一致的多种有机化合物组成。其化学组分主要由类腐殖质、多环芳烃以及性质相对稳定的"tar ball"等物质构成（Pöschl，2003；Wu et al.，2016）。

大气类腐殖质（humic-like substance，HULIS）是一些高分子的聚合物，其相对分子质量在 200～300Da 之间（Kiss et al.，2003），因其吸光特性、红外光谱特性等性质和土壤、水中的腐殖质非常相似而得名。其化学结构以苯环结构为主体，侧链连接有烷基、羟基、羧基和羰基等官能团（Mukai and Ambe，1986；Salma et al.，2008）（图 3.10）。大气类腐殖质的很多性质都与棕碳气溶胶相似，因此被认为是后者的主要化学成分之一。大气类腐殖质可由一次排放产生，也可以通过大气中非均相反应二次生成（Aiken et al.，1985）。大气类腐殖质在有机气溶胶中占有相当高的比例（Krivácsy et al.，2008；Limbeck et al.，2005），在水溶性有机碳（water-soluble organic carbon，WSOC）中的含量也可以高达 34%～71%（Kiss et al.，2002；Lin et al.，2010）。

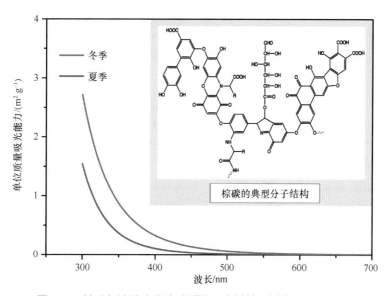

图 3.10　棕碳气溶胶中类腐殖质的吸光特性及其典型分子结构

青藏高原中部纳木错地区的研究发现，大气类腐殖质是有机气溶胶中重要的吸光性组分，其在 WSOC 和 OC 中的占比分别高达 40%～60% 和 12%～31%（图 3.11），因此，纳木错地区的研究也表明大气类腐殖质是棕碳气溶胶的重要化学组分。

气溶胶中的吸光成分除了上述类腐殖质物质外，还存在一部分类蛋白质成分。该部分类蛋白质物质也广泛存在气溶胶、降水等环境介质中（Fu et al.，2015；Muller

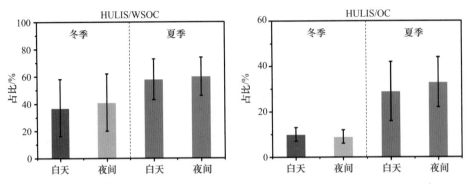

图 3.11　纳木错地区大气类腐殖质在 WSOC 和 OC 中的占比（Wu et al.，2018）

et al.，2008）。其可能的形成途径是大气中细菌、植物花粉等来源的蛋白质类物质和其他生物类前体物在大气中发生云中反应生成（Muller et al.，2008）。

棕碳中另一种成分 tar ball 也常见于气溶胶颗粒物中，尤其在受生物质燃烧影响严重的地区，其在颗粒物中的数量占比甚至能够达到 80%（Pósfai et al.，2004）。tar ball 颗粒为均匀的球形体，并且多以外混形式与其他颗粒物共存（Hoffer et al.，2016），Cong 等（2009）采用扫描电镜和 EDX（energy dispersive X-ray analysis）法发现纳木错总悬浮颗粒物中 tar ball 颗粒的粒径分布在 200～600 nm 之间。

青藏高原上关于棕碳浓度水平的相关报道较少。基于固相萃取分离法，Wu 等（2018）选择青藏高原中部代表性站点（纳木错）对棕碳中的主要成分大气类腐殖质进行了提取、测定。研究发现，纳木错地区大气类腐殖质的含量分别为 $0.15 \pm 0.11\ \mu g\ C\ m^{-3}$（冬季白天）、$0.15 \pm 0.12\ \mu g\ C\ m^{-3}$（冬季夜间）、$0.22 \pm 0.08\ \mu g\ C\ m^{-3}$（夏季白天）和 $0.23 \pm 0.09\ \mu g\ C\ m^{-3}$（夏季夜间），即纳木错地区大气类腐殖质的含量变化具有显著的季节差异性，夏季含量约为冬季 1.5 倍。与其他地区相比，纳木错大气类腐殖质含量是北极 PM_{10} 中的 10～50 倍（Nguyen et al.，2014），却仅为法国巴黎和中国上海等城市的 1～1/10（Baduel et al.，2010；Qiao et al.，2015），为亚马孙森林地区的 1/100（Salma et al.，2010），说明纳木错地区大气质量依然整体相对洁净。

棕碳气溶胶因其显著的吸光特性而受到广泛的关注，其吸光能力随波长变短迅速升高，即棕碳气溶胶更倾向于吸收紫外等短波长的太阳辐射（Hoffer et al.，2006；Laskin et al.，2015）。该吸光特性可能与棕碳气溶胶分子中碳 - 碳或碳 - 氧等不饱和键间的电子转移有关（Baduel et al.，2010；Peuravuori and Pihlaja，1997），即与其化学组成和来源途径有关。

对棕碳吸光特性的描述中，以下参数具有重要的指示意义，分别为表征吸光度与光程关系的吸收系数（absorption coefficient，Abs_{λ}，Mm^{-1} 或 m^{-1}），衡量单位质量吸收效率的 MAE（mass absorption efficiency，$m^2\ g^{-1}$）指数以及揭示棕碳吸光能力随波长变化响应程度的 Ångström 指数（absorption ångström exponent，AAE）。它们的表达式分别如下：

$$Abs_{\lambda} = \frac{A_{\lambda}}{l} \tag{3.1}$$

$$\text{MAE} = \frac{A_\lambda}{l \times C} = \frac{\text{Abs}_\lambda}{C} \tag{3.2}$$

$$\frac{\text{Abs}_{\lambda_1}}{\text{Abs}_{\lambda_2}} = \left(\frac{\lambda_2}{\lambda_1}\right)^{\text{AAE}} \tag{3.3}$$

式中，A_λ 为溶液的吸光度；l(cm) 为吸光光谱测定中的光程长度；C(μg C m^{-3}) 为吸光性棕碳的浓度含量。

　　水溶液提取有机气溶胶在 365 nm 处的吸光特性主要来自溶解的棕碳物质，因此，水溶液的吸收系数（Abs$_{365}$）往往被当作棕碳的典型吸收峰（Cheng et al.，2011；Hecobian et al.，2010）。Li 等（2017b）发现纳木错地区细颗粒物（PM$_{2.5}$）水提取液的 Abs$_{365}$ 与 OC 和 WSOC 都具有较强的相关性（图 3.12），表明纳木错地区 OC 和 WSOC 中的吸光能力主要来自棕碳的贡献。进一步通过式（3.1）、式（3.2）和式（3.3）的计算得出，纳木错地区季风前期和季风期棕碳气溶胶的单位质量吸收率分别为 0.46 ± 0.08 m^2 g^{-1} 和 0.32 ± 0.18 m^2 g^{-1}。这一数值与表 3.3 所列的印度洋地区、北极等偏远地区棕碳吸光特性相似，而显著地低于印度、美国以及中国北部的城市地区。据此推测，棕碳的吸光特性可能受人为活动产生的污染物影响较大。此外，根据 Li 等（2017b）的研究还发现，棕碳气溶胶的吸光能力随波长变短具有显著升高的趋势，表征这一变化趋势的 Ångström 指数 AAE 为 2.74 ～ 10.61。由于大气中很多光化学反应与太阳紫外辐射有关，所以棕碳气溶胶对这一波段的显著吸收，使其不但在局地或全球气候变化中具有重要的意义，而且可能还会对大气中多种光化学过程产生深远影响（Andreae and Gelencsér，2006；Hoffer et al.，2006）。

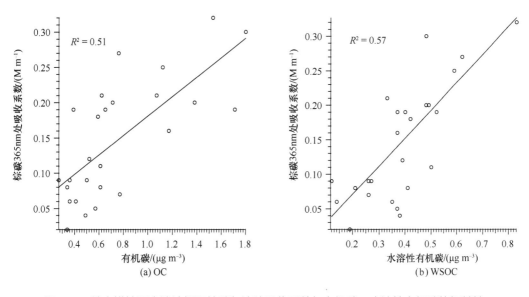

图 3.12　纳木错地区水溶液提取棕碳气溶胶吸收系数与有机碳、水溶性有机碳的相关性

（Li et al.，2017b）

表 3.3　青藏高原地区水溶性棕碳气溶胶的吸光特性以及与其他地区的比较

采样点	采样点环境	样品类型	采样日期	AAE（两个波长间吸光性比值）	MAE（365nm）/（m² g⁻¹）	参考文献
鲁朗	偏远林区	TSP	2014 年 8 月至 2015 年 8 月		0.48 ± 0.09（夏季） 1.18 ± 0.26（冬季）	Li et al.，2016c
珠峰	偏远山区	TSP	2014 年 8 月至 2015 年 8 月		0.55 ± 0.21（夏季） 1.77 ± 0.61（冬季）	Li et al.，2016c
拉萨	城市	PM$_{2.5}$ PM$_{10}$	2013 年 5 月至 2014 年 3 月		0.74 ± 0.22 0.78 ± 0.21	Li et al.，2016b
纳木错	偏远地区	PM$_{2.5}$	2015 年 5～7 月	6.19 ± 1.7	0.38 ± 0.16	Li et al.，2017b
金字塔站	高山	PM$_{10}$	2013 年 7 月至 2014 年 11 月	5 夏季（330～500） 4.7 冬季（330～500）	0.48 夏季 0.52 冬季	Kirillova et al.，2016
印度洋	海洋		2008 年 11 月至 2009 年 1 月	9 ± 3（300～700）	0.45 ± 0.14	Srinivas and Sarin，2013
新德里	城市	PM$_{2.5}$	2010 年 10 月至 2011 年 3 月	5.1 ± 2.0（330～400）	1.6 ± 0.5	Kirillova et al.，2014b
北京	城市	PM$_{2.5}$	2013 年 1 月和 2013 年 6 月	5.30 ± 0.44（冬季）； 5.83 ± 0.51（夏季）	1.54 ± 0.16（冬季）； 0.73 ± 0.15（夏季）	Yan et al.，2015
西安	城市	PM$_{2.5}$	2009 年 11 月至 2010 年 10 月	5.7（冬季） 5.3（夏季）	5.8（冬季，340 nm） 6.4（夏季，340nm）	Shen et al.，2017
加利福尼亚	城市	PM$_{2.5}$	2010 年 5～6 月	7.6 ± 0.5（300～600）； 4.8 ± 0.5（300～600）[a]	0.71； 1.58[a]	Zhang et al.，2013
科罗拉多	城市	TSP	2010 年 9 月		0.82 ± 0.43（404）	Lack et al.，2012
济州岛	乡村	PM$_{2.5}$	2011 年 3 月	6.4 ± 0.6（330～400）	0.7 ± 0.2	Kirillova et al.，2014a
亚特兰大	乡村	PM$_{2.5}$	2012 年夏季和秋季		0.13；0.41[a]	Liu et al.，2013b
阿什兰	乡村	PM$_{2.5}$	2007 年		0.63	Hecobian et al.，2010
北极		TSP	2008 年 3～4 月	1.5～3	0.83 ± 0.15（470）； 0.27 ± 0.08（530）	McNaughton et al.，2011

　　a. 甲醇提取

　　拉萨是青藏高原上少有的人口分布密集区，该地区气溶胶的研究可以很好地揭示高原上人为排放对大气质量的影响。Li 等（2016b）根据气溶胶粒径大小分别研究了拉萨地区 PM$_{2.5}$ 和 PM$_{10}$ 中棕碳的吸光能力，发现两者的差异较小，分别为 0.74 ± 0.22 m² g⁻¹ 和 0.78 ± 0.21 m² g⁻¹，这表明高原地区棕碳气溶胶广泛存在于大气气溶胶中。同时，拉萨地区棕碳气溶胶的吸光能力与受化石燃料燃烧排放影响较大的北京（0.7～1.8 m² g⁻¹）（Cheng et al.，2011）等地比较接近，表明拉萨大气质量可能也受到了当地人为排放污染物的影响。然而，需要注意的是，由于溶液提取后破坏了棕碳气溶胶在实际大气中的颗粒形态等物质属性，在以后的相关研究中需要强化在线等测定方法的应用。

Li 等（2016c）在藏东南和珠峰地区的研究发现，棕碳气溶胶的吸光能力具有显著的季节差异，藏东南地区棕碳吸光能力秋冬季节较高，春夏季节相对较低，而珠峰地区的冬春季较高，夏秋季较低（图 3.13）。两个站点在 365 nm 处的吸光能力年均值分别为 0.84 ± 0.40 m² g⁻¹ 和 1.18 ± 0.64 m² g⁻¹。通过比较藏东南鲁朗地区太阳辐射和棕碳吸光能力的季节变化规律，可以推测出鲁朗地区棕碳吸光能力春夏季节出现低值的主要推动因子可能是太阳辐射变化引起的光致漂白和化学漂白作用对棕碳吸光能力的消弱。然而，以往的研究表明大气中二次反应过程也是棕碳气溶胶的重要来源过程（Liu et al.，2016；Zhang et al.，2011b）。因此，太阳辐射在棕碳的形成与消除过程中可能都具有决定性意义。

Kirillova 等（2016）分别用超纯水和甲醇提取了喜马拉雅山脉南坡金字塔站（27.95°N，86.82°E，5079m）地区 PM₁₀ 中棕碳成分，研究发现甲醇提取棕碳在 365 nm

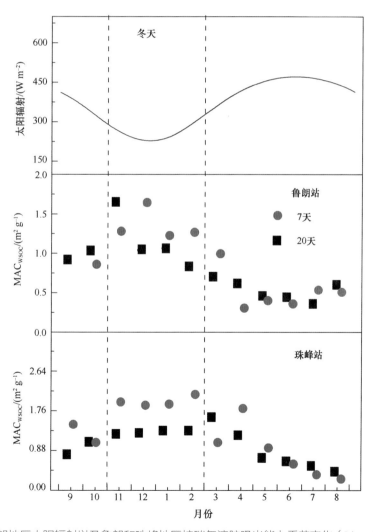

图 3.13 鲁朗地区太阳辐射以及鲁朗和珠峰地区棕碳气溶胶吸光能力季节变化（Li et al.，2016c）

处的吸光能力是水提取的 2 倍，而且甲醇提取的棕碳在长波长（550 nm）处的吸光能力比水提取的也要高，表明甲醇提取物中含有更多倾向于吸收长波长太阳辐射的棕碳化学组分。进一步比较季风期金字塔站地区棕碳吸光能力的昼夜差异发现，夜间的吸光能力等于或者高于下午的，这可能归因于夜间依然存在的上行山谷风对高原南坡低海拔地区棕碳污染物的传输。金字塔站地区棕碳的吸光能力昼夜差异在冬季达到最大值，下午吸光能力约为夜间的 2 倍，这可能也归因于区域大气环流对低海拔地区污染物输送的昼夜转变。上述研究也从侧面表明，青藏高原等高海拔地区来自当地的污染物相对较低，而周边低海拔地区的大气污染物长距离传输可能对高原大气质量影响较大。

　　相比于青藏高原地区，南亚地区吸光性棕碳的相关研究起步更早一些。Ramanathan 等（2005）指出春冬季节大量棕色云物质笼罩在南亚的印度、尼泊尔等地的上空，其组成成分除了已被大家熟知的黑碳外，还包括一些吸光性有机物质。这些吸光性成分的存在对地区气候变化和水循环模式的改变具有重要的影响，可能引起一系列气候环境问题，如显著降低地表太阳辐射通量的同时增强对流层顶的变暖趋势；改变不同维度间海洋表面温度梯度，从而影响到季风系统强度和降水等。随后，一系列的研究表明南亚地区水溶性有机碳是气溶胶中重要的组成成分，其含量占比能够达到后者的20% ～ 80%（Lawrence and Lelieveld，2010；Miyazaki et al.，2009；Pavuluri et al.，2011）。已有的棕碳研究文献指出，棕碳物质具有很强的水溶性，可以占到水溶性有机物的 9%（Feczko et al.，2007）～ 72%（Kiss et al.，2002），因此，南亚地区吸光性棕碳物质的含量、光学特征的研究可能对准确理解区域气溶胶气候环境效应具有重要的作用。Kirillova 等（2014b）发现位于印度 - 恒河平原的德里地区冬季棕碳质量吸光能力为1.1 ～ 2.7 m² g⁻¹（365 nm），其相对于黑碳的太阳辐射为 3% ～ 11%，此外，该地气溶胶中棕碳的吸光能力也表现出了随波长变短吸光能力显著升高的趋势（Ångström 指数：3.1 ～ 9.3）。进一步通过碳稳定同位素（¹³C）分析方法得出德里地区水溶性棕碳中 79%来自生物质燃烧，其余 21% 来自化石燃料燃烧排放。Satish 等（2017）分析了坎普尔地区水溶性棕碳冬季吸光能力的昼夜变化特征，研究表明棕碳的吸光能力夜间高于白天。其原因为夜间棕碳主要来自吸光能力更强的生物质燃烧排放，而白天的棕碳在太阳辐射下易于发生光漂白反应，从而吸光能力显著的降低。

　　棕碳气溶胶因其吸光特性受到关注以来，其潜在辐射强迫效应的强弱即成为亟待解决的科学问题。Li 等（2017b）根据棕碳气溶胶吸光特性和浓度含量参数，在假定黑碳相关光学参数的基础上简单估算了纳木错地区棕碳的潜在辐射强迫效应，结果显示纳木错地区棕碳在 365nm 处相对于黑碳对太阳辐射的吸收贡献能够达到 9% ～ 27%。Li 等（2016c）分别计算了藏东南鲁朗地区和珠峰地区棕碳相对于黑碳对太阳辐射吸收的贡献分别为 6.03% ± 3.62% 和 11.41% ±7.08%。相比于青藏高原地区，受生物质燃烧强烈的南亚地区，棕碳对太阳辐射吸收的贡献更显著。例如，Srinivas 等（2016）发现印度帕蒂亚拉地区，棕碳对太阳辐射的吸收贡献相对于黑碳高达 40%。印度坎普尔地区的研究也表明棕碳对太阳辐射的吸收贡献能够达到黑碳的 10% ～ 15%（Shamjad et al.，2015）。

Feng 等（2013b）通过模式模拟发现，全球范围内棕碳在大气层顶部引起的辐射强迫为正效应。若将棕碳物质考虑进全球有机气溶胶气候效应模拟中，则有机气溶胶的直接辐射强迫将由原来的负效应（–0.086 W m^{-2}）转变为正效应（+ 0.025 W m^{-2}）。对全球气溶胶吸收光学厚度的影响主要体现在，棕碳气溶胶的存在可以增强其 550 nm 和 365 nm 处光学厚度的 18% 和 56%。此外，南亚地区的尼泊尔、印度东北部和孟加拉国等地区棕碳气溶胶的直接辐射效应仅次于非洲的中西部地区，成为全球少有的棕碳污染严重区域。这可能归因于南亚地区大范围、高频率的生物质燃烧活动以及工业生产中大量的化石燃料燃烧排放。

大气中棕碳气溶胶的来源复杂，地区差异性显著。根据以往的研究表明，大气中棕碳的来源主要可分为一次来源和二次来源。目前，大多数南亚地区已开展的棕碳研究中都发现了生物质燃烧是棕碳气溶胶的重要来源，如在印度恒河平原的坎普尔地区（Satish et al.，2017；Shamjad et al.，2015）、印度西北部的新德里（生物质和化石燃料燃烧贡献达到 79%）（Kirillova et al.，2014b）及孟加拉湾等地区（Srinivas and Sarin，2013）。这些相对低海拔区域的大气污染物在局部大气环流（如山谷风系统、大气深对流）条件下可以被输送到高海拔大气环境中（Kirillova et al.，2016；Zhang et al.，2017b）。因此，南亚大气污染物的长距离传输可能是青藏高原棕碳气溶胶的重要来源。

由图 3.14 可以看出，纳木错大气类腐殖质与左旋葡聚糖在冬季有较强的线性相关性（R^2=0.44，P<0.01），而夏季的相关性较弱（R^2=0.12，P=0.05），表明冬季纳木错大气类腐殖质主要来自生物质燃烧；夏季大气类腐殖质与二次来源的苹果酸（R^2=0.23，P=0.03）和庚二酸（R^2=0.56，P<0.01）等呈现出较好的相关性，说明纳木错大气类腐殖质夏季主要来自大气中的二次反应过程。进一步根据图 3.15 所示的 5 天后向气团轨迹，冬季期间大部分气团来自巴基斯坦、印度和尼泊尔等南亚火点分布密集的地区，而纳木错地区的火点分布较少。南亚地区冬季期间存在频繁地以生物质为能源的人为活动，如砖厂生产、生物秸秆燃烧和采暖等（Stockwell et al.，2016）。由此推断，冬季纳木错大气类腐殖质可能来自南亚地区的长距离传输。

夏季 50% 的气团来自印度东北部，28% 来自青藏高原东南部（图 3.15）。位于印度东北部的印度河 - 恒河平原地区人口密集、城市遍布，是周边地区有机物、硫酸盐和硝酸盐等大气污染物的主要源区。即使在降水充沛的夏季，这一地区也存在较高的气溶胶含量。大气中的前体有机物在各种氧化剂（如臭氧、氢氧自由基）的作用下可以二次反应生成大气类腐殖质。此外，印度东北部属于亚热带地区，夏季暖湿的自然条件孕育了繁茂的植被。夏季，南亚的一次和二次生物气溶胶能够占总有机气溶胶的 50%（Stone et al.，2012）。因此，纳木错大气类腐殖质的二次反应前体物可能主要来自印度东北部。

3. 分子标志物

有机示踪物是了解大气颗粒物来源的重要手段，某些化合物可以作为独特的分子标志物（molecular marker）来提供环境中有机污染物来源、迁移、转化与归宿方面的信息。示踪化合物通常具备特定属性，此类物质可在大气中稳定存在，在不同源成分谱中含

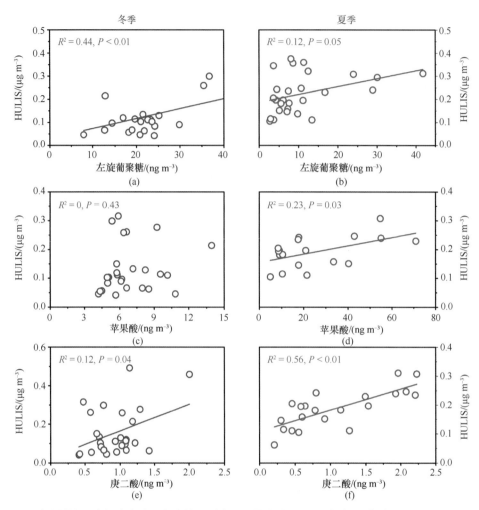

图 3.14　纳木错地区大气类腐殖质与生物质燃烧示踪物左旋葡聚糖（a）和（b）、二次来源示踪物苹果酸（c）和（d）以及庚二酸（e）和（f）的相关性（Wu et al.，2018）

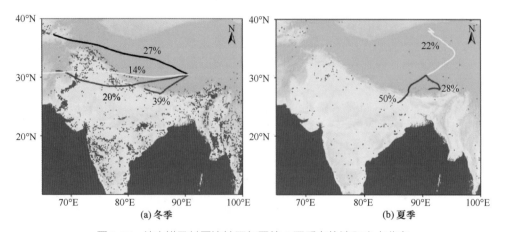

图 3.15　纳木错及其周边地区气团的 5 天后向轨迹和火点分布

量存在明显差异或具备独特的化学组成。Simoneit（1984）最早将分子标志物的概念引入到大气气溶胶有机物研究领域，随后不断得到发展（Simoneit，1999，2002；Simoneit et al.，2004），糖类、烃类、酸类和醇类等一系列对有机气溶胶来源具备指示作用的生物标志物逐渐得到应用。

研究表明，左旋葡聚糖及其同分异构体半乳聚糖（galactosan）和甘露聚糖（mannosan）等脱水糖的来源唯一，在高于 300℃的燃烧温度环境下，由纤维素和半纤维素通过热裂解过程产生。鉴于左旋葡聚糖具有分布广泛、释放量大、稳定性强、来源唯一等特点，可作为含纤维素生物质燃烧的重要标志物（游超等，2014；Fu et al.，2012a；Yao et al.，2013）。大量的实验研究表明，左旋葡聚糖在气溶胶中广泛存在，同时，较强的远距离传输能力使其存在范围延伸至偏远的海洋和极地地区（Hu et al.，2013；Mochida et al.，2003；Stohl et al.，2007）。已有研究表明，生物质燃烧是大气中左旋葡聚糖的唯一来源，而单糖类、糖醇类等化合物基本不受森林大火影响。

脱氢松香酸（dehydroabietic acid）作为分子标志物，对针叶植物（以软木材为主）的燃烧具有特定指示作用（Simoneit et al.，2004；Wang et al.，2006）；香草酸和对羟基苯甲酸是木质素的热解产物，因而被视为生物质燃烧排放的分子标志物。β-谷甾醇（β-Sitosterol）也被认为是生物质燃烧的有机标志物（Feng et al.，2007）。藿烷和甾烷类化合物主要来自化石燃料，因此可以作为机动车尾气或燃煤的有机标志物（何凌燕等，2005）。此外，甘露糖醇（mannitol）和阿拉伯糖醇（arabitol）可以作为真菌孢子等生物源一次来源的标志物（Bauer et al.，2002；Holden et al.，2011；Jia and Fraser，2011；Liang et al.，2013），葡萄糖（glucose）等可以作为植物残余的标志物（Alves，2017；Puxbaum and Tenze-Kunit，2003）。

目前已发现多种对 SOA 具备指示作用的分子标志物。例如，异戊二烯光化学反应产物标志物：C5-烯烃三醇、2-甲基甘油酸（2-methylglyceric acid）、2-甲基丁四醇（2-methyltetrols）（2-甲基苏阿糖醇，2-methylthreitol 和 2-甲基赤藻糖醇，2-methylerythritol）（Claeys et al.，2004；Edney et al.，2005；Kourtchev et al.，2008）；蒎烯（单萜烯类）光化学产物标志：3-乙酰基己二酸（3-acetylhexanedioic acid）、2-羟基-4-异丙基己二酸（2-hydroxy-4-isopropyladipic acid）、蒎酸（pinic acid）、3-羟基戊二酸（3-hydroxyglutaric acid）（Kourtchev et al.，2008；Offenberg et al.，2007）；β-石竹烯是倍半萜烯中数量最多的一类，在近些年的研究相对较多，而 β-石竹酸（β-caryophyllinic acid）是其典型的光化学产物分子标志物（Jaoui et al.，2007）。最初通过烟雾箱实验产生，并在真实环境样品中被检测到的 2,3-二羟基-4-氧代戊酸（2,3-dihydroxy-4-oxopentanoic acid）（Kirchstetter et al.，2004），已被证实为人为源芳香烃释放产生的二次有机气溶胶的标志物。以上分子标志物已在估算大气中不同来源 SOA 贡献量等研究中得到实际应用。从全球来看，大气细颗粒物中有机气溶胶的主要来源是生物质燃烧及植物源 SOA，化石燃料燃烧仅约占其总量的 30%（Hallquist et al.，2009；Kleindienst et al.，2007），而 SOA 所占比例高达 60% 左右（Kanakidou et al.，2005），同时，研究表明约有 90% 的 SOA 来源于天然源 VOCs。

目前基于分子水平对喜马拉雅山南北坡的有机气溶胶展开了研究，Shen 等（2015）分析了纳木错颗粒物样品中生物源前体物（异戊二烯、单萜烯、β- 石竹烯）和人为源前体物（苯系物）生成的 SOA 标志物。在所测化合物中，异戊二烯 SOA 标志物占据主导地位（26.6 ± 44.2 ng m^{-3}），其次是单萜烯（0.97 ± 0.57 ng m^{-3}）、苯系物（DHOPA，0.25 ± 0.18 ng m^{-3}）及 β- 石竹烯（0.09 ± 0.10 ng m^{-3}）。异戊二烯标志物的浓度夏天最高，冬天最低，其变化受温度显著影响，且与异戊二烯排放受温度影响一致，表明纳木错地区的异戊二烯 SOA 标志物浓度季节变化受控于异戊二烯排放。由于受温度和相对湿度影响方面的差异，异戊二烯的高 NO_x 和低 NO_x 产物的浓度比值在冬天最高，夏天最低。单萜烯 SOA 标志物的浓度变化，受单萜烯排放和示踪物气 - 粒分配的双重影响，因而在夏季其浓度没有明显的升高。苯系物 SOA 示踪物 DHOPA 首次在全球本底区观测到，其浓度比全球城市地区低 1 ～ 2 个数量级。DHOPA 高值出现在夏季，气团轨迹反演显示，其主要来自印度东部和孟加拉国；在冬季，纳木错地区的气团主要来自印度东北部，DHOPA 的浓度虽然降低，但其在标志物总量中所占比例反而升高。应用 SOA 标志物法估算的结果显示，纳木错地区 SOC 的年均浓度为 0.22 ± 0.29 μg m^{-3}，生物源的贡献约占 75%。夏季，异戊二烯对 SOC 贡献超过 80%；冬季，极低的温度导致生物源前体物的排放大大减少，苯系物的贡献显著提高。这些结果表明，来自印度半岛的人为源污染物可以被输送到青藏高原地区，并影响该地区的 SOC 组成。

万欣（2017）对喜马拉雅山中段南北坡 6 个站点的主要生物质燃烧标志物（左旋葡聚糖、甘露聚糖、半乳聚糖、对羟基苯甲酸、香草酸、丁香酸和脱氢松香酸）进行了分析，各生物质燃烧分子标志物浓度占总浓度的百分比如图 3.16 所示。脱水糖类化合物（左旋葡聚糖、甘露聚糖和半乳聚糖）所占百分比最高，其中左旋葡聚糖的占比在六个站点都超过了 60%（图 3.16）。

图 3.17 展示了世界各地左旋葡聚糖的浓度水平，其中麦收季节的泰山（391 ng m^{-3}）（Fu et al.，2008a）、北京（Yan et al.，2015）（221 ng m^{-3}）、匈牙利 K-puszta（309 ng m^{-3}）（Puxbaum et al.，2007）、比利时根特（477 ng m^{-3}）（Zdrahal et al.，2002）、和坦桑尼亚摩洛哥罗（253 ng m^{-3}）（Mkoma et al.，2013），受生物质燃烧影响比较严重。加德满都和蓝毗尼地区的左旋葡聚糖浓度远远高于以上各地区，甚至比西太平洋的 Cape Hedo（3.09 ng m^{-3}）等背景站点高 3 个数量级（Zhu et al.，2015）。因此，加德满都和蓝毗尼地区的左旋葡聚糖浓度处于世界上比较高的浓度范围，与南亚的印度新德里（1977 ng m^{-3}）（Li et al.，2014b）、赖普尔（2180 ng m^{-3}）（Deshmukh et al.，2016）和 Rajim（2258 ng m^{-3}）（Nirmalkar et al.，2015）等地区水平相当，充分说明了生物质燃烧对加德满都和蓝毗尼地区的大气环境产生了重要影响。

博克拉大气气溶胶中左旋葡聚糖的浓度为 179 ± 167 ng m^{-3}（22.4 ～ 717 ng m^{-3}），季风前期浓度为 418 ± 150 ng m^{-3}（174 ～ 717 ng m^{-3}），而季风期浓度为 61.9 ± 20.8 ng m^{-3}（22.4 ～ 110 ng m^{-3}）。季风前期较高的浓度，与世界其他受生物质燃烧影响比较严重地区的浓度水平相当（中国泰山和北京及坦桑尼亚摩洛哥罗等），表明博克拉地区也受到了比较严重的生物质燃烧影响。

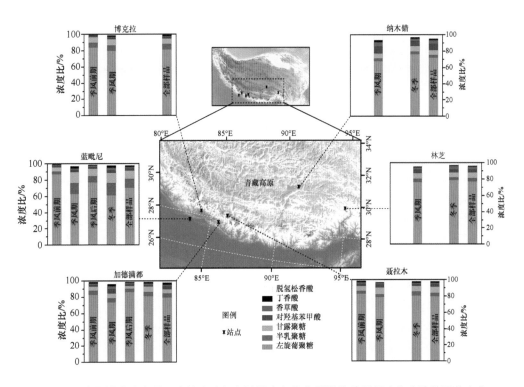

图 3.16　喜马拉雅山中段 6 个站点大气气溶胶中各生物质燃烧分子标志物占比的季节变化

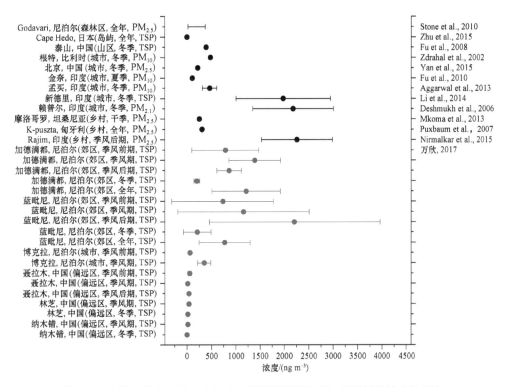

图 3.17　喜马拉雅山中段 6 个站点左旋葡聚糖的浓度与世界其他站点的对比

聂拉木地区检测了季风前期、季风期和冬季的样品，全样品浓度均值为 30.6±27.5 ng m^{-3}（4.45 ～ 138 ng m^{-3}），季风前期浓度为 35.6±13 ng m^{-3}（24.8 ～ 57.1 ng m^{-3}），而季风期浓度为 15.7±8.24 ng m^{-3}（4.45 ～ 29.5 ng m^{-3}），冬季浓度为 56.5±34.6 ng m^{-3}（11 ～ 138 ng m^{-3}）。作为背景地区，采样点周边较少有人为活动，但是左旋葡聚糖浓度偏高，比日本冲绳 Cape Hedo（3.09 ng m^{-3}）（Zhu et al.，2015）背景站点的浓度高一个数量级，这可能与聂拉木位于南亚污染物传输路径上而受到影响有关。

林芝和纳木错两个站点采集了季风期和冬季两个对比鲜明季节的样品，样品按昼夜对比采样。林芝季风期的左旋葡聚糖浓度为 18.2±14.3 ng m^{-3}（4.28 ～ 73.1 ng m^{-3}），与聂拉木地区水平相当，冬季浓度为 43.7±19.8 ng m^{-3}（13.1 ～ 103 ng m^{-3}），比聂拉木地区偏低，并且两个季节均表现为白天的浓度高于夜间的浓度。而大多数研究表明，生物质燃烧夜间浓度高于白天，因此可以推测林芝地区的左旋葡聚糖等脱水糖类物质可能来自污染物的外源输送或者局地人为活动。

纳木错季风期的左旋葡聚糖浓度为 4.03±2.86 ng m^{-3}（1.08 ～ 11.6 ng m^{-3}），远低于聂拉木和林芝地区的浓度，与日本冲绳 Cape Hedo 背景地区浓度水平相当，呈现出白天略高于夜间的特点，但无显著的昼夜变化规律。冬季浓度为 19.2±9.19 ng m^{-3}（n.d. ～ 40.9 ng m^{-3}），尽管夜间浓度高于白天浓度，但变化规律也不显著，表明纳木错地区的生物质燃烧污染物同样来自外源输送。

针对印度河 - 恒河平原代表性站点蓝毗尼，Wan 等（2017）对大气气溶胶中生物质燃烧标志物进行了深入的分析，发现左旋葡聚糖与 OC 和 EC 具有显著的相关关系，与羟基苯甲酸、香草酸、丁香酸和脱氢松香酸的相关性也较好，说明生物质燃烧是该地区高浓度碳质组分的主要来源。左旋葡聚糖 / 甘露聚糖（lev/man）值和香草酸 / 丁香酸（van/syr）值结果表明该地区生物质燃烧的种类主要是农作物残余和硬木的燃烧。通过估算得到，秋季生物质燃烧来源对 OC 的贡献达到 41.0%±31.1%，在 11 月甚至达到 58.7%±21.7%（图 3.18）。

此外，万欣（2017）分析了喜马拉雅山中段 6 个站点大气气溶胶中葡萄糖、果

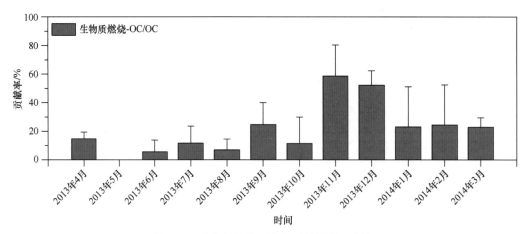

图 3.18　生物质燃烧对有机碳的贡献百分比

糖、蔗糖、海藻糖和木质糖占总单糖（5 种单糖的浓度相加）的百分比，总体来看，对多数站点而言，葡萄糖在总单糖中占比较高，其次为蔗糖和海藻糖，木质糖浓度较低（图 3.19）。加德满都葡萄糖的浓度为 $124 \pm 60 \ \mathrm{ng \ m^{-3}}$，蓝毗尼 $148 \pm 87 \ \mathrm{ng \ m^{-3}}$，博克拉为 $83.6 \pm 39.8 \ \mathrm{ng \ m^{-3}}$，聂拉木为 $11.0 \pm 9.85 \ \mathrm{ng \ m^{-3}}$，林芝为 $33.2 \pm 32.6 \ \mathrm{ng \ m^{-3}}$，纳木错为 $6.64 \pm 7.01 \ \mathrm{ng \ m^{-3}}$，最高浓度的蓝毗尼是最低浓度纳木错的 20 多倍。6 个站点葡萄糖的浓度都是季风前期、季风期和季风后期浓度显著高于冬季。主要因为季风前期是植物的生长期，喜马拉雅南坡季风后期农作物的收割与播种等也对糖类浓度有一定影响，并且 6 个站点葡萄糖、果糖、蔗糖和海藻糖之间都呈现较好的相关性，充分表明其共源性（如植物残余、花粉等）。

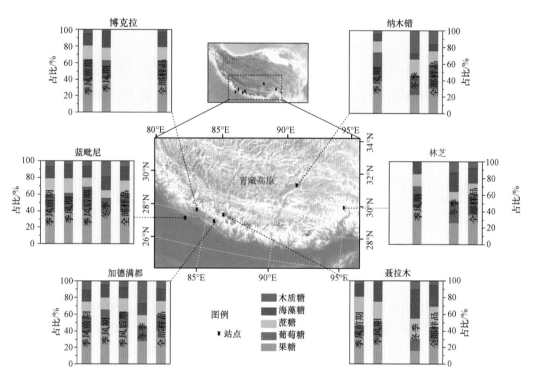

图 3.19　6 个站点大气气溶胶中葡萄糖、果糖、蔗糖、海藻糖和木质糖占总单糖的比例

大气气溶胶中葡萄糖主要来自植物残余（Alves，2017），基于葡萄糖，通过 Cellulose（μg）= D-Glucose（μg）×GF×（1/SY）和 Plant debris=2×cellulose（Puxbaum and Tenze-Kunit，2003）（GF（0.90）是葡萄糖 / 纤维素的转换因子，SY（0.717）是糖化作用的产率）估算了加德满都地区有机碳中植物残余的浓度范围为 0.07 ～ 0.80 μg m^{-3}，对有机碳的贡献为 0.09% ～ 3.68%；蓝毗尼地区有机碳中植物残余的浓度范围为 0.04 ～ 0.98 μg m^{-3}，对有机碳的贡献为 0.11% ～ 4.97%，高于同季节的加德满都地区；博克拉季风前期和季风期两个季节有机碳中植物残余的浓度分别为 0.25±0.09 μg m^{-3} 和 0.18±0.09 μg m^{-3}，对有机碳的贡献分别为 0.97%±0.34% 和 2.30%±1.12%，其季风期对有机碳的贡献与加德满都和蓝毗尼地区相类似。聂拉木季风前期、季风期和冬

季三个季节有机碳中植物残余的浓度分别为 $0.045\pm0.041\mu g\ m^{-3}$、$0.036\pm0.020\ \mu g\ m^{-3}$ 和 $0.006\pm0.003\ \mu g\ m^{-3}$，对有机碳的贡献分别为 $1.42\%\pm1.82\%$、$1.44\%\pm0.77\%$ 和 $0.25\%\pm0.30\%$，季风前期和季风期贡献率相差不大，表明聂拉木地区季风前期和季风期植物活动情况相似，但是聂拉木周边只有部分草地覆盖，因此有可能来自喜马拉雅山南坡植物残余的影响。林芝地区季风期植物残余的浓度为 $0.16\pm0.05\ \mu g\ m^{-3}$，对 OC 的贡献率为 $4.35\%\pm1.29\%$，冬季的浓度为 $0.012\pm0.009\ \mu g\ m^{-3}$，对 OC 的贡献率为 $0.33\%\pm0.20\%$，并且两个季节白天的浓度和贡献率高于夜间，呈现了显著的昼夜变化。纳木错地区季风期植物残余的浓度为 $0.027\pm0.021\ \mu g\ m^{-3}$，对 OC 的贡献率为 $3.63\%\pm2.21\%$，冬季的浓度为 $0.007\pm0.004\ \mu g\ m^{-3}$，对 OC 的贡献率为 $0.48\%\pm0.32\%$。纳木错地区植物残余浓度最低，但是对 OC 的贡献率与森林丰富的林芝相差不大，都高于聂拉木地区。综上所述，喜马拉雅山中段南坡蓝毗尼的植物残余的浓度最高，其次为加德满都和博克拉，尽管都是在季风后期浓度最高，但是在季风期对有机碳的贡献率最高，青藏高原的三个地区植物残余的浓度略低，尤其是纳木错地区浓度最低，但其在季风期对有机碳的贡献率与林芝地区相差不大，表明天然源的植物残余是青藏高原背景地区有机碳的重要来源。

多环芳烃（PAHs）是一类持久性有机污染物，主要包括已列入美国国家环境保护局（USEPA）优控清单的 16 种 PAHs 代表物。USEPA 优控 PAHs 的苯环数量从 2 环直至 6 环，其中，以萘、菲、蒽为代表的低分子量 PAHs 对生物有一定的急性毒性（Samanta，2002）；以苯并 [a] 芘、二苯并 [a,h] 蒽为代表的高分子量 PAHs 则具有致癌、致突变作用（Armstrong，2004）。除了具有来源广泛性、毒性和"致癌、致畸、致突变"效应外，PAHs 还具有半挥发性、环境持久性、生物累积性等特点，这使得 PAHs 藉由大气传播在各个环境介质中广泛分布，并经食物链富集对生态系统和人体健康有极大风险。

PAHs 的特征标志物和比值常用来判定污染物的来源。特征标志物法是指利用不同燃烧源的燃烧产物具有不同分子组成的特性，来研究污染物的可能来源。一般认为以下 PAHs 是城市大气环境中污染源的标志物（Daisey，1986；Harrison，1996；Khalili，1995）：煤炭燃烧为 Phe、Flu 和 Pyr；焦炭燃烧为 Ant、Phe 和 BaP；垃圾焚烧为 Pyr、Phe 和 Flu；木材燃烧为 BaP 和 Flu；工业原油燃烧为 Flu、Pyr 和 Chry；交通汽油发动机为 BghiP、IndP、Pyr 和 Coronene；柴油发动机为 Flu 和 Pyr。尽管这些标志物在不同排放源间有一定重叠，但仍然能在一定程度上区分出主要的排放源。

基于 PAHs 在大气中的稳定性质及在大气中有相似的变化过程，不同 PAHs 之间的比值也能反映源区的污染物排放特征，因此比值法也同样被用于 PAHs 来源的解析（Ravindra，2006）。如表 3.4 所示，许多研究将以上特定的 PAHs 比值作为 PAHs 来源的判定标识。

由于远离污染源，偏远地区被认为是研究污染物长距离传输、沉降和循环的理想场所。与南北极环境不同，中纬度、高海拔地区对 PAHs 传输和归趋的影响有其独特之处。首先，大部分中纬度高海拔地区距离污染排放源区较近；其次，高海拔的低温，能促

表 3.4　个体 PAHs 比值判定污染物来源的标准

污染物	比值	来源	参考文献
IndP/（IndP+BghiP）	0.18	汽车	Kavouras，2001；Ravindra，2006
	0.37	柴油	
	0.56	煤炭	
	0.62	木材	
	0.35～0.70	柴油排放	
Flu/（Flu+Pyr）	>0.5	柴油	Fang，2004；Mandalakis，2002
	<0.5	汽油	
BaP/（BaP+Chry）	0.5	柴油	Guo，2003；Khalili，1995
	0.73	汽油	
BbF/BkF	>0.5	柴油	Pandey，1999；Park，2002
BaP/BghiP	0.5～0.6	交通	Pandey，1999；Park，2002
	>1.25	褐煤	
IP/BghiP	<0.4	汽油	Caricchia，1999
	≈1.0	柴油	
Pyr/BaP	10	柴油发动机	Kavouras et al.，2001；Yunker，2002
	≈1.0	汽油发动机	Kavouras et al.，2001；Yunker，2002
Fla/Pyr	0.6	车辆	Kavouras et al.，2001；Yunker，2002
Fla/（Fla+Pyr）	0.4～0.6	汽油	Tsapakis，2003
	0.6～0.7	柴油	Sicre，1987
	0.74	木材	Kavouras，2001
	0.53	煤炭	Tang，2005
BaA/（BaA+Chry）	0.38～0.64	柴油	Sicre，1987
	0.22～0.55	汽油	Simcik，1999
	0.5	木材	Tang，2005

使高海拔地区富集更多的 PAHs（Blais，1998；Daly，2007），从而减少污染物向极地迁移的总量（Wania and Westgagte，2008）。再次，在高海拔地区的传输，还受到地形和降水的强烈影响，随着海拔的升高，温度逐渐降低，降水增强，使得 PAHs 等的沉降表现出与南北极不同的特点（Wania，2003）。素称地球"第三极"的青藏高原，海拔高，面积广，气候寒冷。与青藏高原相邻的南亚和中亚，人口密集，工农业活动频繁，是 PAHs 等不完全燃烧污染物的高排放区（Kishida，2009；Ramanathan，2006；Sharma，2007）。青藏高原的气候在冬季受西风急流的控制，在夏季受印度季风暖湿气流的影响。这些过程对周边污染源区如南亚等大气污染物向青藏高原的传输至关重要。

目前在青藏高原多个观测点进行气溶胶样品采集，并对其中的 PAHs 进行了检测分析。表 3.5 统计了观测期间各采样点 PAHs 不同组分的年平均浓度。检测结果表明，青藏高原内部采样点大气中 PAHs 含量范围为 $5.53\times10^2 \sim 2.85\times10^4$ pg m^{-3} 之间，平均值为 5.55×10^3 pg m^{-3}，低于欧洲中部背景区（9.03×10^3 pg m^{-3}）和太平洋北部（$9.28\times10^2 \sim 9.26\times10^4$ pg m^{-3}）大气中的检测值（Ding，2007；Dvorsha，2012），但与南极 Gosan 站（$34.9 \sim 1.71\times10^2$ ng g^{-1} dw）和加拿大山区（$2.03 \sim 7.89\times10^2$ ng g^{-1} dw）的检测值相当。

但在喜马拉雅山中段的两个断面上，7 个监测点大气中 PAHs 的年均含量差异较大，在加德满都 – 东启 – 聂拉木断面上，PAHs 的含量呈现出由南向北明显降低的趋势，加德满都大气中 PAHs 含量最高，范围为 $1.81\times10^4 \sim 45.3\times10^4$ pg m^{-3}，年平均值为 15.5×10^4 pg m^{-3}。与南亚其他地区相比，加德满都地区 PAHs 含量与印度阿格拉（Sarkar，2013）、新德里（Rajput，2010）等城市相当，同时也与中国一些污染严重城市如北京（Okuda，2006）等相近，表明研究区内加德满都大气中 PAHs 污染非常严重。东启大气中 PAHs 的含量明显降低，年平均含量为 1.86×10^4 pg m^{-3}，但其 PAHs 年均浓度高于青藏高原背景区域所检测到的 PAHs 的含量（Wang，2014），表明局地的秸秆生物质燃烧、交通等排放以及污染物的长距离传输等对喜马拉雅山南坡尤其是 5000 m 以下地区具有较明显影响。到青藏高原内陆的聂拉木地区，PAHs 最低年平均含量仅为 5.57×10^3 pg m^{-3}，与西藏其他偏远地区开展的研究结果相似，均为背景水平（Wang，2014）。

蓝毗尼 – 博克拉 – 乔姆索 – 仲巴断面大气中 PAHs 的变化趋势与加德满都 – 东启 – 聂拉木断面相似，也呈现出南部最高，由南向北迅速降低的变化趋势。蓝毗尼大气中 PAHs 的含量范围为 $1.67\times10^4 \sim 19.3\times10^4$ pg m^{-3}，平均值为 9.48×10^4 pg m^{-3}，略低于印度北部平原（Rajput，2010）和加德满都（Chen，2015），但高于其他地区，这主要是因为蓝毗尼位于印度北部平原北端，受印度北部平原排放的直接影响，因此大气中 PAHs 含量较高。而博克拉尽管是尼泊尔第二大城市，但其主要以旅游业为主，城市化水平较加德满都差距较大，因此其大气中 PAHs 的含量低于更靠近印度北部平原的蓝毗尼，也低于加德满都，年平均含量为 20.7×10^3 pg m^{-3}，乔姆索与东启海拔类似，但两地农村规模差异较大，交通、农业等排放对东启的影响更大，因此乔姆索大气中 PAHs 的含量低于东启，仅为 11.1×10^3 pg m^{-3}，也低于喜马拉雅山脚 Barapani 大气中的含量（Rajput，2013）。青藏高原内陆的仲巴地区，PAHs 最低年平均含量仅为 8.78×10^3 pg m^{-3}，远低于尼泊尔的城市和农村地区，但高于青藏高原内陆的纳木错等区域，表明仲巴和聂拉木地区大气相对比较洁净，但一定程度上还是受到局地排放或长距离传输污染物的影响（Chen，2017）。

从观测期间加德满都 PAHs 时序变化可以看出（图 3.20），加德满都大气中 PAHs 含量呈现明显的季节变化特征，在季风期浓度较低且变化幅度较小，9 月下旬开始 PAHs 含量逐渐增加，12 月份达到最高，且变化幅度较大，季风前期逐渐降低（Chen，2015）。对于研究区其他采样点，在城市和农村地区，大气中 PAHs 含量也呈现明显的季节变化特征（图 3.21），如在蓝毗尼和博克拉地区，季风前期 PAHs 含量较高，季风期最低，季风后期开始逐渐增加，冬季达到最高值。而在其他地区，仅表现为非季风期较高而季风期较低的变化特征（Chen，2017）。

表 3.5 青藏高原及其周边区域大气颗粒物中 PAHs 含量组成

（单位：pg m^{-3}）

	Aecl	Ace	Flu	Phe	Ant	Fla	Pyr	BaA	Chry	BbF	BkF	BaP	IndP	DahA	BghiP	PAHs
Qamdo		21.3	939	1903	37.8	403	150	16.5	BDL	37	2.5	12.4	14	BDL	12.9	3550
波密		157	5634	16527	462	3387	1885	83.6	224	74.1	13.1	33.7	30.5	5.7	27	28545
鲁朗		16.3	160	239	18.7	57.1	34.2	9.9	28.9	26	BDL	5.7	3.1	1.4	4.4	604
然乌		107	2844	5351	85.7	528	227	6.5	31.5	5	1.4	3.6	3.4	0.7	BDL	9194
那曲		52.9	1944	1099	23.9	204	61.1	17.2	19.4	32	4.8	13.1	14.6	2.1	13.2	3501
纳木错		BDL	119.9	279	25.9	34.4	31.7	6.2	15.8	15.5	2.6	4.2	8.7	0.5	8.6	553
拉萨		22.2	1391	2582	22.1	324	102.3	1	72.2	19.1	BDL	3.4	BDL	BDL	1	4542
Xigaze		48.7	1006	1256	36.7	220	79.2	18.5	59.4	33.3	9.9	12.3	24.3	4.5	21.7	2831
Lhaze		17.8	702	920	30.4	218	71	7.7	34.1	19	4.7	4.7	10	1.8	8.6	2049
珠峰		BDL	168	136	19.3	75.4	49.5	18.7	35.8	17.2	4.7	12.8	12.1	2.2	20.8	572
Saga		48.3	1056	1546	22	356	124	28	54.9	36.9	12.3	19.6	28.1	5	23.6	3361
Gar		64.9	1592	1790	31	284	114	10.9	149	54.8	8.8	5.7	20.4	5.6	17.3	4148
Golmud		40.2	4924	2747	38	679	122	6.6	51.1	36.4	4	10.1	9.5	BDL	7.2	8674
加德满都	821.5	589.9	641.5	4483	1195	11646	12110	11775	13800	17667	17259	16589	22549	2031	20712	154869
东启	491.9	483.1	935.2	1029	807.4	1465	1537	1112	1619	1778	1944	1449	1628	783.2	1504	18566
聂拉木	180.4	212.2	348.6	310.8	348.8	504.6	544.2	333.2	587.5	632.7	194.9	405.9	329.4	208.8	426.7	5568
蓝毗尼	433.8	519.9	1336	2346	767.5	3478	3556	3403	4607	10494	10965	11781	20645	2072	15166	91570
博克拉	427.6	418.5	894.3	1144	691.7	1594	1606	1136	1727	22609	2440	1802	2009	704.7	1817	20675
乔姆索	411.9	490.3	881.3	817.3	713.9	839.4	923.3	609.1	995.6	896.4	679.4	782.3	690.6	558.7	838.3	11128
仲巴	334.7	399.1	694.1	517.9	565.8	890.9	818.9	563.5	906.5	860.4	613.6	639.2	293.9	198.6	486.5	8783

数据来源：Chen，2015；Chen，2017；Wang，2014

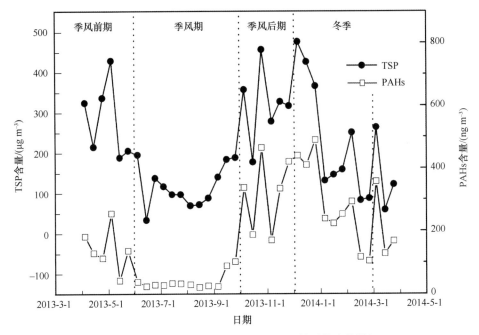

图 3.20　加德满都大气中 PAHs 和 TSP 的季节变化特征

生物质燃料是尼泊尔居民餐饮、取暖的主要能源，这些燃烧活动每天都在发生。每年的 3 ~ 5 月、10 ~ 11 月，在印度北部平原和尼泊尔还有大量的农作物秸秆（水稻、小麦）被焚烧（Ram and Sarin，2010）；还有研究表明，在喜马拉雅山南坡森林火灾主要集中在季风前期（Vadrevu et al.，2012），这些燃烧活动能释放出大量颗粒物；同时尼泊尔面临严重的电力短缺，尤其是在冬季和季风前期，有将近 250000 个简易柴油发电机被用于发电以维持日常使用，这可能导致 PAHs 及其他污染物的排放增加；超过 110 个燃烧效率较低的砖厂散布在加德满都郊区，这些工厂多使用质量偏差的煤炭作为能源，并且在一年中的 1 ~ 4 月集中工作（Kishida，2009），这也是加德满都冬季大气中污染物含量增加的原因；除了排放源的影响，气象条件也是影响污染物分布的重要因素。在冬季和季风前期盛行的西风环流使得整个研究区处于干冷条件，这种独特的天气状况结合加德满都的地理特征为非季风期污染物在大气中的聚集创造了有利条件。

因此，季风后期研究区大气中污染物的增加可能是由发电机的使用增加及农作物秸秆尤其是水稻等的燃烧造成，而冬季和季风前期污染物的增加则由工厂燃煤、生活取暖生物质燃料以及森林火灾等增加所导致。与此相反，季风期更多的降雨（占全年降水量 80%）能有效冲洗掉大气中的颗粒物及多数污染物（Giri，2006）。因此，研究区大气中污染物的季节变化受降雨、排放源及扩散条件等因素影响。

对于青藏高原内部的采样点，选用 Fla/（Fla+Pyr）和 Phe/（Phe+Ant）两个指标探讨 PAHs 的排放源种类。结果显示（表 3.6）：Fla/（Fla+Pyr）值范围为 0.51 ~ 0.63，平均值为 0.57，有研究证明 Fla/（Fla+Pyr）值大于 0.5 时，可认为来自木材和农作物秸秆等燃烧源（Tobiszewski and Namiesnik，2012；Yunker，2002），而且，Phe/（Phe+Ant）值的范围

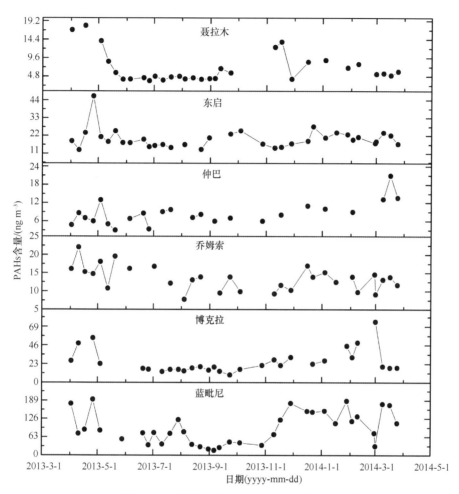

图 3.21　喜马拉雅中段其他地区大气中 PAHs 的季节变化特征

表 3.6　喜马拉雅中段不同采样点 PAHs 比值

不同采样点	IndP/(IndP+BghiP)					Fla/(Fla+Pyr)				
	全年	季风前期	季风期	季风后期	冬季	全年	季风前期	季风期	季风后期	冬季
蓝毗尼	0.55±0.037	0.57	0.53	0.56	0.59	0.49±0.026	0.49	0.48	0.51	0.50
博克拉	0.68±0.096	0.75	0.60	0.73	0.77	0.42±0.113	0.38	0.42	0.46	0.44
乔姆索	0.44±0.021	0.45	0.43	0.44	0.47	0.47±0.013	0.47	0.46	0.47	0.48
仲巴	0.44±0.016	0.42	0.42	0.44	0.46	0.50±0.035	0.48	0.47	0.49	0.51
加德满都	0.52±0.013	0.53	0.51	0.52	0.53	0.48±0.026	0.48	0.46	0.47	0.50
东启	0.52±0.023	0.52	0.54	0.52	0.49	0.48±0.029	0.48	0.48	0.48	0.48
聂拉木	0.45±0.038	0.45	0.43	0.47	0.46	0.48±0.012	0.48	0.47	0.48	0.49

注:PAHs 排放源判定,IndP/(IndP+BghiP) 值为 <0.2 造岩,0.2 ~ 0.5 石油,0.43 小麦秸秆,0.49 水稻秸秆,>0.5 生物质、煤炭;Fla/(Fla+Pyr) 值为 <0.4 造岩,0.4 ~ 0.5 石油,0.46 水稻秸秆,0.49 小麦秸秆,>0.5 生物质、煤炭
　　数据来源:Kavouras, 2001;Rajput, 2011;Yunker, 2002

为 0.84 ~ 0.96，与之前关于牛粪燃烧排放的值接近 (Li，2012)，进一步证明牛粪燃烧可能是低分子量 PAHs 的来源。

而在喜马拉雅中段的采样点，主要采用 IndP/(IndP+BghiP) 和 Fla/(Fla+Pyr) 两个指标探讨 PAHs 的排放源种类。结果显示（表 3.6），加德满都 IndP/(IndP+BghiP) 值在不同季节分别为 0.53、0.51、0.52 和 0.53，这与木材等生物质和煤炭燃烧得到的 IndP/(IndP+BghiP) 值相似 (Grimmer，1983)。同时，还接近水稻秸秆燃烧的比值，表明煤炭、木材以及农作物秸秆可能是加德满都大气中 PAHs 的主要来源。相应的，Fla/(Fla+Pyr) 值分别为 0.48、0.46、0.47 和 0.50，季风期的比值最低且比较稳定，这可能是因为夏季 PAHs 的来源相对单一，主要受交通排放影响。在东启，IndP/(IndP+BghiP) 的值为 0.52，这在煤炭及木材等燃烧得到的 IndP/(IndP+BghiP) 值范围内，表明生物质燃料和煤炭燃烧可能是东启大气中 PAHs 以及其他污染物的重要来源。而 Fla/(Fla+Pyr) 的值为 0.48，这与小麦、水稻等农作物秸秆燃烧释放的 PAHs 比值非常接近，同时也在石油等液体燃料燃烧释放的 Fla/(Fla+Pyr) 值范围内，表明除了交通等排放外，东启大气中 PAHs 还可能受农作物秸秆燃烧的重要影响。在聂拉木，IndP/(IndP+BghiP) 的值为 0.45，Fla/(Fla+Pyr) 值为 0.48，这与小麦和水稻等生物质燃料燃烧释放的 PAHs 比值非常接近，表明可能受农作物秸秆燃烧的重要影响。

蓝毗尼地区，IndP/(IndP+BghiP) 值为 0.55，在煤炭与木材等生物质燃烧排放的比值范围内，比值大于 0.5，除木材等生物质燃烧外，蓝毗尼周围有 11 个砖厂，因此煤炭燃烧是其重要来源，而 Fla/(Fla+Pyr) 值为 0.49，这与小麦燃烧释放的 PAHs 比值非常相同，表明农作物秸秆是大气中 PAHs 的一个重要来源。博克拉地区，IndP/(IndP+BghiP) 值为 0.68，这在木材等生物质燃料和煤炭燃烧的比值范围内，而 Fla/(Fla+Pyr) 值为 0.42，则在汽油等燃烧比值范围内，表明博克拉地区大气 PAHs 可能受到汽油和木材燃烧的重要影响。乔姆索地区，IndP/(IndP+BghiP) 值为 0.44，较为接近小麦秸秆燃烧的比值，而 Fla/(Fla+Pyr) 值为 0.47，则接近水稻秸秆的燃烧比值，表明乔姆索地区大气 PAHs 可能受到农作物秸秆燃烧的重要影响。仲巴地区，IndP/(IndP+BghiP) 值和 Fla/(Fla+Pyr) 值分别为 0.44 和 0.50，均较为接近小麦秸秆燃烧的比值，但同时也在液体化石燃料燃烧释放 PAHs 的比值范围内，表明仲巴地区大气 PAHs 可能受到农作物秸秆燃烧和交通排放的重要影响。

4. 碳同位素特征

通过对跨越喜马拉雅山脉中段两条监测断面和青藏高原的 8 个台站气溶胶样品和 8 条冰川雪坑样品的大范围采样（图 3.22），利用黑碳的 ^{14}C 组成分析了黑碳的化石燃料和生物质燃料的相对贡献 (Li et al.，2016a)。

位于尼泊尔南部的蓝毗尼站 (LM) 的黑碳气溶胶 ^{14}C 组成与之前报道的南亚数据一致，自南向北随着海拔的升高和大气黑碳绝对含量的降低，黑碳的生物质燃烧贡献逐渐增大 [(3.23(a)]。冰川雪坑中黑碳的 ^{14}C 组成在区域上存在显著差异：在青藏高原东北部的祁连山老虎沟 12 号冰川 (LH) 雪坑中，黑碳具有最大的化石燃料贡献（66%），

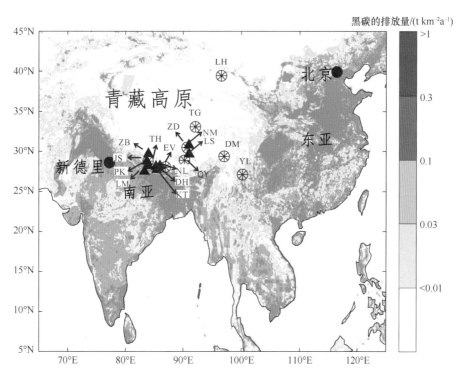

图 3.22　采样点位置（三角代表气溶胶采样点；圆形代表冰川采样点）
背景颜色代表黑碳的排放量

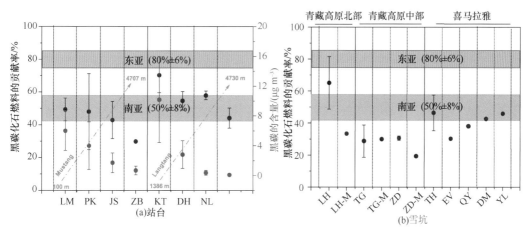

图 3.23　跨越喜马拉雅山脉中部两个断面的大气黑碳含量和化石燃料贡献率（a）及冰川雪坑黑碳的
化石燃料贡献率（b）（Li et al.，2016a）

这与中国的总体状况比较接近；喜马拉雅山脉南坡的 Thorung 冰川（TH）雪坑中黑碳的
化石燃料贡献（54%）与南亚的比率一致；高原中部的小冬克玛底冰川（TG）黑碳主要
来自生物质燃烧（约 70%）（图 3.23b）。因而，气溶胶和雪坑均显示从高原边缘到内陆
生物质燃烧对黑碳的贡献逐渐增大，表明生物质燃烧排放的黑碳较其他来源对青藏高
原气候和冰冻圈具有更大的影响。

在此基础上，综合分析 ^{14}C 和 ^{13}C 的组成进一步区分了不同冰川区生物质燃料、煤和液态化石燃料燃烧排放黑碳的相对贡献（图 3.24）。该研究界定了喜马拉雅山脉和青藏高原地区不同燃料对黑碳的贡献，为相关国家制定黑碳减排政策提供明确的指导。

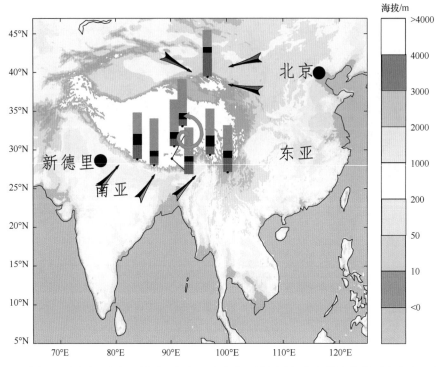

图 3.24　生物质燃料（绿色）、煤（黑色）和液态化石燃料（褐色）燃烧排放对青藏高原雪坑黑碳的相对贡献（Li et al., 2016a）
箭头代表不同区域的黑碳来源

3.1.4　气溶胶光学性质

大气气溶胶对环境和气候的影响主要取决于其物理特征（粒子的粒径、形状、数量质量谱分布等）、化学性质（化学组成）和光学特性（光学厚度、Ångström 波长指数、单次散射反照率、复折射指数等）。对大气气溶胶的各种特性进行全面表征，无疑是气溶胶其他研究方向，如健康影响评价、气候效应、源解析等的前提条件。

李放和吕达仁（1995）分析了 1966 年和 1968 年珠峰科学考察期间得到的太阳直接辐射光谱资料，获得了该地区大气气溶胶光学厚度（AOD）谱。其中，东绒布冰川波长 0.55μm 的气溶胶春季 AOD 平均为 0.044 ± 0.017，与南极相似。而与 1986 年的结果对比发现，即使是远离工业城市、海拔很高的珠峰地区 AOD 也有逐年增高的趋势。罗云峰等（2000）通过 1961 ～ 1990 年逐日太阳直接辐射日总量和日照时数反演的我国大气 AOD 的变化特征表明，我国 AOD 总体呈明显增加趋势，而青藏高原的主体为增加最为明显的区域之一。根据近十年的观测结果，珠峰地区气溶胶光学厚度 AOD 值继续呈现出升高的趋势（图 3.25）。

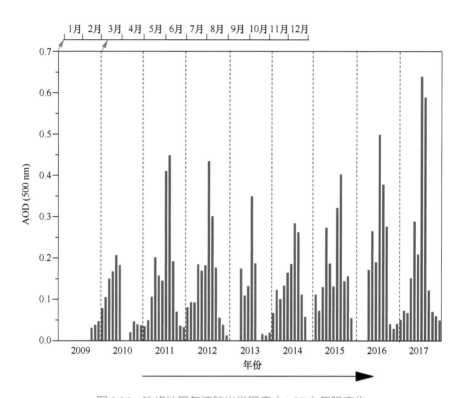

图 3.25 珠峰地区气溶胶光学厚度（AOD）年际变化

张军华等（2000）报道了 1998 年 5 ~ 6 月在当雄（海拔 4242 m）开展的气溶胶多波段地基观测结果。当雄地区的 AOD 较小（绝大部分时间小于 0.1），AOD 与大气相对湿度呈正相关。旱季 AOD 日变化大，最小值出现在中午前后，而湿季日变化相对要小，光学厚度也小于旱季，反演的粒子谱符合洁净大陆气溶胶的特征。李韧和季国良（2004）利用五道梁能量平衡收支观测站 1993 年 9 月至 1999 年 12 月的晴空资料反演了藏北高原的气溶胶厚度特征。通过分析发现，五道梁地区大气气溶胶光学厚度具有明显的日变化特征，表现为早晚大而中午小。同时光学厚度也具有明显的季节变化特征，表现为春季大，冬季次之，秋季较小，夏季最小。在一年中该地区夏季大气最洁净。该季节变化特征主要与该地的天气状况等因素有关，气溶胶粒子的不同源区也对季节变化有一定的作用。中国地区太阳分光观测网（CSHNET）在青藏高原设置了两处观测点（拉萨站和海北站）（王跃思等，2006）。2004 年秋冬季资料显示拉萨站 AOD 平均为 0.12，Ångström 浑浊系数（β）平均为 0.13，Ångström 波长指数（α）为 0.06；海北站 AOD 平均为 0.09，β 平均为 0.05，α 平均为 1.09。结果表明青藏高原空气洁净，气溶胶浓度低，气溶胶主控粒子主要为粒径较大的大陆性气溶胶（沙尘气溶胶），同时秋季气溶胶浓度略高于冬季，其粒径也略高于冬季。李维亮和于胜民（2001）利用 SAGE II 全球月平均格点卫星资料，对青藏高原地区的大气气溶胶状况的分析表明，高原上空平流层大气气溶胶的光学厚度在冬季最大，春秋季次之，夏季最小。近期 Xu 等（2014a）利用 AERONET 数据对喜马拉雅山脉南侧金字塔、博克拉站以及北坡的珠峰站的气溶胶光学厚度进行了分析，发现博克拉站受人为污染物排放影响较大，气溶胶光学厚度远远高于其他两个气溶胶背景站点。喜马拉雅山南坡和印度北部地区植被火灾 4 月频发，使得同时期三个站点细颗粒模态气溶胶升高。降水的日变化形式、人为源排放强度变化、山谷风环流和地表加热作用都可能会影响 AOD 的日变化。

纳木错 AOD 值较低，多年来 AOD 月均值的最高值出现夏季风期的 8 月，其次为春季的 4 月和 5 月，夏季风期间（6 月和 9 月）仍然保持较高的月均值（图 3.26）。春季（4 ～ 5 月）气溶胶光学厚度的高月均值可能是由于春季地表解冻，积雪开始融化使更多的松软地面暴露出来，且大风天气频繁，导致沙尘被扬起到大气中，而此时也是中亚和我国北方沙尘暴频发期（Qian et al.，2004）。夏季较高的 AOD 可能与印度季风带来的南亚污染或者较多的局地人类活动有关（放牧和旅游活动）。最小月值出现在冬季，主要是纳木错地区冬季的积雪覆盖了地面，大气相对更为清洁。秋季南亚季风逐渐减弱，人类活动也减少，所以光学厚度比春夏季低，比冬季高。从图 3.26 中可以看出纳木错地区 AOD（500 nm）主要出现在 0.02 ～ 0.06 范围内，代表了典型背景清洁地区的状况（Holben et al.，2001）。

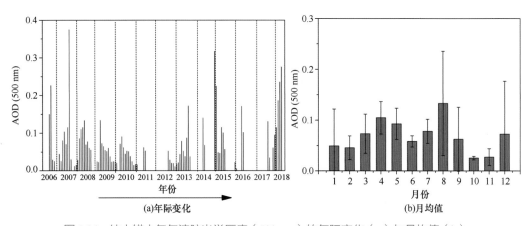

图 3.26　纳木错大气气溶胶光学厚度（500 nm）的年际变化（a）与月均值（b）

纳木错地区全年 AOD（500 nm）均值为 0.05，与张军华等（2000）在当雄的短期 AOD 观测结果（<0.1）基本一致，接近或低于其他背景站点，是 AERONET 网络中最清洁的站点之一。夏威夷 Mauna Loa（海拔 3400 m）观测站坐落于太平洋中，海拔高且远离大陆，大气状况清洁且稳定，因而在 AERONET 观测网络中作为定标地点。Mauna Loa 的 AOD（500 nm）年均值为 0.02，略低于纳木错站的观测值（Holben et al.，2001）。Six 等（2005）报道了南极 Dome C 晴朗天气下的平均 AOD（440 nm）也为 0.02。李放和吕达仁（1995）报道的珠峰东绒布冰川（海拔 6300 m）波长 550 nm 的 AOD 平均值为 0.044 ± 0.017，与纳木错的 AOD 很接近。通过对比可以看出，纳木错具有和珠峰、南极、太平洋等偏远地区相似的清洁大气环境。

选择北京作为受人类活动污染严重的典型城市地区与纳木错做一简单比较（Fan et

al.，2006)。四年间北京 τ_a(440 nm) 的均值为 0.70，超过 12% 的 τ_a(440 nm) 日值大于 2.0，最高值接近 4.0。从季节变化看，夏季最高，春秋季次之，而冬季最低。相比于北京，纳木错 τ_a(500 nm) 年均值仅为 0.05，最高日均值也仅为 0.14。北京 AOD 年均值约是纳木错的 14 倍，由此可见纳木错受人类活动影响之少。

中分辨率成像光谱仪（MODIS）卫星遥感能够给出覆盖全球高空间分辨率的气溶胶光学特征资料，但是缺乏地基观测数据的校正，MODIS 在青藏高原的适用性仍然具有很大的不确定性。Jin（2006）利用 MODIS 资料研究了整个青藏高原的 AOD 均值及季节变化。在此次研究中纳木错观测的结果与 Jin（2006）所揭示的季节变化规律基本一致，即春季 AOD 最高，夏季次之，秋季和冬季较低。纳木错地区 MODIS 气溶胶光学厚度在 0.1 ~ 0.245 之间，显著高于 AERONET 所给出的 AOD 年均值（0.05），说明青藏高原地区 MODIS 的误差较大，可利用性差。MODIS 气溶胶产品和 AERONET 观测结果之间较大差异的原因可能是 MODIS 气溶胶反演算法中地表反射率估算偏低引起的（Xia，2006；Xin et al.，2007）。如果仅依赖目前 MODIS 反演的气溶胶产品来进行青藏高原气溶胶辐射强迫与气候效应的相关模拟，势必引起很大的误差，值得引起注意。

Ångström 指数（α）是衡量大气气溶胶粒子大小的一个重要光学参数（Eck et al.，1999），α 值越小说明粒子越大，反之亦然。纳木错大气气溶胶的 Ångström 指数表现出明显的季节变化趋势，即春季低，夏季高。结合气溶胶的光学厚度分析，可以发现春季高的气溶胶浓度对应着 Ångström 指数低值，表明粗粒子的沙尘是气溶胶的主控类型。与之成鲜明对比的是，夏季尽管气溶胶含量较多，但 Ångström 指数也很高，说明占气溶胶主要比例的是细颗粒，且极有可能是人为源细颗粒气溶胶。气溶胶 Ångström 指数的年均值为 0.42±0.27，说明从全年来看，气溶胶中粗粒子占主导地位。纳木错 Ångström 指数主要在 –0.4 ~ 1.4 的范围内，出现频率在 0.2 ~ 0.4 之间最高。作为对比，北京 2001 ~ 2005 年的 Ångström 指数平均值为 1.19，说明气溶胶以细粒子为主。在 AOD 值很小的范围内，α 变化极大，没有明显的正相关或负相关关系，说明纳木错地区存在多种类型气溶胶。

图 3.27 显示的是纳木错不同季节气溶胶体积粒度谱的平均分布特征。夏季、秋季和冬季气溶胶的体积粒度谱均具有双模态（bimodal）分布特征，即细粒子和粗粒子同时存在。春季大气气溶胶呈单模态分布特征。对于秋季和冬季而言，大气气溶胶主要有积聚模（模态半径 r 为 0.2 ~ 0.3 μm）和粗粒子模态（r 约为 5 μm），可以代表纳木错地区的背景状况。而春季由于地面土壤沙尘的贡献使大气气溶胶粗粒子占绝对比例。与之相对的是，夏季细粒子所占的比例增加，而粗粒子浓度降低，说明在夏季由于降雨的增加，空气中较大的沙尘颗粒减少，而人为源的细粒子比例增加。

总之，根据 AERONET 的观测数据，纳木错地区与其他地区相比，气溶胶光学厚度小，年均值为 0.05，是 AERONET 观测网络中大气环境最为清洁的站点之一。该地区大气气溶胶光学厚度具有明显的季节变化，春季、夏季大，秋季次之，冬季最小。春季大气中的主要成分是沙尘，夏季的主要成分是人为排放的细颗粒，冬季由于被大雪所覆盖，气溶胶光学厚度最低。气溶胶 Ångström 指数的年均值为 0.42±0.27，说明从全年来看，气溶胶中粗粒子占主导地位。

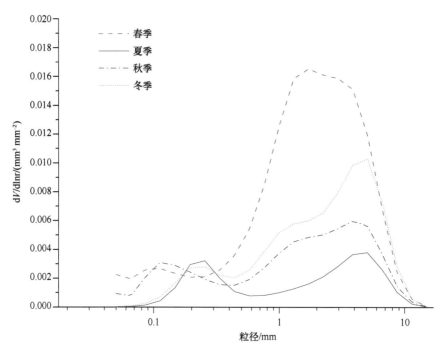

图 3.27　纳木错不同季节气溶胶粒子的体积粒度谱分布特征（Cong et al.，2009）

3.1.5　小结

青藏高原大气气溶胶的质量浓度水平整体较低，但存在明显的季节变化，表现为季风前期 / 春季高，而季风期 / 夏季低，这种变化在喜马拉雅山地区和高原东南部地区都较为一致，反映了南亚棕色气团爆发和雨季降水清除两个因素对区域气溶胶浓度的显著约束。

铅同位素组成（$^{206}Pb/^{207}Pb$ 和 $^{208}Pb/^{207}Pb$），在高原北部指示了中亚是大气气溶胶潜在物源区，而在高原中部，天然粉尘仍然是大气颗粒物的重要物源。青藏高原多数区域（珠峰、纳木错、青海湖、祁连山和玉龙雪山等）大气气溶胶中的水溶性离子组成中，SO_4^{2-} 是最主要的阴离子，其次是 NO_3^-，而 Ca^{2+} 是最主要的阳离子，这一特征既反映了人类污染物排放的影响，也体现了地表扬尘（地壳物质）的重要贡献。

青藏高原及喜马拉雅南坡不同区域 OC 和 EC 的浓度水平不同，但突出特征是 OC 的含量相对于 EC 浓度非常高，即 OC/EC 值都很高，尽管来源尚待量化，但 OC 的重要性不容忽视。青藏高原有机气溶胶主要来源于南亚地区传输的污染物，SOA 的生成也是一个重要的潜在源，不同区域略有差异，局地排放和长距离传输都有贡献。青藏高原南部和南亚大气气溶胶中，左旋葡聚糖与 OC 和 EC 具有显著的相关关系，与羟基苯甲酸、香草酸、丁香酸和脱氢松香酸的相关性也较好，结合 PAHs 的比值，进一步说明生物质燃烧是碳质组分的重要来源。黑碳气溶胶 ^{14}C 组成显示从高原边缘到内陆，生物质燃烧对黑碳的贡献逐渐增大，证实生物质燃烧排放对青藏高原气候和冰冻圈具有更多的影响。连续在线气溶胶观测（黑碳和 AOD）表明，春季（季风前期）是全年污染物含量最高季节，受到南亚跨境污染物的影响最为显著。

3.2　气态污染物时空变化及来源

气态污染物尤其是 POPs 具有与颗粒态污染物显著不同的大气传输过程和机理，对青藏大气气态污染物的时空变化及来源的研究不仅能阐明其在青藏高原的基本特征，还是研究气态大气污染全球传输和沉降过程的重要基础。由于一些气态污染物具有显著的生物富集效应和生物毒性，阐明气态污染物在青藏高原的特征及源地是有效保护高原生态环境的重要前提。此外，其他的气态污染物如 SO_2、CO 和 NO_x（氮氧化物）也对青藏高原的气候和环境具有重大的影响，是研究其他大气污染物的重要参考指标。

3.2.1　臭氧

臭氧在大气中所占的比例极小，是大气中最重要的痕量气体成分之一。大气中约 90% 的臭氧存在于平流层，在距地面以上 20 ～ 25 km 处浓度最大，通常称为臭氧层。在平流层中，臭氧层可以吸收对生物有害的紫外线辐射，对地球生命起保护伞作用。只有约 10% 的臭氧存在于对流层。虽然对流层中臭氧浓度很少，但它对与人类、地表生物的生存有重要的影响：①地表附近的臭氧是一种重要的污染物。作为一种强氧化剂，臭氧在对流层诸多化学过程中起着重要作用。例如，很多有机化合物的分解氧化，二氧化硫的氧化和氮氧化物的转化过程都与臭氧有关，臭氧的浓度变化直接影响其他化学物质和自由基的浓度和寿命，影响对流层化学循环和化学平衡。臭氧还是光化学烟雾的成因之一和重要指标。②臭氧是引起气候变化的重要因子之一。臭氧在 960nm 的大气红外窗区有一个很强的吸收带，因此对流层臭氧是一种非常重要的温室气体，对流层臭氧的增加将使地表增温。③地表附近的臭氧浓度增加将直接危害生态环境，高浓度的臭氧对于人和动物的呼吸系统有严重的破坏作用。④地表臭氧也可以作为大气污染物的化学清除剂，清除 CH_4、CO、NO_x 以及其他温室气体，因此臭氧可以作为大气氧化能力的重要指示剂。

近年来的观测表明，平流层臭氧减少的同时，地表臭氧的浓度却在不断增加。对流层臭氧增加的主要原因是人为排放的大量氮氧化物和非甲烷碳氢化合物（NMHC）等通过大气光化学反应造成的。此外，大气中 CO、CH_4 浓度的增加也是对流层臭氧增加的一个原因。对流层臭氧的主要来源包括以下三类：①当地和区域的光化学污染产生的臭氧；②从其他地区水平输送的污染物带来的臭氧或者在输送过程中相关光化学反应过程产生；③垂直输送所带来的臭氧富集气团。其中垂直输送主要是对流层与平流层相互交换所引起的臭氧交换。

由于 90% 以上的臭氧集中在平流层中，因而从地表和卫星观测的气柱臭氧总量很难提取对流层臭氧浓度的信息。随着大量地表臭氧地面观测的开展，对流层臭氧的研究才逐渐获得公众的关注。国内外有关地表臭氧观测的研究主要集中在：①自然源和人为源对地表臭氧变化规律和化学过程的影响；②垂直或水平输入的臭氧和其前体物对某一地区的影响及所占的比重；③大气中的 NO_x、CO、VOCs 等前体污染物及相关大气化学作用对臭氧等化学氧化剂生成过程中的影响；④某一地区的地表臭氧时空变化和化学过程特性、污染程度、对其前体物排放源的依赖性；⑤气象条件对地表臭氧时空变化和化学过程的影响；⑥表面沉积作用对地表臭氧时空变化的影响及其在大气损失中的作用；⑦各种复杂地形条件及较大水体对地表臭氧积累、储存及迁移的影响；⑧各种预测模型的建立、检验及应用研究。

1. 高原近地表臭氧观测站点及臭氧浓度

青藏高原平均海拔在 4000 m 以上，青藏高原太阳辐射强烈，光化学作用强。青藏高原人类活动少，高海拔地区近地表臭氧的监测可以体现区域性大气的本底特征和气候变化趋势；高原地处东亚与南亚两大大气污染源之间，可能受到长距离传输的影响。此外，青藏高原还是平流层 - 对流层交换敏感区域，发生频率高，强度大。目前，青藏高原地区地表臭氧的观测站点主要分布于青藏高原北部地区（瓦里关、青海湖）、东南部（香格里拉）、城市站点（拉萨、当雄）以及偏远地区站点（纳木错）（图 3.28）。

高原及周边地区整体臭氧浓度较高，其中瓦里关站和 NCO-P 站臭氧浓度分别达到 50.9 ppb[*]（Xu et al.，2011）和 49.0 ppb（Putero et al.，2014），远高于诸多城市站点水平。而距离相近的拉萨站、当雄站和纳木错站三个站点，表现出地表臭氧浓度水平的差异。这与三站点海拔高度及距离城市远近存在一定关系（Yin et al.，2017）。

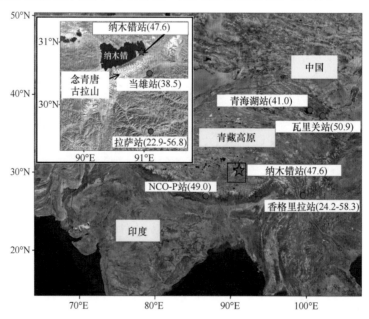

图 3.28　青藏高原及周边地区地表臭氧观测站点及其浓度（ppb）

---

* 1ppb=10^{-9}

2. 高原站点地表臭氧季节变化特征和类型

青藏高原地区各站点的观测结果显示不同的地表臭氧季节变化特征（图 3.29），主要可以划分为三个类型：

(1) 夏季高峰型（瓦里关站）。该类型站点位于青藏高原北部，地表臭氧表现出单峰特征，峰值位于夏季。

(2) 春末夏初高峰型（纳木错站、当雄站和拉萨站）。该类型站点位于青藏高原中部，地表臭氧于春末夏初达到峰值，并在峰值之后迅速下降到极低的水平。该类型三个站点均于 10 月出现下半年内的地表臭氧峰值。

(3) 春季高峰型（香格里拉站和 NCO-P 站）。该类型站点位于青藏高原南部及珠穆朗玛峰南侧。该类型站点于春季达到地表臭氧峰值，并在夏季达到最低值后逐步上升。

三种类型站点的地表臭氧峰值的时间自南向北依次推后。例如，高原南缘的香格里拉站和 NCO-P 站于 4 月达到峰值，而高原中南部的纳木错站等在 5 月达到峰值，瓦里关站位于高原北部，在 6 月达到峰值。

3. 高原站点地表臭氧日变化特征和类型

就地表臭氧的日变化而言，最大值出现在一日中的任何时刻，但中午至午后之间出现的频率最大，日落至午夜之间的频率最小；臭氧最小值一般出现在黎明日出前。纳木错站、香格里拉站、当雄站和拉萨站的地表臭氧日变化相对一致，表现为白天高值和夜间低值（图 3.30）。而瓦里关站和 NCO-P 站表现为早晨地表臭氧高值和正午及午后的低值。

4. 影响地表臭氧浓度变化的主要因素

根据 20 世纪 70 年代的研究表明臭氧主要是大气光化学反应的结果（Chameides and Walker，1973；Crutzen，1974；Fishman and Crutzen，1978）。据美国国家环境保护局估计，当平流层臭氧耗减 25% 时，城市光化学烟雾的发生概率将增加 30%。目前普遍认为大气边界层内臭氧主要由光化学反应产生。而在自然的臭氧输送过程中，对流层与平流层交换作用极为重要。前期研究中，有人提出了一些平流层空气进入对流层的结构（Davies and Schuepbach，1994），也有人提出切断低压与对流层顶折叠的现象与平流层臭氧进入自由对流层的关联（Ebel et al.，1991；Price and Vaughan，1993；Roelofs et al.，2003）。Holton 等（1995）总结了前人相关的工作，从全球而非天气或者更小尺度的机制考虑物质交换过程，并给出了描绘的概念图。此后，Stohl 和 Trickl（1999）针对欧洲的平流层和对流成交换过程研究被认为是平流层入侵自由对流层或边界层的经典案例。Stohl 等（2003）对 Holton 提出的对流层与平流层交换的有关概念进一步细化，提出了热带外的新观念，研究了不同的方法和模式诊断的能力，并且评价了它们的优劣，发现平流层输送对阿尔卑斯地区的臭氧有较为明显的影响（Stohl et al.，2000）。Hocking 等（2007）利用风廓型雷达发现了一个平流层臭氧进入对流层的极

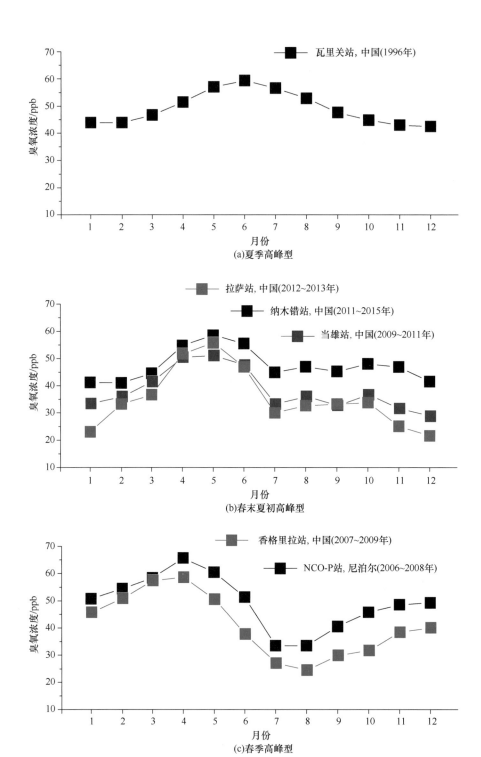

图 3.29　青藏高原各站点地表臭氧月变化特征

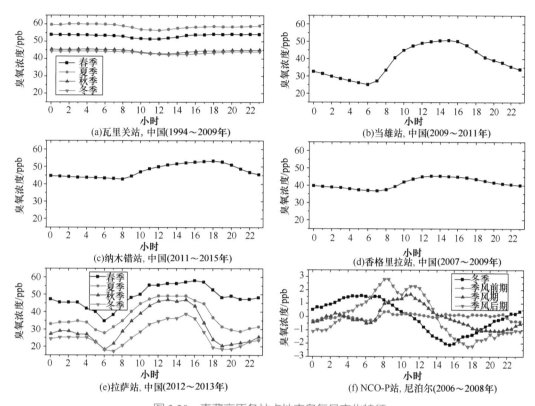

图 3.30　青藏高原各站点地表臭氧日变化特征

好案例，臭氧高值达到 100ppb。Moore 和 Semple（2009）则利用等熵位涡和臭氧总量分析了青藏高原附近尼泊尔的地面臭氧高值与平流层输送的联系。

气象条件也是影响对流层的臭氧主要因素，能对近地面臭氧浓度昼夜变化、日际变化、季节变化和年际变化等不同时间尺度的变化产生影响。在各种气象条件中比较重要的影响因素包括太阳辐射、气温、风向、风速、相对湿度等。无论在城市还是偏远地区，观测到的高浓度臭氧一般都出现在气象状况相对停滞的条件下。这种停滞的大气状况伴随着高温、强太阳辐射、低风和充足的一次污染物等条件，可以使近地面臭氧浓度高达几百 ppb，随着这种天气持续时间的增长，地表臭氧污染也会变得越来越严重。

近地面臭氧浓度与太阳辐射和气温有很好的相关性。这主要是由于太阳辐射和气温是许多与臭氧相关的大气化学或光化学过程的控制因素。而相对湿度可以直接影响大气中自由基的数量，从而对臭氧化学产生影响。影响臭氧等污染物扩散的气象因素主要包括风、湍流等动力因子和大气温度层结、稳定度等热力因子。风对污染物主要有两个作用：一是整体输送，二是冲淡稀释。前者容易造成下风向的高浓度污染，后者污染物浓度与风速成反比。湍流是一种不规则运动，其特征量是时间和空间的随机变量，其作用主要集中在大气边界层以下，可以造成污染物的水平和垂直扩散。逆温是一种重要的大气温度层结现象，对污染物的扩散极为不利，容易造成近地面臭氧等污染物的积聚，严重的空气污染事件多发生在逆温和静风的条件下。大气稳定度是大气对污染源排入其中的污染物扩散能力的一种量度，大气越稳定，局地源排放的一次污染物越难扩散，从而生成高浓度的臭氧等二次污染物。

另外，由复杂地形和大的水体等形成的特殊气象条件也可以造成近地面臭氧的增加和积聚，比较典型的如海陆风、山谷风等。海陆风是以 24 小时为周期的一种大气局地环流，可以在暖的陆地上空形成逆温，在沿海地区造成短时间的污染，海陆风的循环作用还可以造成近岸地区的重复性污染。山谷风根据地形条件和时间可以出现以下情况的污染：①山风和谷风转换期的污染；②山谷中热力环流引起的重复累积污染；③侧向封闭山谷引起的高浓度污染；④下坡风气层中的污染。若山谷周围没有明显的出口，则在静风有逆温时很容易造成严重的污染事件。

5. 高原地区观测到的地表臭氧长距离传输和平流层入侵

Cristofanelli 等（2010）在珠穆朗玛峰南侧 NCO-P 站，Zhu 等（2006）在珠穆朗玛峰北侧，Yin 等（2017）在纳木错站的研究发现，深度平流层入侵以及南亚污染物长距离传输，是影响青藏高原地表臭氧季节变化的主要因素。

Cristofanelli 等（2010）结合后向轨迹、大气压、相对湿度、位势涡度、臭氧柱总量以及地表臭氧浓度来确定深度平流层入侵阶段和非深度平流层入侵阶段。深度平流层在 NCO-P 站主要发生于冬季和春季，且深度平流层入侵阶段的地表臭氧浓度远高于非深度平流层入侵阶段。Zhu 等（2006）认为在珠穆朗玛峰北侧，冰川风有显著的"泵吸效应"，将对流层上部富含臭氧的空气引入到地表。

Yin 等（2017）利用 ERA-Interim 再分析资料，对纳木错所在经线月平均数据进行分析（图 3.31）。结果表明深度平流层入侵的纬度位置与纳木错，以及青藏高原南部和北部站点地表臭氧浓度变化具有极为显著的关系。而南亚气团的传输，也在一定程度影响青藏高原站点地表臭氧浓度变化。

3.2.2　大气汞

汞（Hg）是唯一可以以气态形式存在于大气中的金属。其具有较高的表面张力，比重高，电阻低，液体形式下体积随温度变化极小。汞是环境中毒性最强的重金属污染物之一，自 20 世纪 50 年代初日本熊本县发生水俣病事件以来，汞作为一种重要的全球性污染物而备受关注，已被公认为"全球性污染物"。联合国环境规划署制定的旨在全球范围内控制和消减汞排放《水俣公约》已于 2017 年 8 月正式生效。

大气是汞的重要存储介质和传输通道，大气汞通常可以划分为三种主要形式：①气态单质汞（gaseous elemental mercury，GEM）；②气态氧化汞（gaseous oxidized mercury，GOM 或 RGM，通常以 $HgCl_2$、$HgBr_2$、HgBrOH、HgO 和其他化合物形式存在）；③颗粒态汞（particulate-bound mercury，PBM 或 Hg-P，化学形态尚不确定）。三种形态汞有不同的物理化学性质、传输特性、转化方式和沉降特征，在大气中居留时间

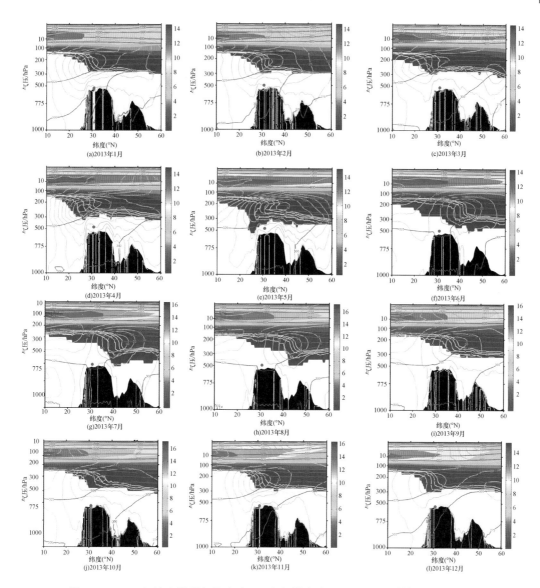

图 3.31　2013 年纳木错所在经度（91°E）经线方向 ERA-Interim 数据月平均剖面

数据指标包括经向风（青色轮廓，m s^{-2}）、位势涡度（黄色轮廓，1～4 位势涡度单位）、臭氧（彩色填色，×10^6 kg kg^{-1}）、位温（红色轮廓，K）；右侧彩色图例表示臭氧浓度；黑色填充表示青藏高原地形，红色点表示纳木错站边界层高度（20：00 UTC+8）

不同。GEM 和 GOM 在大气中的沉降速率分别为 0.01～0.19 cm s^{-1} 和 0.4～7.6 cm s^{-1}，PBM 的沉降速率（0.1～2.1 cm s^{-1}）介于两者之间（Zhang et al.，2009）。GEM 是大气汞的主要存在形式，具有较强惰性，水溶性低，这一性质使 GEM 在大气中的居留时间甚至能够达到 1 年之久，从而发生全球范围传输。GEM 在大气中的居留时间也受到大气氧化还原条件影响。例如，在北极，由于存在高浓度 Br 等自由基，GEM 可以在几天甚至几小时内被氧化并发生沉降。GOM 和 PBM 在汞源释放后，仅能在大气中保存数小时甚至数周（Lin and Pehkonen，1999；Seigneur et al.，2006；Steffen et al.，

2008）。但有研究表明 GOM 一旦被输入或进入自由对流层或对流层顶，会有更长的保存时间（Lyman and Jaffe，2012），直到由下沉气流产生的干湿沉降将其清除（Huang and Gustin，2012；Wright et al.，2014），进入生态系统对生物发生直接或间接影响。

大气汞浓度高的地区一般分布在工业活动频繁（如有色金属冶炼、燃煤发电、垃圾焚烧等），以及火山地热活动、汞矿区高汞土壤等自然源强烈释放的区域。但由于大气输送和汞的迁移转化作用，在其他地区大气中都观测到了不同浓度的汞。大气汞的来源主要有自然源和人为源。人为源主要包括化石燃料的燃烧、城市垃圾和医疗垃圾焚烧、有色金属冶炼、氯碱工业、水泥制造、土法炼金和炼汞活动等。火山地热活动、自然富汞土壤、自然水体、植物、森林火灾则都是大气汞自然来源的重要组成部分，其中土壤和水体表面的释汞通量是大气汞自然源的重要组成部分。

基于全球范围现有的观测数据，科学界认识到大气汞在北半球的背景浓度为 1.5 ～ 1.7 ng m^{-3}，略高于南半球的 1.1 ～ 1.3 ng m^{-3}，反映了北半球由于人类活动更为强烈，对大气本底环境的扰动更大。我国被认为是全球人为大气汞排放最多的国家，对全球汞循环影响重大。我国城市和工业区 TGM 浓度约为 2.7 ～ 35 ng m^{-3}，远远高于北美和欧洲地区，且偏远地区 TGM 浓度也高于北半球背景值（表 3.7）。

1. 高原大气汞浓度基本特征

近期的全球人为源汞排放清单的计算表明，亚洲是全球人为向大气排汞最多的地区，每年约向大气排放了超过 1000 t 汞，约占全球排放总量的 50% 以上。由于青藏高原地区位于东亚和南亚两大汞释放地区之间，加之青藏高原自身脆弱的生态环境，青藏高原地区极易受到外来汞污染的影响。而在高原的汞研究极为稀少，大气汞研究更是弥足珍贵。

青藏高原及周边大气汞研究站点主要分布于高原周边地区（瓦里关、香格里拉、贡嘎山）以及内陆背景区（纳木错站和珠穆朗玛峰南侧的 EvK2CNR Pyramid 站）。以上站点均属于背景站，GEM/TGM 浓度在 1.2 ～ 3.98 ng m^{-3} 之间（Fu et al.，2012c；Fu et al.，2008b；Gratz et al.，2013；Zhang et al.，2015a）。其中纳木错站是我国已有大气汞长期观测数据报道的站点中浓度最低的站点，代表了青藏高原洁净地区极低的大气汞浓度本底值（Yin et al.，2018）（表 3.7）。

2. 高原大气汞季节变化特征和原因

青藏高原大气汞变化在各站点具有各自特点（图 3.32）。例如，对瓦里关站的大气汞观测数据分析表明，除 2008 年 1 月可能受到印度北部长距离传输产生的极高值外，总体表现为暖季高冷季低的特征。Fu 等（2012c）认为瓦里关站在暖季受到来自中国西部和印度北部等低纬度地区气流的影响时，TGM 浓度较高；在冷季，当瓦里关站受到来自中亚、新疆和西藏气流影响时，TGM 浓度较低；纳木错站 TGM 表现为较为明显的暖季高冷季低的特征，可能是暖季受到来自南亚气流的影响，以及暖季地表汞释放量较多；贡嘎山在冷季表现出显著的 TGM 高值，Fu 等（2008b）认为贡嘎山站冬季的

表 3.7　中国大气汞研究站点分布及 GEM/TGM 浓度水平

编号	站点	GEM/TGM/$(ng\ m^{-3})$ 浓度 ± 标准偏差
1	纳木错	1.33 ± 0.24
2	五指山	1.58 ± 0.71
3	长白山	1.60 ± 0.51
4	瓦里关	1.98 ± 0.98
5	哀牢山	2.09 ± 0.63
6	成山头	2.31 ± 0.74
7	崇明	2.50
8	香格里拉	2.55 ± 2.73
9	雷公山	2.80 ± 1.51
10	万顷沙	2.94
11	密云	3.22 ± 1.94
12	大梅山	3.31 ± 1.44
13	长白山	3.58±1.78
14	贡嘎山	3.90±1.20
15	贡嘎山	3.98 ± 1.62
16	鼎湖山	5.07 ± 2.89
17	上海	2.70
18	青岛	2.80
19	厦门	3.5±1.21
20	宁波	3.79
21	上海	4.19 ± 9.13
22	广州	4.60 ±1.36
23	嘉兴	5.40
24	重庆	6.74 ± 0.37
25	南京	7.9 ± 7.0
26	贵阳	9.72 ±10.2
27	贵阳	8.40
28	贵阳	8.40；9.72；10.20
29	北京	10.40
30	武汉	14.80
31	长春	18.40
32	兰州	28.60

TGM 高值是由人类汞释放造成的，尤其是冬季燃煤需求的增长；香格里拉站在印度夏季风时偶尔受到南亚气流影响，增加了 TGM 浓度，而西风会携带来自中国境内的汞释放到观测站点，从而增加 TGM 浓度（Zhang et al.，2015a）。

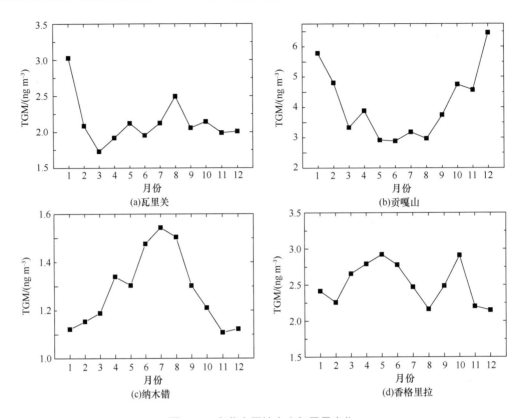

图 3.32　青藏高原站点大气汞月变化

3. 高原大气汞日变化特征和原因

　　青藏高原站点大气汞日变化大致可分为两类。瓦里关站和纳木错站表现为相类似的日变化，两地均表现为日出后的大气汞高值和日落前的低值（图 3.33）(Yin et al., 2018)。贡嘎山在中午达到 TGM 的峰值，而后持续下降直至清晨的最低值。香格里拉站表现为日出后的大气汞低值和下午的高值（图 3.33）。

　　Fu 等 (2012b) 认为瓦里关站早晨的 TGM 峰值出现在低风速、低气温和高空气湿度的情况下，这样的条件抑制了洁净空气对观测点的补充，从而形成较高的 TGM 浓度。而观测站点附近的居民所排放的污染物在夜间较低的边界层条件下持续积累也是造成瓦里关站早晨 TGM 峰值的原因之一。

　　在贡嘎山，山谷风是造成 TGM 日变化的主要原因 (Fu et al., 2008b)。白天的风向主要来自东南部，携带了较高 TGM 浓度的空气。而夜间的空气主要来自西北，TGM 浓度较低。这一现象在香格里拉也同样被发现 (Zhang et al., 2015a)。在纳木错，清晨地表释放汞量在太阳辐射影响下的增加，以及较低的边界层高度使得纳木错出现清晨的 TGM 高值。而在清晨之后逐渐增加的光化学过程以及较高的边界层高度，使得 TGM 被氧化为 RGM 或被更强的垂直气流运动稀释 (Yin et al., 2018)。

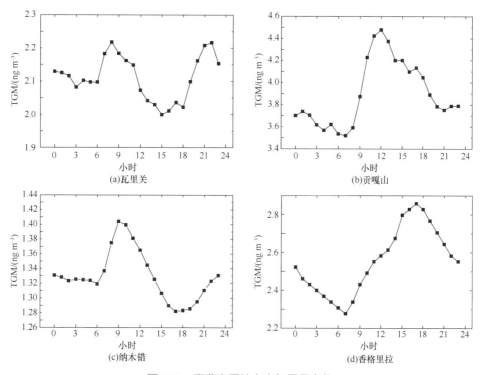

图 3.33　青藏高原站点大气汞日变化

4. 大气汞的来源和转化

青藏高原内部大气汞浓度较低,与高原上原始洁净的环境相一致。整体来看,高原内部站点大气汞遵循局地循环规律,地表汞释放是大气汞的主要来源之一。GEM 在太阳辐射和卤族元素化合物等氧化物作用下,能够转化为活性气态汞,并发生沉降进入青藏高原生态环境中,而空气垂直交换在活性气态汞形成的过程中起到稀释的作用(de Foy et al.,2016)。

高原边缘站点因离人类活动区域较近,受人为排放影响明显,在一定时段内呈现较高浓度的大气汞。纳木错及瓦里关的研究均表明,来自南亚的人为汞排放,能够通过大气环流进入青藏高原内部,甚至影响到青藏高原北部的站点(Yin et al.,2018)。

3.2.3　持久性有机污染物

POPs 是一类具有半挥发性、持久性、生物蓄积性和高毒性的有机污染物。其结构稳定,在环境中难以降解,残留时间可以长达数十年。半挥发性和持久性赋予了 POPs 长距离迁移的能力(Beyer et al.,2000),使其在全球范围内广泛分布,尤其是易于聚集在高山、极地等偏远寒冷地区(Bengtson Nash,2011;Sonne et al.,2008)。由于具有亲脂性,环境中残留的 POPs 更容易富集到生物体内,对生物有着致癌、致畸和致突变的风险,严重威胁着生态环境的安全和人类的健康(Czub and McLachlan,2004;

Guimaraes et al.，2011；Su and Wania，2005）。因此，POPs 作为一类全球性的污染物，已成为科学家们共同关注的焦点。

全球一百多个国家共同签署的《关于持久性有机污染物的斯德哥尔摩公约》规定了需要优先控制和削减十几种 POPs 类污染物（余刚等，2010）。其中的有机氯农药、多溴联苯醚等物质在亚洲（尤其是东亚和南亚）使用量巨大。为控制疟疾等通过蚊虫传播的传染病，在青藏高原上风向的南亚和东南亚，诸如滴滴涕（DDTs）、六六六（HCHs）等杀虫剂甚至至今仍没有被禁用（Zhang et al.，2008）。因此，有必要对青藏高原及周边地区的 POPs 类污染物进行监测，以评估该类污染物对青藏高原环境的影响程度。

目前主要的大气 POPs 采样技术包括主动采样（active air sampler，AAS）和被动采样（passive air sampler，PAS），这两种采样技术在易用性、采样范围、采集精度等方面各有千秋。AAS 采样周期短，时间分辨率高，但需要动力供应，一般在电力资源稳定的采样点使用；PAS 主要基于采样柱芯的化学吸附特性，因而无须动力和人工维护，适合在偏远地区使用，但其采样周期相对较长，无法得到高时间分辨率的样品。考虑到第三极的大部分地区缺少足够的电力供应和人力资源，本次科考同时使用了 AAS 和 PAS 两种采样技术，对青藏高原、巴基斯坦及尼泊尔大气 POPs 的浓度水平进行了调查（表 3.8）。其中，在青藏高原的藏东南（鲁朗）、纳木错、慕士塔格三个有人值守的观测站，主要是使用 AAS 技术，用以观测污染物的季节变化趋势；对于其他观测站点，主要使用 PAS 技术，着重于空间变化特征的表征。监测的目标化合物包括滴滴涕、六六六、六氯苯（HCB）、多氯联苯（PCBs）、硫丹（Endosulfan）和七氯（Heptachlor，包括 HEPT 和降解产物 HEPX）。

1. DDTs

大气中监测的 DDTs 类化合物包括母体化合物 o, p'-DDT 和 p, p'-DDT 及其降解产物 o, p'-DDE、p, p'-DDE、o, p'-DDD 和 p, p'-DDD。对于主要的观测站点，大气 DDTs 的浓度水平的地区差异主要表现为：尼泊尔 > 巴基斯坦≈鲁朗 > 纳木错≈慕士塔格（表 3.8）。同时，其分子组成特征也不尽相同（表 3.9）。鲁朗和纳木错大气 DDTs 主要以母体化合物为主（p, p'-DDT/p, p'-DDE>1，表 3.9），这说明这些地区存在新的 DDTs 的输入。慕士塔格、尼泊尔和巴基斯坦则以降解产物为主（p, p'-DDT/ p, p'-DDE<1），这表明这些地区主要是历史残留的 DDTs。o, p'-DDT 与 p, p'-DDT 的比值均远低于 6.5，这表示三氯杀螨醇并不是 DDTs 的主要来源。

青藏高原大气 DDTs 浓度水平呈现从东南部向西北部递减的空间特征（图 3.34）。藏东南地区出现 DDTs 的高值，如波密和察隅显著高于其他地区，这些地区临近雅鲁藏布大峡谷，该峡谷是南亚排放的污染物进入青藏高原的通道之一。

青藏高原东南部和西北部大气 DDTs 的季节变化特征也不相同。藏东南地区（鲁朗）大气 DDTs 的浓度季风期（夏季）高于非季风期（冬季）（Sheng et al.，2013）。青藏高原西北部地区（慕士塔格）则呈现相反的特征，季风期出现 DDTs 的谷值（图 3.35）（Zhang et al.，2018）。

表 3.8　青藏高原大气 **POPs** 的浓度水平　　　　　（单位：pg m^{-3}）

污染物	青藏高原			巴基斯坦 (Nasir et al., 2014)	尼泊尔 (Gong et al., 2014)
	鲁朗 (Wang et al., 2018)	纳木错 (Ren et al., 2017b)	慕士塔格		
采样时间	2008～2014 年	2012～2014 年	2013～2015 年	2011 年	2012 年
采样周期	2 周	2 周	2 周	1 年	半年
采样器	AAS	AAS	AAS	XAD-PAS	XAD-PAS
o,p'-DDT	0.4～138	0.2～17.9	0.1～5.7	6～82	33～509
p,p'-DDT	BDL-102	0.2～4.9	BDL-5.8	3～77	21～455
o,p'-DDE	BDL-25	0.2～13.9	BDL-8.8	7～22	BDL-40.9
p,p'-DDE	BDL-285	0.3～12.8	BDL-11	24～154	17～597
o,p'-DDD	BDL-6.7				
p,p'-DDD	BDL-13.5			6～51	
α-HCH	0.2～84	0.7～9	1.1～23.8	6～115	68.6～299
β-HCH	BDL-3.1	BDL-1.5		BDL-22	0.7～7.2
γ-HCH	0.2～24	0.1～7.2	0.2～17.8	27～108	10.4～109
HCB	BDL-27	11.4～40.5	1.5～89		128～416
PCB-28	BDL-5	0.1～6.9	0.3～37.5	28～91	BDL-47.1
PCB-52	BDL-18	BDL-5.5	BDL-9.3	11～51	1.5～18
PCB-101	BDL-4	BDL-1.8	BDL-10.5	6～28	0.2～3.8
PCB-138	BDL-3.2	BDL-0.9	BDL-1	6～28	0.9～6.1
PCB-153	BDL-3.6	BDL-1	0.2～11.3	BDL-28	0.3～4.1
PCB-180	BDL-0.1	BDL-0.1	BDL-0.6	BDL-11	0.1～1.3
α-endosulfan				24～228	
β-endosulfan				4～112	
HEPT				BDL-60	
HEPX				BDL-67	

注：BDL，低于检出限

表 3.9　青藏高原及周边地区大气 **DDTs** 的分子比率

采样点	p,p'-DDT/p,p'-DDE	o,p'-DDT/p,p'-DDT
鲁朗	2.6±3.1	2.2±1.0
纳木错	1.3±1.6	1.3±1.6
慕士塔格	0.6±0.5	1.2±0.9
巴基斯坦	0.6±0.2	1.6±0.6
尼泊尔	0.9±0.2	1.5±0.3

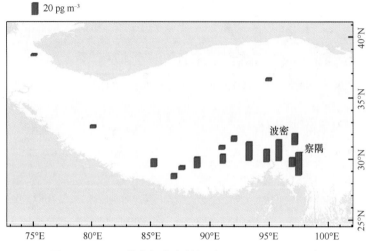

图 3.34　DDTs 的空间分布特征（Wang et al.，2016c）

2. HCHs

大气中监测的 HCHs 类化合物包括 α-HCH、β-HCH 和 γ-HCH。不同地区大气 HCHs 的浓度顺序为：尼泊尔 > 巴基斯坦 > 鲁朗 > 慕士塔格 ≈ 纳木错（表 3.8）。从组成上看，α-HCH > γ-HCH > β-HCH。α/γ-HCH 的均值在 0.8 ～ 3.2 之间（表 3.10），低于工业 HCHs（technical HCHs）中 α/γ-HCH 的比值（4 ～ 7），这表明青藏高原及周边地区可能存在林丹（99% 的 γ-HCH）的使用。

表 3.10　青藏高原及周边地区大气 HCHs、硫丹和七氯的分子比率

采样点	α/γ-HCH	α/β-endosulfan	HEPT/HEPX
鲁朗	3.2±1.8		
纳木错	2.7±1.7		
慕士塔格	1.6±1.3		
巴基斯坦	0.8±0.4	4.4±1.9	0.8±0.4
尼泊尔	2.5±0.9		

大气 HCHs 与 DDTs 呈现相似的空间特征（图 3.36）：东南部高于西北部。波密和那曲检测到 HCHs 的高值。波密较高的 HCHs 浓度与邻近南亚污染物的排放源有关。那曲高浓度的 HCHs 的原因可能是该地区存在 HCHs 的零星使用。

青藏高原东南部地区（鲁朗）大气 HCHs 的季节变化呈现双峰的特征，春秋季节分别出现浓度的高值。西北部地区（慕士塔格）仅在每年的 4 月份检测到高浓度的 HCHs（图 3.37）（Zhang et al.，2018）。

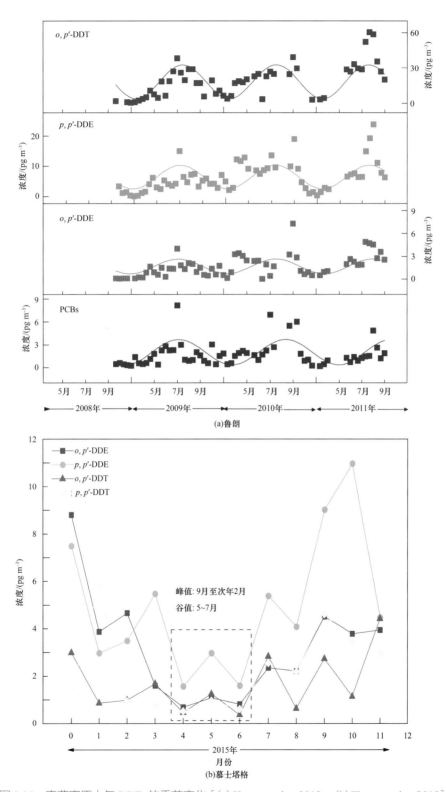

图 3.35　青藏高原大气 DDTs 的季节变化［(a) Sheng et al.，2013；(b) Zhang et al.，2018］

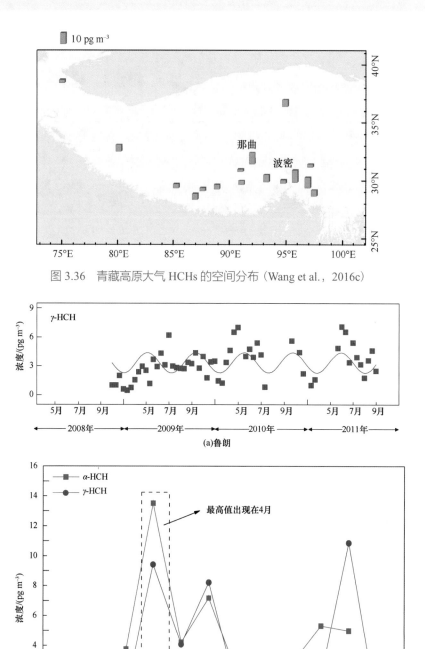

图 3.36　青藏高原大气 HCHs 的空间分布（Wang et al.，2016c）

图 3.37　青藏高原大气 HCHs 的季节变化［(a) Sheng et al.，2013；(b) Zhang et al.，2018］

3. HCB 和 PCBs

青藏高原大气 HCB 和 PCBs 的浓度普遍较低（Wang et al.，2016c），分别比尼泊尔和巴基斯坦低近一个数量级（表 3.8）。尤其是 HCB，甚至低于国际上公认的背景水平（$60 \sim 80$ pg m^{-3}）。青藏高原及周边地区大气 PCBs 以小分子的 PCB-28 和 PCB-52 为主（Wang et al.，2016c）。青藏高原大气 HCB 的空间特征与 DDTs 和 HCHs 呈现相反的趋势，西北部高于东南部地区（Wang et al.，2016c）；PCBs 的浓度分布则较为均匀（图 3.38）。

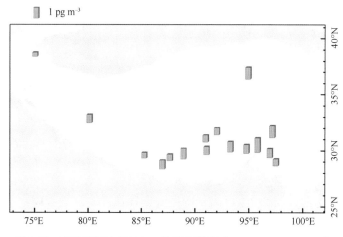

图 3.38　青藏高原大气 PCBs 的空间分布（Wang et al.，2016c）

4. 硫丹和七氯

硫丹和七氯仅在巴基斯坦的大气中被检出。与其他有机氯污染物相比，巴基斯坦大气中硫丹的浓度最高，七氯的浓度最低（表 3.8）。α/γ-endosulfan 的平均值为 4.4，略高于工业硫丹的比值（约 2.3）。HEPT/HEPX 的平均值为 0.8（表 3.10），这表明降解产物 HEPX 在大气中更为稳定。

3.2.4　小结

高原近地表臭氧含量整体水平较我国东部平原地区高，体现了低对流层臭氧含量随垂直高度增加的自然规律，其季节变化和日变化具有区域差异性。近地表臭氧受到外源长距离传输和平流层入侵的影响，于春季在高原南缘地区（如珠峰）表现最为典型；高原近地表大气汞含量仍处于全球背景值水平，地处内陆的纳木错站是我国已有大气汞长期观测数据报道站点中浓度最低的。但溯源分析显示，来自南亚的人为排放汞，能够通过大气环流进入青藏高原内陆，甚至影响到青藏高原北部站点大气汞本底变化；高原大气 POPs 整体水平比周边人为排放源区如尼泊尔和巴基斯坦等低 $1 \sim 2$ 个数量级，典型 POPs（如 DDTs 和 HCHs 等）浓度水平呈现从东南部向西北部递减的空间特征，在藏东南地区部分站点出现高值，表明雅鲁藏布大峡谷是南亚污染物进入青藏高原的重要通道之一。

3.3 降水化学及其来源

大气降水化学是研究大气化学成分变化的有效手段，是监测人类活动对大气环境影响的可靠指标，是区分大气环境差异的重要依据，且能准确反映当地的大气环境质量和污染状况及其对生态系统的影响（康世昌和丛志远，2006；李向应等，2011）。理解青藏高原地区大气降水化学特征，监测该地区的大气环境变化，是认识大气污染物长距离传输的重要途径，可为研究该地区人类发展与自然环境的关系提供重要的科学依据。

3.3.1 水溶性离子的浓度特征

大气降水化学监测已在青藏高原全面展开，监测点已覆盖各区域，包括典型背景地区（阿里站、珠峰站、纳木错站、藏东南站、慕士塔格站、玉龙雪山和瓦里关站）和主要高原城市（拉萨站、日喀则站）。

高原降水中的主要水溶性无机离子浓度与全球偏远地区处于同一水平（表 3.11）。这反映出青藏高原大气环境整体洁净的特征。需要明确指出的是，与全球其他偏远地区 / 监测点相比，Ca^{2+} 浓度在高原降水中显著偏高，差异甚至是数量级的。Ca^{2+} 是大气中典型的陆源水溶性无机离子，这反映出粉尘对该地区降水化学的影响（汤洁等，2000；Li et al.，2007b；Liu et al.，2013a；Zhang et al.，2003）。粉尘的碱性化学组分也被认为是致使其 pH 值偏高的主要原因。在该地区已报道的监测中，降水都呈中性或弱碱性，pH 值范围在 5.94 ~ 7.8 之间（表 3.11）。

3.3.2 元素的浓度特征

总结已有的报道表明（表 3.12），元素 Al、V、Cr、Mn、Fe、Co、Ni、Cu、Zn、Cd、Pb 和 Cs 在青藏高原大气降水中保持着与全球偏远地区同一水平。较于全球最洁净的南极地区（Hur et al.，2007），青藏高原降水中元素 Al、V、Mn、Fe、Cu、Cd、Pb、Cs 的浓度存在一定偏高，这种现象可以解释为大陆背景的矿物粉尘的贡献（如地壳元素 Al、Mn、Fe）。但依靠元素富集因子等方法的分析结果表明，人为排放也是部分微量因素（如 V、Cu、Cd、Pb 和 Cs 等）的潜在贡献源（Cong et al.，2015b；Guo et al.，2015；Liu et al.，2013a）。

表 3.11　青藏高原和全球其他典型高山／偏远地区大气降水主要水溶性无机离子平均浓度　　（单位：μel L⁻¹）

监测点	藏东南站	纳木错站	珠峰站	阿里站	慕士塔格站	玉龙雪山	瓦里关站	拉萨站	日喀则站	鹿林山	富士山	落基山	亚马孙	夏威夷
描述	高原东南部	高原中部	珠峰北坡	高原西部	高原西北部	高原东南缘	高原东北部	高原城市	高原城市	中国台湾	日本	美国	热带雨林	太平洋岛屿
海拔	3326 m	4730 m	4300 m	4264 m	3650 m	2395 m	3180 m			2860 m	3780 m	3159 m		
监测年份	2009～2010	2011～2012	2011～2012	2011～2012	2011～2012	2012（6～11月）	1997	1998～2000	2008（5～7月）	2003～2005	2001～2004		1998～2001	
pH 值	7.8	6.59				5.94	6.38	7.5（1997～1999年）	7.79	5.12	5.12	5.33	4.9	4.61
统计方法	VWM	Mean	VWM	VWM	VWM	Mean	VWM	VWM	VWM	VWM	VWM	VWM	VWM	VWM
Cl^-	6.74	19.17	27.1	11.9	8.9	2.04	6.1	2.9	42.0	7.2	18.9	1.13	5.2	19.46
NO_3^-	2.33	10.37	0.8	4.8	9.9	7.0	8.3	1.7	13.9	10.8	8.6	8.06	4.5	0.97
SO_4^{2-}	2.62	15.5	3.2	11.6	17.4	23.7	24	6.0	24.0	15.7	26.1	6.42	3.4	24.98
Na^+	6.73	15.44	26	12.4	10.1	0.98	8.7	12.1	30.7	2.9	18.5	1.26	3.8	15.27
NH_4^+	8.91	18.13	25.4	20.5	45.5	20.8	45.5	14.9	32.2	12.3	11.6	6.65	3.7	0.55
K^+	1.88	14.49	4.5	1.8	3.0	2.01	3.8	10.3	19.1	1.4	9.8	0.61	1.5	0.51
Mg^{2+}	1.66	7.43	1.7	4.8	11.3	10.9	12.1	10.4	27.6	1.7	1.5	2.23	1.93	3.13
Ca^{2+}	34.0	65.58	53.4	50.9	119.4	50.1	34	93.2	238.8	3.9	6.4	23.45	1.81	1.5

注：VWM 表示体积平均，Mean 表示算术平均

各监测点结果的数据来源：藏东南站（Liu et al., 2013a）；纳木错站（Liu et al., 2007b）；珠峰站，阿里站和慕士塔格站（Cong et al., 2015a）；玉龙雪山（Niu et al., 2014）；瓦里关站（汤洁等，2000）；拉萨站（Zhang et al., 2003）；日喀则站（刘俊卿等，2010）；鹿林山和富士山（Wai et al., 2008）；落基山和夏威夷（http://nadp.sws.uiuc.edu/）；亚马孙河流域中部（Pauliquevis et al., 2012）

表 3.12　青藏高原和全球其他典型高山 / 偏远地区大气降水元素平均浓度

（单位：ng g^{-1}）

监测点	藏东南站 高原东南部	纳木错站 高原中部	珠峰 珠峰北坡	拉萨 城市	帕米尔 高原西缘	Eastern Alps	Pyrenees, Spain	Florida, USA	Paradise, New Zealand	East Antarctica
描述	3326 m	4730 m	6513 m	3640 m	5365 m	3532 m	2000 m	Background	Island	Polar site
统计方法	VWM	VWM	Mean	VWM	Mean	Mean	VWM	VWM	VWM	Mean
Al	0.46	12.6	4.5	130.5	46	3.44	11	53.4	—	0.165
V	0.43	0.033	0.139	0.31	0.137	0.14	—	0.274	—	0.00056
Cr	0.06	0.267	0.034	0.43	0.146	0.045	—	0.099	—	—
Mn	0.58	0.565	2	7.70	4.199	0.825	2.9	1.13	0.073	0.0037
Fe	1.78	11.5	11.5	221.4	48	5.34	1	26	2.1	0.045
Co	0.02	0.051	<D.L.	1.56	0.06	0.013	—	0.0298	—	—
Ni	0.14	0.221	0.061	0.58	—	0.19	0.22	0.374	—	—
Cu	0.42	0.537	0.343	1.71	—	0.155	0.44	0.313	0.013	0.0053
Zn	10.24	6.09	2.032	14.21	—	0.955	7.11	2.19	0.038	—
Cd	0.005	0.004	<D.L.	0.028	0.012	0.007	—	0.007	0.00036	0.00021
Pb	0.036	0.141	0.005	1.59	0.461	0.108	0.34	0.306	0.02	0.004
Cs	0.011	—	0.046	0.32	0.012	—	—	0.004	—	—

注：<D.L. 表示浓度低于检测限；VWM 表示体积平均；Mean 表示算术平均

各监测点结果的数据来源：藏东南站 (Liu et al., 2013a)；纳木错站 (Cong et al., 2010)；珠峰站 (Kang et al., 2007)；拉萨站 (Guo et al., 2015)；帕米尔 (Aizen et al., 2009)；Eastern Alps (Gabrieli et al., 2011)；Pyrenees, Spain (Bacardit and Camarero, 2009)；Florida, USA (Landing et al., 2010)；Paradise, New Zealand (Halstead et al., 2000)；East Antarctica (Hur et al., 2007)

3.3.3　降水中的有机组分

达索普冰川 1997 年海拔 6400 ～ 7000 m 的雪冰中检测出源于自然生物的有机化合物 C15-C33 的正构烷烃、C6-C18 的一元正脂肪酸、C24-C31 的正脂族 -2- 酮及酯，但未发现存在于对流层下部稳定性较低的化合物，显示了对流层中上部与对流层下部在有机组成上不同。谢树成和 Thom（1999）检出源于石油残余物的姥鲛烷、植烷、C19-C29 的长链三环萜、C24 四环萜、C27-C35 的 αβ 型藿烷、C27-C29 甾烷以及叠加于生物源上的正构烷烃，表明偏远且处于对流层中上部的希夏邦马峰地区已受到人类活动有机质的污染。Xu 等（2013b）使用总有机碳分析仪和 HR-AMS 分析了喜马拉雅山杰玛央宗冰川雪坑样品中可溶性有机质（DOM）的含量和质谱图信息，发现有机质平均含量高达 58%；在冬春季节，有机质伴随着较高的氧化性（氧碳比 =0.68），质谱图结果还表明生物质燃烧对 DOM 有显著的贡献。

You 等（2016；2017）利用在青藏高原不同冰川采集的表雪和雪坑样品，分析了雪冰中生物质燃烧特征分子标志物左旋葡聚糖的含量分布及其影响因素。结果表明，青藏高原雪冰中左旋葡聚糖含量明显高于南北极和高纬度地区，指示青藏高原冰川受烟尘气溶胶的影响更严重。冰川表面沉降的烟尘气溶胶主要来自周边地区的生物质燃烧排放，特别是印度半岛东北部的春季火灾排放能够引起藏东南地区冰川雪冰中黑碳含量剧增。雪冰中左旋葡聚糖含量呈现出显著的空间差异：在高原南部呈现出自西向东逐步减弱的趋势，在高原北部则呈现出近似相反的趋势。

3.3.4　潜在的远源输送影响

青藏高原面积广，海拔高且跨越欧亚大陆的中低纬度地区，其大气活动与陆地尺度环流系统和行星风系联系紧密。青藏高原周边的大气污染物可借助大气环流实现远距离传输，进入高原内陆，与高原的冰冻圈联系在一起，造成区域，甚至更大尺度的气候和环境影响。

Liu 等（2013a）通过分析降水中人为源 K^+、SO_4^{2-} 和 NO_3^- 组分（图 3.39），发现这些化学物质在藏东南降水中表现为季风期前偏高，与南亚棕色云团爆发期的时间一致（Ramanathan et al.，2001b），因此推测南亚可能是这些人为化学组分的潜在排放源区。此外，在珠峰、纳木错、念青唐古拉山和青海湖的大气降水或气溶胶监测中（李潮流等，2007；Cong et al.，2010；Lüthi et al.，2015；Wang et al.，2015c），研究者通过大气气团后向轨迹分析，也将潜在的人为化学信号与南亚污染物排放联系起来。

定量不同源对降水化学物质的贡献是评估源污染物影响的必要内容。基于化学物质平衡的原理，Liu 等（2013a）初步量化了人为源对藏东南地区降水化学的贡献（图 3.40）。该研究结果表明人为排放是该地区降水中微量元素的主要贡献源，该结果与其他地区基于 EF 分析的结论较为一致（Cong et al.，2015b；Guo et al.，2015）。

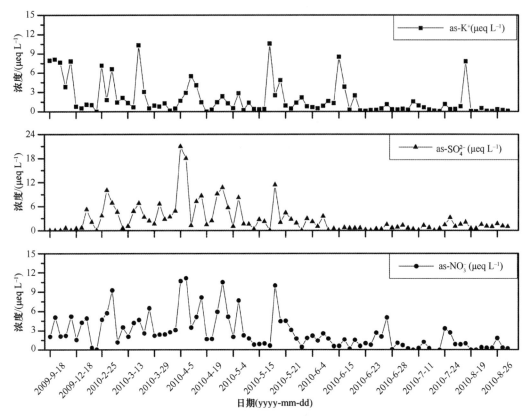

图 3.39　藏东南站降水中人为排放（as-）K^+、SO_4^{2-} 和 NO_3^- 组分浓度（$\mu eq\ L^{-1}$）的时间变化特征

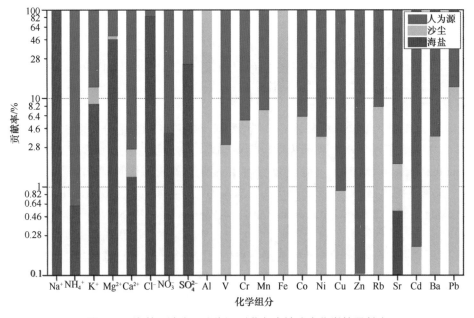

图 3.40　海盐、沙尘和人为源对藏东南站降水化学的贡献率

Liu 等（2015b）依托青藏高原观测研究平台的 5 个野外台站开展氮湿沉降原位观测，系统研究了青藏高原无机活性氮湿沉降特征：沉降量、季节动态和来源等。研究发现，在藏东南站、纳木错站、珠峰站、阿里站和慕士塔格站，NH_4^+-N 湿沉降量分别为：0.63 kg hm^{-2} a^{-1}、0.68 kg hm^{-2} a^{-1}、0.92 kg hm^{-2} a^{-1}、0.36 kg hm^{-2} a^{-1} 和 1.25 kg hm^{-2} a^{-1}，NO_3^--N 湿沉降量分别为：0.28 kg hm^{-2} a^{-1}、0.24 kg hm^{-2} a^{-1}、0.03 kg hm^{-2} a^{-1}、0.08 kg hm^{-2} a^{-1} 和 0.30 kg hm^{-2} a^{-1}，总无机氮湿沉降量分别为：0.91 kg hm^{-2} a^{-1}、0.92 kg hm^{-2} a^{-1}、0.94 kg hm^{-2} a^{-1}、0.44 kg hm^{-2} a^{-1} 和 1.55 kg hm^{-2} a^{-1}。这 5 个台站无机氮湿沉降均以 NH_4^+-N 湿沉降为主，且主要发生于夏季。富集因子分析和主成分分析结果表明，青藏高原无机氮湿沉降主要源于人为活动导致的活性氮排放。后向轨迹分析结果揭示，慕士塔格站无机氮湿沉降主要由西风带传输，源于中亚和中东地区；其他 4 个台站无机氮湿沉降则主要由印度季风传输，源自南亚地区。结合文献记录的无机氮湿沉降观测结果，青藏高原平均 NH_4^+-N、NO_3^--N 和总无机氮湿沉降量（kg hm^{-2} a^{-1}）分别为：1.06、0.51 和 1.58。与此相比，以往基于少量观测数据的插值分析和基于多种大气化学传输模型的模拟分析皆高估了青藏高原的无机氮湿沉降量。

3.3.5 小结

青藏高原降水都呈中性或弱碱性，平均 pH 值为 5.94～7.8。降水中的主要水溶性无机离子浓度与全球偏远地区处于同一水平，这反映出青藏高原大气环境整体洁净的特征。然而，雪冰中的左旋葡聚糖等痕量有机指示物清晰地指示出，青藏高原受到周边地区生物质燃烧排放的影响，特别是印度东北部的春季火灾排放能够引起藏东南地区冰川雪冰中黑碳含量剧增。大气降水中的无机活性氮组分和气团轨迹分析进一步说明，高原北部由于西风带的传输受到源于中亚和中东排放的影响，而高原中部和南部在印度季风的影响下受到南亚排放的输入。

第 4 章

大气污染物跨境传输过程与机制

青藏高原地理环境多样，幅员辽阔，该地区的大气环流也极为复杂，且有显著的时空差异。更重要的是，通过其热力和动力作用，青藏高原对亚洲地区乃至全球的环流系统和天气气候有显著的影响。青藏高原地表的物理性质与同高度自由大气有很大差异，这种热力属性的差异促成高原冬季为冷源，在 $600 \sim 500$ hPa 之下形成冷高压，春夏季为热源，在 $500 \sim 400$ hPa 之下形成热低压（100 hPa 之上转变为暖高压）（吴国雄和张永生，1998；叶笃正，1979；中国科学院《中国自然地理》编辑委员会，1985），这种气旋与反气旋环流系统的存在和转化是形成和维持强盛亚洲季风环流的重要原因（Wu et al.，2012），也是中亚内陆干旱区存在的关键因素（李吉均等，2001）。青藏高原的阻挡作用造成低空西风带（$3 \sim 4$ km 以下）分为南、北两支气流，影响下游地区天气（中国科学院《中国自然地理》编辑委员会，1985）。同时，青藏高原的阻挡作用也对维持冬季蒙古冷高压和夏季印度热低压有积极意义。

总体上，青藏高原的西部地区常年受西风带的控制，南部和东南部受到（雨季）南亚 / 西南季风和西风（旱季）交替控制，而东北部受到东亚夏季风和冬季风交替影响（Yang et al.，2014）。值得指出的是，青藏高原独特的大气环流特征有重要的大气物理和大气化学意义。许多研究表明这些大气环流系统是该地区大气颗粒物大范围传输的主要动力。例如，伴随着蒙古高压的发展，冬季风可以促使亚洲内陆沙漠地区的粉尘向高原上空输送（Kang et al.，2003）；西风可能将欧洲和中亚地区的污染物输送至青藏高原西北部地区（Xu et al.，2009）；西南季风携带南亚地区污染物可影响高原东南部和中部地区（Cong et al.，2013）。

4.1 气溶胶跨境传输的监测与模拟证据

针对喜马拉雅山脉大气污染物的变化特征研究较少。Hindman 和 Upadhyay（2002）观测表明在下午和晚上，地表的空气团在尼泊尔和青藏高原（珠峰两侧）之间存在交换。在青藏高原也可以监测到尼泊尔发生的污染事件，Bonasoni 等（2010）通过气象数据和污染物浓度变化及卫星数据等证明大气棕色云能够达到 5000 m 以上的海拔高度。Xia 等（2011）基于地面太阳光度计和遥感监测数据，识别并诊断典型南亚大气污染物跨越喜马拉雅山入侵高原事件（如 2009 年 3 月 13 $\sim$ 16 日的污染事件），指出南亚污染物从排放到传入青藏高原内陆地区（纳木错）的传输过程大致为 3 $\sim$ 4 天。

Cong 等（2015a）在珠峰地区进行了大气气溶胶样品的系统采集。在实验室进行了有机碳、元素碳、水溶性有机碳和离子的分析。珠峰大气气溶胶中的有机碳和元素碳浓度与喜马拉雅山脉南坡高海拔站点类似（Langtang 和 NCO-P）。珠峰地区全年的沙尘影响相对稳定，但有机碳、元素碳和水溶性有机碳以及主要离子（NH_4^+、K^+、NO_3^- 和 SO_4^{2-}）均在季风前期表现出高值。有机碳、元素碳和生物质燃烧的指示物（K^+ 和左旋葡聚糖）具有显著的相关关系。根据反向气团轨迹的统计结果，珠峰地区非季风期受西风急流的控制，气团主要途经尼泊尔西部、印度西北部和巴基斯坦；而夏季季风期，气团主要来自孟加拉湾，经过印度的东北部和孟加拉国。MODIS 给出的火点分布情况显示（FIRMS，https://earthdata.nasa. gov/firms），喜马拉雅山脉南侧生物质燃烧如农业秸秆焚烧和森林火灾在季风前期最为普遍。而这一时期 OC、EC 和 WSOC 的浓度均显著升高，且与生物质燃烧的指示物 K^+ 和左旋葡聚糖具有显著的相关关系，这些现象均说明，珠峰地区季风前期受到南亚生物质燃烧的跨境传输影响。通过对比喜马拉雅北坡珠峰站和南坡金字塔站的 AOD 值，发现两者变化具有很好的一致性，这也说明了污染物可以跨过喜马拉雅山进入高原。此外，能够显示气溶胶垂直分布的 CALIOP 卫星观测，清晰表明在南亚棕色云爆发的四月份，大气污染物能够传输到 6000m 的高度，进而翻越喜马拉雅山脉进入高原（图 4.1）。

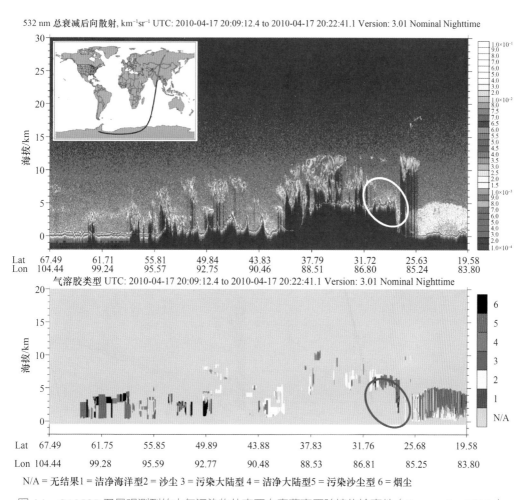

图 4.1　CALIOP 卫星观测到的大气污染物从南亚向青藏高原跨境传输事件（Cong et al.，2015c）

除了大尺度的环流形式外，喜马拉雅山脉局地的山谷风也是造成大气污染物跨境传输的重要原因（Cong et al.，2015c）。在喜马拉雅山脉南坡，白天盛行从下向上的谷风，将污染物从低海拔地区输送到高海拔地区。而在喜马拉雅山脉北坡，由于分布着大面积的冰川，导致下沉的冰川风克服了上升的谷风。南北坡的局地环流耦合在一起，使山谷成为污染物传输的有效通道，最终导致珠峰北坡气溶胶的含量、季节变化等均与南坡高度相似（图 4.2）。值得指出的是，目前由于缺少实际观测，尚难以量化山谷输送与高空翻越（深对流）这两种途径对于污染物跨境迁移的相对贡献。

图 4.2　喜马拉雅山谷风系统对大气污染物的传输作用示意图（Cong et al.，2015c）

Lüthi 等（2015）针对喜马拉雅山脉复杂地形的特点，根据纳木错站气溶胶光学厚度观测反映出的春季污染事件（Xia et al.，2011），利用高分辨天气模式 COSMO 更为清晰地揭示了南亚大气污染物在大量聚集之后，可以通过高空和近地面抬升的形式穿越喜马拉雅山脉山谷，快速输入高原内陆（图 4.3）。

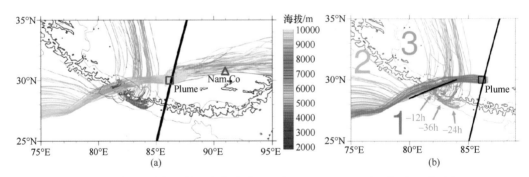

图 4.3　大气污染物传输后向轨迹（2009 年 3 月 13 日 21 时及之后 48 小时）

1、2 和 3 分别代表不同类型的气团

Ji 等（2015）基于高分辨率的区域气候 - 大气化学模式，模拟了青藏高原周边碳质气溶胶的传输过程，指出受到西风的影响，高原西部及北部地区的黑碳和有机碳主要来自中亚地区，并且可能与近些年中亚石油工业的发展有密切的关系；而高原南部及喜马拉雅地区的污染物主要来自南亚地区，其动力传输主要受到西风及印度季风的影响，污染物传输高度可至 10km 以上（图 4.4）。

大气污染物传输同时受大尺度大气环流、局地尺度大气扰流、湍流的影响，污染

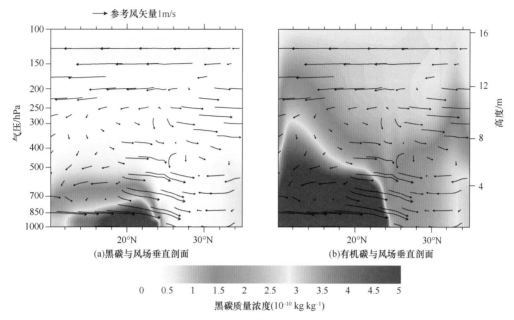

图 4.4　季风期黑碳和有机碳纬向平均叠加风场垂直剖面图

物主要集中于大气混合层内。大气混合层高度是研究地表向大气排放污染物状况的重要参数。通常混合层高度越高，越有利于污染物在垂直方向的扩散，因此，混合层高度是决定地面污染浓度的重要因子。混合层具有明显随昼夜变化的特征，不同的气象条件和天气过程会影响混合层高度，包括温度的垂直结构和地面增温状况等因素。青藏高原地区地表状况复杂，受地形的影响其大气混合层特征与中国东部、南亚平原地区存在显著的差异。混合层高度受到不同的气象条件、热力结构和天气过程的影响，具有明显的随时间变化特征。有学者提出高原地区的深对流系统可将混合层污染物垂直快速地输送到对流层上层，甚至直接进入平流层，从而影响更大区域范围（Bian et al.，2012），这种污染物扩散方式与平原地区存在显著的差异。Yang 等（2017）使用 WRF-CHEM 模型揭示了南亚和青藏高原大气边界层气象条件对污染物扩散与反馈效应的不同影响机制。南亚大气污染物中的黑碳和棕碳可以加热对流层中低层大气，导致边界层趋于稳定，扩散条件减弱，大气污染将进一步加剧（图 4.5）。而青藏高原地区由于气溶胶浓度较低，大气边界层中黑碳和棕碳的加热效应不足以导致边界层的热力结构产生较大的变化，由南亚传输进入高原的大气污染物通过中高层对流交换、传输、沉降的方式很快被扩散。但由于缺少观测，青藏高原及毗邻区大气混合层精细结构及季节变化特征缺乏较全面和清晰的认识，一定程度上制约了大气污染物跨境传输过程机制的研究。

　　喜马拉雅山脉地形复杂，山顶和低海拔地区由于空气的热力差异而在白天形成从下向上的谷风。根据喜马拉雅山脉地形的特点，在我国西藏边境吉隆和仲巴首次开展了气溶胶激光雷达和差分吸收光谱（MaxDOAS）垂直探测，获得了气溶胶时空演化特征，成功应用于污染传输过程分析。在科考期间，南亚大气污染非常严重，正处于冬季大气棕色云爆发时段，具体见图 4.6。

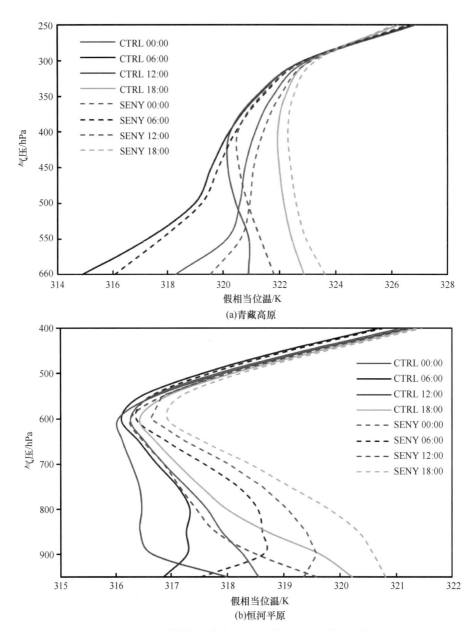

图 4.5 2009 年 3 月 13 ~ 19 日，模拟的青藏高原和印度恒河平原趋于平均 00:00、06:00、12:00、
18:00 时相当位温廓线图（Yang et al.，2017）

SENY 表示考虑气溶胶反馈效应；CTRL 表示不考虑气溶胶反馈效应

  MaxDOAS 是一种非常有效的对流层污染物监测技术手段（图 4.7）。光谱仪在不同俯仰角测量穿过大气层到达地面的太阳光谱，然后用滤波方法去除大气干扰成分的影响，通过分析待测气体的特征光谱来提取其浓度信息。本次科考中，差分吸收光谱 MaxDOAS 初步观测结果显示，在仲巴和吉隆，大气污染物包括气溶胶、SO_2、NO_2 和甲醛在中午浓度最低，下午逐渐上升。特别是在 2017 年 12 月 9 日下

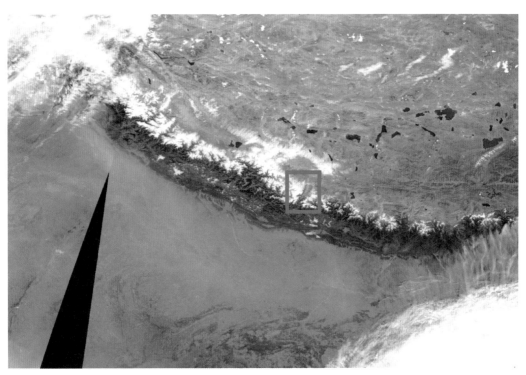

图 4.6　12 月 9 日 MODIS 卫星影像图（红框为仲巴传输通道）

图 4.7　工作中的颗粒物激光雷达和差分吸收光谱 MaxDOAS

午，在仲巴观测到高浓度的 SO_2 污染，这与南亚大气棕色云中 SO_2 高的特点十分吻合。在激光雷达和差分吸收光谱观测的同时，利用手持式黑碳仪（AE-51）进行了黑碳观测。可以看出黑碳浓度也体现出清晰的日变化，即在下午开始出现显著的升高。推测形成这一规律的原因是由喜马拉雅山脉的山谷风系统引起的。在太阳的照射下形成上升的谷风，将南亚的大气污染物输送到高海拔地区，促进源区较高污染气团的侵入。

颗粒物激光雷达能够探测污染物的垂直演变特征，实现立体监测。在吉隆的观测中发现，12 月 13 ～ 14 日，颗粒物有两层结构，主要分布在距地面 300m 以下，说明南亚污染物主要随地形抬升于近地面进行扩散和传输。300m 以下的颗粒物时空分布变化剧烈，300m 以上颗粒物分布较为均匀；12 月 15 日 18：30 后距地面 800 ～ 1500m 高度处发现浓度较高的颗粒物输送，颗粒物逐渐上扬，说明大气污染物的传输高度距离地面较高，更易输送到高海拔地区并向高原内陆扩散。仲巴地区较吉隆地区颗粒物浓度较低，不存在明显的分层结构；2.2km 以下，颗粒物在高度和时间上分布都特别均匀。吉隆的气溶胶激光雷达观测进一步证实前文述及的大气污染物的两种传入路径，即近地面穿越山谷（山谷风）和高空输送，提供了污染物跨境传输不同路径和过程的确切证据。

4.2 跨境传输对青藏高原黑碳气溶胶的贡献

青藏高原毗邻南亚排放源，最新的研究结果表明南亚黑碳气溶胶能够传输进入高原内陆地区（Cong et al.，2015a），但其传输通量的多少目前还未有清楚和统一的认识。之前一些研究结果也存在较大的争议，甚至出现明显的偏差（Kopacz et al.，2010）。本节采用新一代耦合大气化学过程的中尺度模式 WRF-Chem 定量评估南亚人为源对青藏高原黑碳浓度的贡献率及其传输的机制（Yang et al.，2017）。

4.2.1 模拟试验设计

Yang 等（2017）设计了 5 组 WRF-Chem 试验，模拟的范围如图 4.8，水平空间分辨率为 25 km。模拟时段为 2013 全年，其中 5 ～ 9 月为季风期，其他月份为非季风期。这 5 组试验包括一个控制试验和 4 个敏感试验，控制试验中人为源黑碳未做任何修改；敏感实验 SE 将中国东部的人为排放源（图 4.8 中的 SE 区域）中的人为源黑碳设置为 0，同时将 megan 生物源中这一区域的各变量减小为 37%，这是因为 63% 的生物质燃烧源都是由人类活动造成的（Dentener et al.，2006）；敏感实验 SS，将高原以南的南亚人为排放源（图 4.8 中的 SS 区域）中的黑碳设置为 0，相应的生物源中各变量也减少 37%，下面试验中生物源试验也做类似调整；敏感实验 SW，将中亚的人为排放源（图 4.8 中的 SW 区域）中的黑碳设置为 0；敏感实验 SN，将中国北部人为排放源（图 4.8 中的 SN 区域）中的黑碳设置为 0。

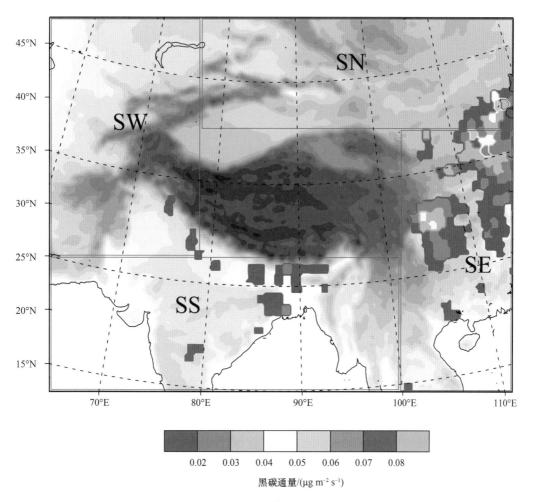

黑碳通量/($\mu g\ m^{-2}\ s^{-1}$)

图 4.8 研究区及人为排放源黑碳通量分布

4.2.2 南亚黑碳对青藏高原黑碳的贡献

青藏高原周围不同区域人为排放源黑碳对青藏高原黑碳浓度的影响分析表明，相比于中国东部、中亚地区、中国北部，南亚 BC 排放对青藏高原 BC 浓度贡献最多。与季风期相比，非季风期南亚人为源 BC 对青藏高原黑碳的影响范围和强度显著更大，主要是因为季风期降水更多，降水对 BC 具有湿清除作用。具体如图 4.9 所示，计算了不同区域人为源 BC 对青藏高原黑碳的平均贡献率。南亚人为源 BC 在非季风期对青藏高原黑碳浓度的平均贡献达到了 61.3%，在季风期对高原黑碳的贡献为 19.4%。这显著高于其他人为排放源区对高原黑碳的影响。例如，中国东部为亚洲黑碳排放的另一个主要源区，对青藏高原的黑碳浓度贡献率均低于 10%，显著小于南亚的贡献率。

图 4.9　不同区域人为源对青藏藏高原黑碳气溶胶浓度的影响（Yang et al., 2018）

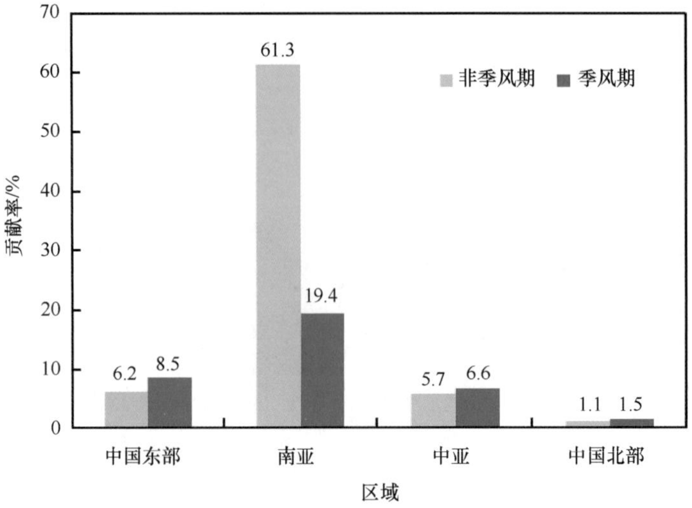

4.2.3　南亚黑碳的跨境传输过程

　　青藏高原黑碳的外源传输主要受到气流影响。非季风期，在对流层中层（500 hPa）和高层（200 hPa）均盛行西风，中亚和印度西北部的黑碳均可以传输到青藏高原上。此外，除了大尺度的环流，喜马拉雅山脉局地的山谷风也是造成黑碳气溶胶跨境传输的重要原因。如图 4.10 所示，南亚黑碳可以通过山谷风翻越喜马拉雅山脉输送到青藏高原上；在山脉南坡，白天盛行从下向上的谷风，将黑碳从低海拔地区输送到高海拔地区，使黑碳在山脉南坡大量富集；而夜间在山脉北坡，下沉的山风可以将黑碳向高原内陆传输。季风期，在对流层低层（850 hPa）90°E 以西的高原南坡由于地形作用存在一个气旋，该低压中心把低层的黑碳垂直运移到中高层，然后在中高层受南风影响，将南亚的 BC 传输到高原上。如图 4.11 所示，在季风期南亚的对流层中存在明显的垂直向上运动，再次说明高空翻越（深对流）在季风期南亚黑碳的跨境传输过程中起主要作用。

4.3　大气中 POPs 的传输机制

　　气态大气污染物（POPs 和汞等）有向低温区富集的特性。在大气环流的驱动下，这些污染物易传输到温度较低的高纬度和高海拔地区。青藏高原具有极大的海拔梯度，是进行气态大气污染物传输机制研究的理想区域。

4.3.1　大气中 POPs 的跨境传输

　　大气环流为 POPs 传输提供动力。青藏高原常年受西风环流影响，夏季受到印度季风控制，两大环流可能会驱动周边地区排放的污染物向青藏高原传输。在青藏高原利

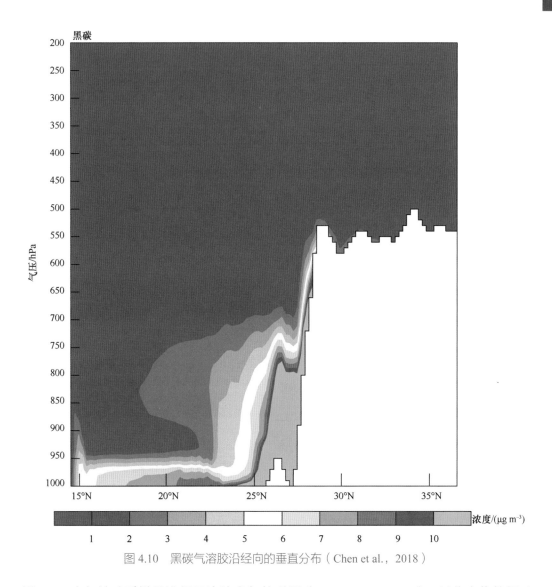

图 4.10　黑碳气溶胶沿经向的垂直分布（Chen et al.，2018）

用 XAD 大气被动采样器进行了连续多年的观测（Wang et al.，2016c），以化合物的相对组成进行聚类分析，发现大气 POPs 可以明显地划分为 3 个组分：第一组以 DDTs 类化合物为主（占 POPs 总量的 34.9% ~ 79.1%），第二组以 HCB 为主（69.0% ~ 88.4 %），第三组则以 DDTs（5.6% ~ 43.3 %）和 HCB（29.3% ~ 67.6 %）为主（图 4.12）。从空间上看，第一组的采样点位于藏东南地区，表明印度季风作用下将 DDTs 类污染物传输到青藏高原，第二组位于青藏高原西北部地区，表明该西风环流驱动了污染物的大气传输，第三组位于青藏高原中部地区，则可能受到两大环流的交互作用。

此外，在典型区域（鲁朗、纳木错、阿里和慕士塔格）利用大气主动采样器开展高时间分辨率的大气 POPs 的观测，进一步证实了大气环流的驱动作用。结果表明鲁朗（Sheng et al.，2013）和纳木错（Ren et al.，2017b）大气 DDTs 的浓度与印度季风指数均呈现同频率同相位的变化趋势（图 4.13）。

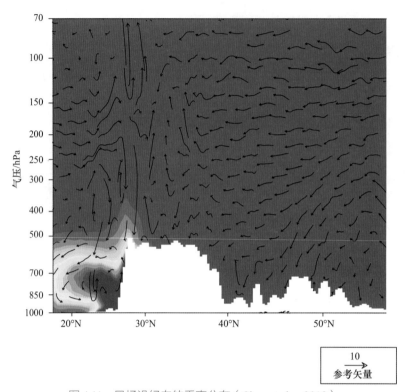

图 4.11　风场沿经向的垂直分布（Chen et al.，2018）

利用潜在污染源贡献函数（PSCF）模型定位了鲁朗 DDTs 的污染源区（Sheng et al.，2013），发现大气 DDTs 主要来源于印度北部和东部地区，且雅鲁藏布大峡谷是主要的传输通道。以上结果证实了印度排放的污染物在印度季风驱动下长年向青藏高原传输。利用 PSCF 模型也对慕士塔格和阿里（Gong et al.，2015）大气 POPs 的源区进行了追踪。慕士塔格大气 DDTs 和 HCHs 主要源于中亚，这再次证实了西风环流作用下将污染物输入青藏高原西北部地区。阿里大气 DDTs 和 HCHs 主要来源于印度北部和中国西北部（新疆）地区，这也印证了阿里地区是印度季风和西风过渡区，两大环流共同驱动污染物向此区域的传输（Gong et al.，2015）。

4.3.2　POPs 的海拔梯度分馏

POPs 具有半挥发性，大气传输过程中受温度影响会发生分馏。大分子化合物倾向于在源区附近沉降，小分子化合物传输能力强能够到达高纬度地区，这被称为"全球蒸馏效应"（Wania and Mackay，1993）。与温度的纬度效应相似，高山地区随海拔升高温度呈现垂直递减趋势，污染物从低海拔源区向高海拔传输过程中也可能发生化合物的分馏。

本次科考选择喜马拉雅南坡尼泊尔境内一条跨越南北的断面进行大气 POPs 海拔梯度分布的观测（图 4.14）(Gong et al.，2014)。这些采样点覆盖了低海拔（135 m，

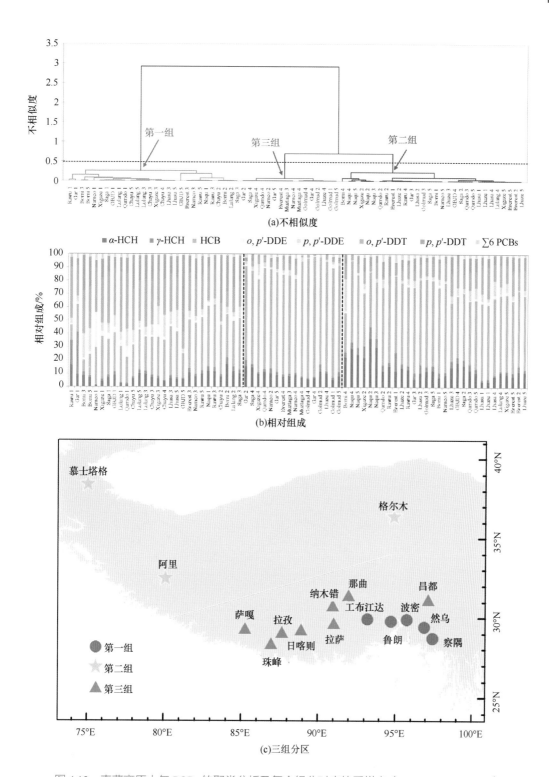

图 4.12　青藏高原大气 POPs 的聚类分析及每个组分对应的采样点（Wang et al.，2016c）

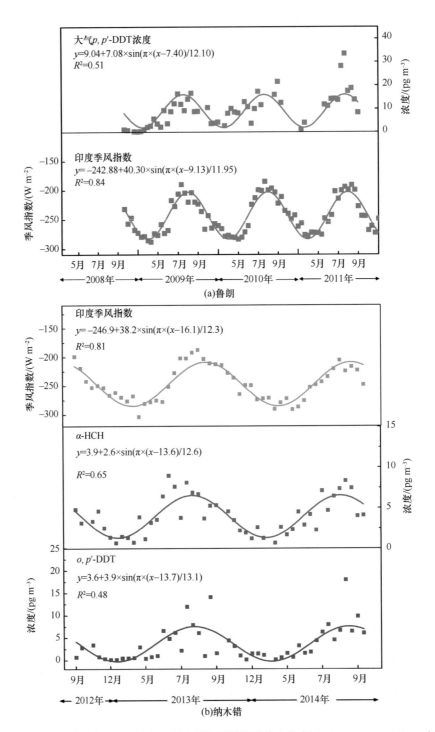

图 4.13　鲁朗和纳木错大气 POPs 浓度与印度季风指数的季节变化 [（a）Sheng et al.，2013；（b）Ren et al.，2017b]

尼泊尔 - 印度边界）到高海拔（5100 m，尼泊尔 - 青藏高原边界）的垂直变化梯度
（图 4.14）（Gong et al.，2014）。

　　大气 HCB、DDTs 和 PCBs 的组成沿海拔梯度的变化显示（图 4.15），低海拔地区
以大分子 DDTs 类化合物为主，高海拔地区以小分子 HCB 为主（Gong et al.，2014）。
大气 POPs 从低海拔向高海拔传输过程中，HCB 传输能力强比重升高，从 20% 增长到
超过 50%；DDTs 的传输能力弱比重降低（Gong et al.，2014），这说明喜马拉雅南坡大
气 POPs "爬坡" 过程中发生了化合物的分馏，小分子的 POPs 更容易翻过喜马拉雅山
往青藏高原内陆传输。

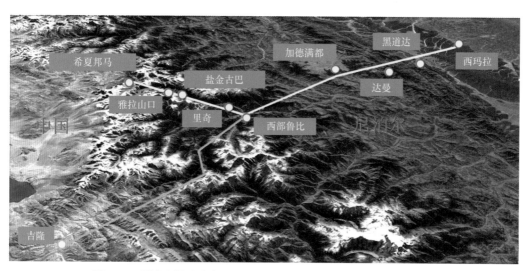

图 4.14　尼泊尔境内南北断面大气 POPs 观测点（Gong et al.，2014）

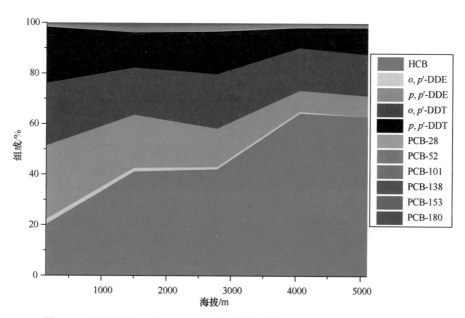

图 4.15　喜马拉雅南坡大气 POPs 组成的海拔梯度变化（Gong et al.，2014）

4.3.3 POPs 的森林过滤效应

森林的有机质含量高，能够吸附大气中的 POPs。森林植被吸附大气 POPs 后，由于树叶的凋落作用，被吸附的 POPs 随树叶沉降到地表。因此，森林植物起到了自大气向地表抽取污染物的"泵"的作用。大气 POPs 穿过森林后浓度出现降低的现象被称为"森林过滤效应"。雅鲁藏布大峡谷是污染物自南亚进入青藏高原的重要通道，其所在的藏东南地区自然也就成为了南亚污染物进入青藏高原的"门户"，这里恰好被大面积的森林所覆盖。

在藏东南色季拉山海拔 4400 m 的林线处附近开展林内、林外大气 POPs 的同步观测，以监测森林的过滤效应。林内与林外大气 POPs 的比值（DF）用来衡量"森林过滤效应"的程度，DF 值越小表示过滤效应越强。通过连续 4 年的观测，发现 HCHs、DDTs、HCB 和 PCBs 等多种化合物的 DF 值为 0.33 ～ 1.33，这表示藏东南森林对多种 POPs 都存在森林过滤效应（Ren et al.，2014）。冬春季 DF 值相对较低，这是由于低温能够促进 POPs 向森林沉降。综合考虑四个季节，DDTs 的 DF 值最低，平均约为 50%（图 4.16），这表明藏东南森林对 DDTs 的过滤效应最强，能够有效截留约 50% 外源输

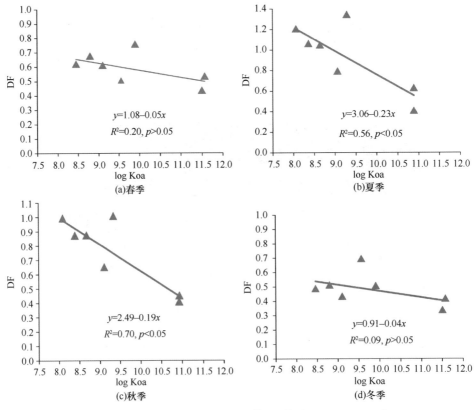

图 4.16 色季拉山 4400 m POPs 的 DF 值（Ren et al.，2014）

入的 DDTs（Ren et al.，2014）。青藏高原森林面积约 30 万 km²，从喜马拉雅中部绵延到东部，成为阻止 POPs 向青藏高原内陆传输的天然"屏障"。

4.3.4　小结

青藏高原大气环流受西风和印度季风的共同影响，印度季风（尤其是夏季）控制着高原南部地区，北部则主要受西风影响。青藏高原受到周边污染排放的影响已经是不争的事实。青藏高原幅员辽阔，不同地域所受到的大气环流不同，也引入了不同地区来源的污染物。大气观测、冰芯记录和模式模拟显示南亚是大气污染物的主要源区，东亚、中亚以及高原自身的人为排放也有输入。在典型时段（尤其是春季）已清晰捕捉到大气污染长距离传输事件的侵扰。目前青藏高原大气污染物跨境传输过程机制的研究仍属薄弱。例如，模式模拟（COSMO）提出污染物跨境传输具有山谷输送和高空翻越（深对流）两种形式，科考中的气溶胶激光雷达观测也证实这一观点，但目前对这两种传输途径的相对贡献还知之甚少。

第5章

大气污染物的气候效应

5.1　气溶胶的气候效应

硫酸盐、黑碳、有机碳、硝酸盐和工业矿物颗粒物等人为排放大气气溶胶，主要来源于化石燃料的燃烧、交通运输和工农业生产过程。气溶胶生命周期较短，一般为几天到几周，区域性尺度较强，其辐射强迫作用一般位于排放源附近等。研究表明，大气吸光性颗粒物的辐射效应最为显著，吸光性颗粒物包括黑碳、棕碳和矿物粉尘。吸光性气溶胶吸收太阳短波辐射，对大气有显著的增温作用，并且通过气溶胶-云相互作用（间接效应）改变云的物理结构，进而对辐射产生影响。另外，当颗粒物沉降到雪冰表面之后形成吸光性杂质，导致雪冰反照率降低，间接增大了雪冰对太阳辐射的吸收效率，雪冰吸收了更多的太阳辐射并在地表产生正的辐射强迫，最终导致雪冰加速消融。因此，气溶胶对青藏高原气候的影响不仅仅局限于大气，其作用于冰冻圈水循环过程也越来越受到关注。

通常用耦合化学过程的气候模式来评估气溶胶产生的气候效应。其中全球气候系统模式能够很好地反映出人为强迫对气候系统影响的物理过程，但其分辨率较粗（水平分辨率一般为 $100 \sim 400$ km），无法捕捉到局地强迫的影响，如不能适当地描述复杂地形、地表状况等，因此全球模式的适用性在青藏高原地区相对较差。相比一般的全球模式，高分辨率的区域气候模式（regional climate model，RCM）能够提供较高时空分辨率的气候模拟特征，因此，由全球气候模式降尺度到区域级尺度（或由再分析资料驱动区域气候模式），是研究气溶胶对气候影响的一个重要的方法。

Ji 等（2011）利用区域气候-大气化学模式 RegCM3 评估了南亚人为排放气溶胶的直接辐射效应，指出季风前期及季风期硫酸盐、黑碳和有机碳气溶胶的综合辐射效应使南亚上空大气增温，由于同时期青藏高原为热源，气溶胶导致由北向南的温度梯度减弱（图 5.1），抑制了南亚季风向北推进。气溶胶的作用可能导致喜马拉雅山地区近 30 年降水减少。当气溶胶排放浓度加倍时，南亚季风在印度次大陆的爆发时间将推迟 $1 \sim 2$ 候（图 5.2），研究揭示了气溶胶与青藏高原热力作用共同导致印度季风减弱的影响机制。

南亚地区硫酸盐气溶胶的排放浓度较高，但其在大气中的生命周期较短。黑碳和有机碳气溶胶通常由化石燃料和生物质不完全燃烧产生，其排放量在南亚大气污染物排放中占有较大比重。研究表明，黑碳和有机碳气溶胶的综合效应在大气层中产生正短波辐射强迫（Ji et al.，2015），在近地面产生负短波辐射强迫，辐射强迫绝对值由南至北呈递减趋势，最高值位于南亚地区，数值达到 2 W m^{-2}；最低值位于青藏高原，范围在 0.1 W m^{-2} 以内（图 5.3）。季风期长波辐射强迫在帕米尔高原和青藏高原表现为负值，而非季风期气溶胶引起长波辐射强迫变化在喜马拉雅山和青藏高原南部表现为负值。季风期含碳气溶胶引起高原西部及中部 $0.1 \sim 0.5$℃ 的增温，而非季风期除青藏高原南部外，高原大部地区表现为 $0.1 \sim 0.5$℃ 的增温。

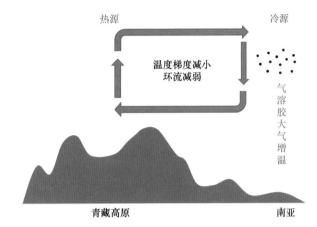

图 5.1　气溶胶导致南亚上空大气增温，经向温度梯度减弱示意图

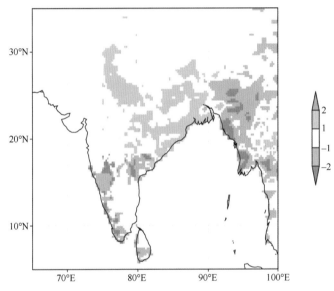

图 5.2　气溶胶浓度加倍导致南亚季风爆发时间的变化
单位：候；正值代表推迟，负值代表提前

5.2　雪冰杂质 - 反照率反馈效应

　　虽然大气气溶胶对印度季风产生影响，但由于高原气溶胶浓度较低，高原大气气溶胶的气候效应相对较小，气溶胶在大气环流、局地扰流和湍流的作用下传输，通过干、湿沉降过程，降落到雪冰表面形成杂质。由于吸光性杂质和雪冰颗粒之间质量消光系数的巨大差异，少量杂质就能显著降低雪冰反照率。反照率降低意味着雪冰对太阳辐射吸收增强，温度升高，从而加速雪冰消融。但之前模拟研究大多未关注吸光性杂质对雪冰的辐射反馈效应，因此需在气候模式中耦合了雪冰 - 气溶胶辐射传输模块以评估雪冰中吸光性杂质对气候的影响。

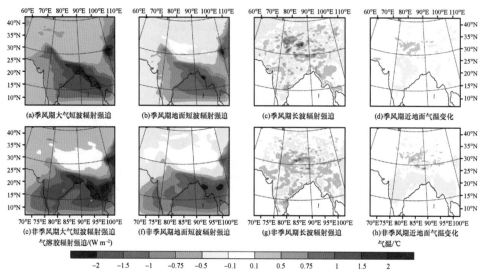

图 5.3　含碳气溶胶在大气层、近地面产生短波辐射强迫和长波辐射强迫，
并引起近地面气温变化（W m^{-2}）

Ji(2016) 在区域气候模式中耦合了雪冰 - 气溶胶辐射传输模块，以评估第三极地区雪冰中吸光性杂质对气候的影响。结果表明，非季风期黑碳和有机质的沉降通量显著高于季风期（图 5.4），季风期高原西部及喜马拉雅山地区的黑碳与有机质沉降通量显著高于高原其他地区，非季风期雪冰中黑碳与有机质的沉降通量在高原地区呈现外缘浓度高，内陆浓度低的空间分布特征。这种分布特征由于青藏高原自身的排放极低，而大气中污染物主要由高原以外的地区的远距离传输进入，受到地形阻挡，形成了外缘高中间低的空间格局。黑碳导致雪冰反照率降低，季风期在高原西部产生的辐射强迫为 3.0 ～ 4.5 W m^{-2}；非季风期喜马拉雅地区黑碳 - 雪冰辐射强迫为 5.0 ～ 6.0 W m^{-2}（图 5.5）；对于青藏高原西部及喜马拉雅地区，黑碳 - 雪冰辐射效应可导致近地面增温 0.1 ～ 1.5℃，雪水当量减少 5 ～ 25 mm(Ji，2016)。

除人为源气溶胶，作为自然源的粉尘也是雪冰杂质的重要组成成分。Ji 等 (2016) 模拟了矿物粉尘在青藏高原地区的起沙、传输和沉降过程。结果表明，高原内陆及雅鲁藏布江大峡谷的起沙通量在过去 20 年呈减弱的趋势（图 5.6），这与高原地面风速减弱有一定关系。粉尘干、湿沉降受地形和南亚季风的影响较为显著，呈现出不同的季节和空间分布特征。在大气和雪冰中粉尘的共同作用下，青藏高原西部及昆仑山地区，春季地面升温 0.1 ～ 0.5℃。在冬春季，粉尘导致高原西部、帕米尔、喜马拉雅地区的雪水当量减少 5 ～ 25 mm。

5.3　对冰川和积雪消融的影响

大气中的吸光性杂质主要指黑碳、有机碳、粉尘等物质。沉降到冰川表面的吸光性杂质能够显著降低雪冰反照率，进而导致雪冰消融增强。长期的雪冰消融可能显著

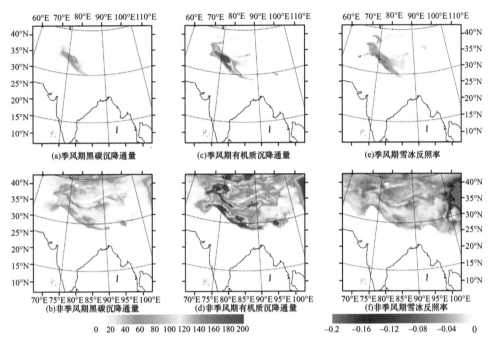

图 5.4　雪冰中黑碳（a）、（b）与有机质（c）、（d）沉降通量与雪冰反照率（e）、（f）变化
（a）、（c）、（e）季风期；（b）、（d）、（f）非季风期

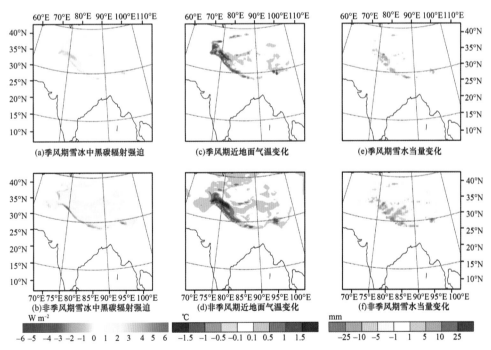

图 5.5　季风期和非季风期黑碳导致雪冰辐射强迫（W m^{-2}）、气温（℃）和雪水当量（SWE）
（mm）的变化

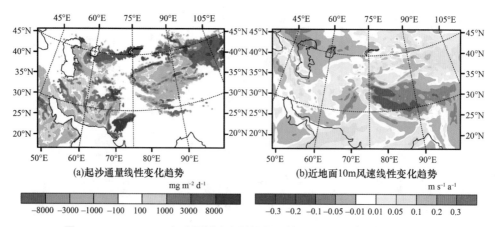

图 5.6　1990 ～ 2009 年春季粉尘起沙通量及地面 10 m 风速线性变化趋势

改变区域气候及大气环流模式（Flanner，2007），由此引起的水资源季节分配、水文过程等改变，将深刻影响经济社会和人口的可持续发展（Immerzeel et al.，2010）。

雪冰中微量的黑碳浓度引起的反照率降低及反馈作用，导致全球平均的雪冰黑碳辐射强迫达 +0.04 W m^{-2}，其中人类活动排放的 BC 沉降到雪冰上引起的辐射强迫达 +0.035 W m^{-2}（Bond et al.，2013）。利用不同模型与方法研究的喜马拉雅 - 青藏高原地区雪冰中黑碳引起的辐射强迫差异较大（图 5.7），如 Flanner 等（2007）评估整个地区的平均辐射强迫为 1.5 W m^{-2}，春季可达 10 ～ 20 W m^{-2}；而 GEOS-Chem 模型模拟的青藏高原年均雪冰黑碳平均辐射强迫为 2.9 W m^{-2}（He et al.，2014）。Qian（2011）指出，春季青藏高原雪冰中黑碳导致辐射强迫约为 5 ～ 25 W m^{-2}，最大值出现在 4 月或者 5 月消融期开始时段。Kopacz 等（2011）计算的喜马拉雅 - 青藏高原地区的黑碳的瞬时辐射强迫 5 ～ 15 W m^{-2}，最大值出现在夏季，最小值则出现在冬季。Ji 等（2016）模拟的结果表明，高原西部季风期雪冰中黑碳引起的辐射强迫为 3 ～ 4.5 W m^{-2}；非季风期喜马拉雅山脉以及藏东南地区黑碳 - 雪冰辐射强迫为 5 ～ 6 W m^{-2}。Ming 等（2013）利用冰川积累区雪坑黑碳浓度计算引起的辐射强迫为 6 W m^{-2}，对反照率降低的影响约为 5%，与 Yasunari 等（2010）模拟的结果（4.2% ～ 5.1%）较为接近。而在夏季消融期（无新雪覆盖），SNICAR 模型模拟的雪冰黑碳对反照率的降低达 36%（Qu et al.，2014）。高原中部地区，黑碳和粉尘对反照率降低的贡献可达 52% 和 25%（Li et al.，2017d），表明相对于粉尘而言，黑碳是导致冰川消融的主要因子。而在高原东南部，黑碳对反照率降低的贡献约为 4.6%（Niu et al.，2017）。Ming 等（2009）研究珠峰雪冰发现，夏季黑碳的辐射强迫约为 4.5 W m^{-2}，而 Menegoz 等（2014）模拟的喜马拉雅山区辐射强迫约为 1 ～ 3 W m^{-2}。因受黑碳与雪粒形状、混合状态、包裹层形态等影响，导致不同区域 BC 对雪冰反照率的影响差异可达数倍。

雪冰中粉尘对反照率降低的贡献也较大，特别是当粉尘与 BC 具有较高的比值时，或者当反照率降低到 0.7 以下时，粉尘对雪冰反照率的降低作用显著（Di Mauro et al.，2015；Huang et al.，2011a；Qu et al.，2014），黑碳的贡献约占 1/3（Wang et al.，

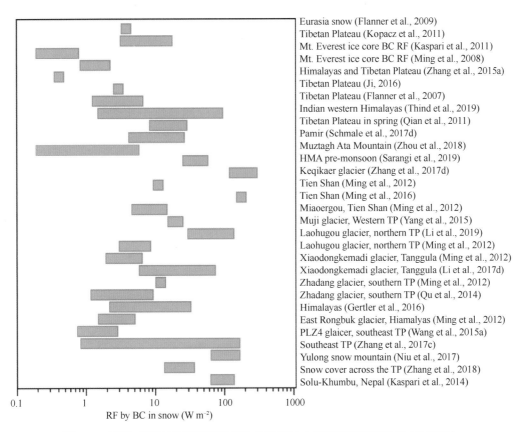

图 5.7　实测和模拟的青藏高原及周边地区雪冰中黑碳辐射强迫效应（BC RF）

（改自 Kang et al.，2020）

2013b）。喜马拉雅山脉南坡 Mera 冰川冬春季雪冰中黑碳对反照率降低的影响可达
6% ～ 10%，由此导致的瞬时辐射强迫为 75 ～ 120 W m^{-2}；而粉尘可导致 40% ～ 42%
的反照率降低，瞬时辐射强迫可达 488 ～ 525 W m^{-2}（Kaspari et al.，2014）。

　　在青藏高原中部地区，冬季雪冰中黑碳和粉尘对反照率降低的贡献分别为 11%
和 28%（Ming et al.，2013）；而在夏季冰川强烈消融期，粉尘对反照率降低的贡献可达
58%，平均辐射强迫为 1.1 ～ 8.6 W m^{-2}（Qu et al.，2014）。研究还发现，扎当冰川黑碳
和粉尘浓度随海拔升高逐渐减少，而反照率则逐渐增大；当冰川表面被新降雪覆盖时，
BC 对反照率降低的影响较大；冰川处于强烈消融状态时（表面为老雪或裸冰），粉尘
引起的反照率降低达 56%，较黑碳引起的反照率降低（28%）明显偏大；SNICAR 模型
模拟的粉尘导致的平均辐射强迫可达 1.1 ～ 8.6 W m^{-2}，说明粉尘是引起扎当冰川消融
的重要组分（Qu et al.，2014）。而对于小冬克玛底冰川而言，黑碳和粉尘浓度也随海拔
升高逐渐减小，而反照率则逐渐增大，黑碳对反照率降低的影响要大于粉尘，对反照
率降低的贡献分别约为 52% 和 25%（Li et al.，2017d）。对于不同类型冰川区消融期内
雪冰中吸光性杂质的迁移、富集、转化等过程对反照率影响的差异鲜有研究，特别是
消融期开始后吸光性杂质的短时间尺度变化过程对反照率的影响尚属空白。

　　基于黑碳和粉尘对雪冰反照率的影响，模拟评估结果表明，帕米尔地区 4 条冰川表雪中黑碳对冰川消融的贡献可达 6.3%，对应于冰川消融速率可提升 0.8 mm d^{-1} （Schmale et al.，2017）。祁连山老虎沟 12 号冰川消融期雪冰中黑碳和粉尘对反照率降低的贡献约为 15% ～ 40%，由此导致的冰川消融量约为 200 ～ 400 mm w.e.，可占总消融量的 20% ～ 40%。青藏高原中部小冬克玛底冰川黑碳和粉尘对雪冰消融的贡献分别达 88 ～ 434 mm w.e. 和 35 ～ 187 mm w.e.，分别约占该冰川消融量的 9.32% ～ 23.23% 和 3.65% ～ 9.98%。喜马拉雅山脉南坡 Yala 冰川的观测结果表明，若表层雪（2 cm 深）中黑碳浓度为 26.0 ～ 68.2 ng g^{-1}，则对反照率降低的影响可达 2.0% ～ 5.2%，可导致冰川径流增加约 70 ～ 204 mm，该结果尚不包括雪的老化、粉尘以及

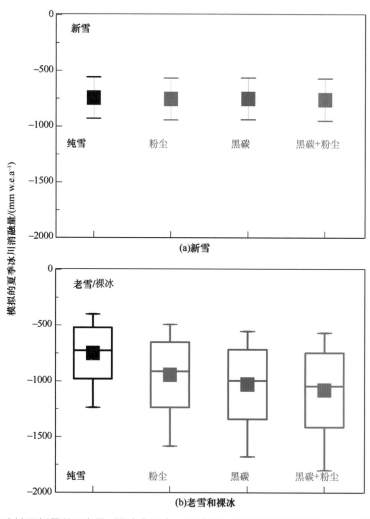

图 5.8　藏东南地区新雪以及老雪 / 裸冰中不含（即纯雪）以及含有黑碳和粉尘对冰川消融的影响

（改自 Zhang et al.，2017c）

反照率反馈机制等的影响（Yasunari et al.，2010）。而藏东南地区 4 条冰川的结果表明（图 5.8），老雪中黑碳和粉尘对冰川消融量的贡献可达 15%，约为 350 mm w.e.；对新雪而言，其贡献率小于 5%（Zhang et al.，2017c）。对于高原北部的老虎沟 12 号冰川而言，黑碳和粉尘对消融期冰川消融量的贡献分别为 22.3% 和 19.5%（Li et al.，2016e）。四十年来，青藏高原冰川物质损失量约为 450 km³ w.e.（Yao et al.，2012a），则吸光性杂质对冰川损失量的贡献可达 20 ～ 80 km³。基于青藏高原积雪中黑碳和粉尘的气候效应评估表明，两者可导致积雪持续期（snow cover duration）平均减少约 3.1 ～ 4.4 天，最多可减少约 9 天，并且这种减少趋势在高原上并没有明显变化（图 5.9）。

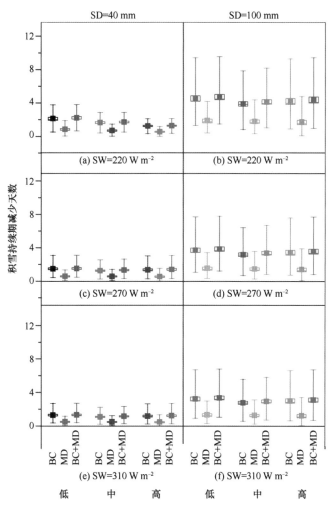

图 5.9　不同情景下青藏高原积雪中黑碳和粉尘对积雪持续期减少的影响评估

第 6 章

污染物对生态系统的影响

6.1 陆地生态系统中污染物的分布与影响

作为地表生物圈的重要组成部分，陆地生态系统在维持生命的支持系统和环境的动态平衡方面起着不可取代的重要作用。一旦进入生态系统的污染物数量超过生态系统所能承受的阈值范围，就会影响甚至破坏整个生态系统的平衡，从而最终影响到人类的生存环境甚至健康。因此，开展陆地生态系统中污染物的研究已成为生态系统恢复、生态功能区划和保障国家生态安全的重大战略需求。

6.1.1 青藏高原土壤重金属的空间分布及环境风险

土壤元素背景值的研究是环境科学中一项基础性工作，是环境质量评价的基础资料，对研究微量元素循环及其供给水平、某些地方病的病因探讨等有重要意义。西藏是我国受人类活动影响最少的地区之一，也是进行环境背景值研究的理想场所。尽管目前在许多地区已经开展了关于多种元素背景值的研究，但由于交通不便，相关资料仍十分匮乏。

1. 可可西里的表土元素组成

可可西里位于青藏高原北部，包括西藏北部"羌塘草原"的部分、青海昆仑山以南以及新疆和青海毗邻的地区。该地区平均海拔在 4600 m 以上，是我国最高寒干旱的地区，年均温为 $-4.10 \sim 10.00℃$，年均降水量为 $20 \sim 50$ mm，主要土壤类型为莎嘎土，发育程度低，以物理风化为主。在可可西里取得了 25 个表层土壤样品，对其 32 种元素的含量及组成进行了研究，并与西藏其他地区和全国背景值进行了对比。

自然土壤是岩石风化过程和土壤成土过程综合作用的产物。由于研究区干旱寒冷，土壤中微生物活动较弱，因而土壤中元素在很大程度上保持了母岩的特性。表 6.1 列出了研究区与其相关地区元素含量的对比数值。其中，全样数值可视为可可西里土壤元素背景值。相比于小于 20 µm 的部分，全样中的绝大部分元素含量都较低，这主要是因为通常情况下粒级越小，比表面积越大，吸附的元素也就越多，反映了元素含量随粒度的增大而减小的一般规律。同时，对其中三对样品的全样和小于 20 µm 的矿物组成分析结果也表明：<20 µm 土样颗粒矿物成分的石英含量（36%）都低于土壤全样（51%）；相应地，其黏土矿物如绿泥石（16%）和云母（12%）的含量却高于土壤全样的相应值（6% 和 4%）。而黏土矿物富含大多数元素，因此导致 20 µm 土样颗粒的元素含量高于土壤全样。上述结果说明土壤矿物成分一定程度影响元素在土壤颗粒中的富集。

由于雅鲁藏布江（以下简称雅江）流经青藏高原南部，因而其沉积物的元素组成可以代表该地区元素的基本特征。通过表 6.1 可以得出：与雅江沉积物的元素含量相比，研究区最明显的特征是一些易溶于水的元素如 Ca 的含量较高，这是由于藏北处于高寒地带，深居内陆并且气候干燥，物理风化作用强烈，Ca 元素不易流失而大量保存

表 6.1　藏北可可西里土壤元素含量与其他地区的对比

元素	全样	<20μm 粒级	雅江	西藏	全国	元素	全样	<20μm 粒级	雅江	西藏	全国
Li	32.51	73.8	38.95	42.3	44	Ga	9.81	19.6	15.56	19.4	20
Be	1.19	2.31	3.22	2.8	4.4	As	13.28	24.16	22.04	18.7	1.9
B	56.38	83.53	50.49	76.8	15	Rb	63.97	128.5	136.5	139	150
Na	1.24	0.87	1.4	1.25	2.36	Sr	289.8	383.3	193.1	162	690
Mg	1.32	2.53	0.89	0.8	2.15	Y	17.55	25.57	23.51	21	27
Al	4.39	7.39	6.24	6.39	7.45	Zr	248.2	158	174.7	237	160
K	1.38	2.48	2.11	2.04	2.34	Nb	9.31	14.94	12.89	—	34
Ca	5.37	6.68	2.28	1.75	4.32	Cd	0.11	0.18	0.1	0.08	0.05
Sc	6.2	13.68	8.64	10.7	11	Cs	5.66	18.35	33.79	19.4	11
Cr	47.8	89.46	76.05	77.4	63	Ba	360.5	488.2	367.8	281	610
Mn	503.8	910	568.7	626	780	Hf	5.84	4.16	5.01	6.97	5.1
Fe	2.56	4.78	2.82	3.01	5.08	Tl	0.38	0.74	0.83	0.7	0.62
Co	9.42	17.3	10.8	11.6	32	Pb	16.54	26.77	28.21	28.9	15
Ni	23.59	47.22	45.68	32.1	57	Bi	0.26	0.42	0.7	0.54	0.19
Cu	22.3	37.72	25.38	21.9	38	Th	8.35	13.72	16.21	17.5	17
Zn	51.41	96.88	66.45	73.7	86	U	2.19	3.39	3.16	3.38	5.6

在表土中；同时，研究区与地热活动密切相关的元素（如 Cs 和 As 元素）含量又明显低于雅江沉积物，反映了雅江流域较多的地热活动。因此，由于气候和地质作用的影响，上述元素在高原的南、北部存在较大差异。这一现象与青藏高原北部和南部表土元素含量差异是一致的，之前有研究表明高原南部土壤 Cs 和 As 的含量分别是北部的 3.78 倍和 1.70 倍。同时，研究区大多数元素含量与西藏背景值和中国陆壳丰度相差不大，但其大部分元素如 Cs、Cr、Al、K、Tl、Th 和 Rb 等的含量都小于西藏和全国的值，这与该地区土壤发育程度低，质地较粗，元素的富集作用较弱有关；同时，另一个比较明显的特征是元素 As 和 B 的含量远大于全国元素含量均值，其中 As 元素比全国均值高出 7 倍，这是由于该地区广泛分布富含 As 的页岩和片麻岩，在这种页岩上发育的土壤 As 含量显著高于其他母质发育的土壤。

2. 纳木错的土壤元素组成

作为西藏最大的湖泊，纳木错的生态环境在青藏高原具有典型性和示范性。纳木错地区的土壤发育在碳酸岩风化壳上，由于念青唐古拉山脉巨大地形的影响，纳木错南、北两岸的气候条件差异很大，南岸比较湿润，土壤属于毡状草甸土；北岸相对干旱，属于干旱草原土，该类土壤在藏北高原其他地区也广泛存在（高以信等，1985），因此纳木错湖北岸的土壤可以作为藏北高原土壤的典型代表（图 6.1）。

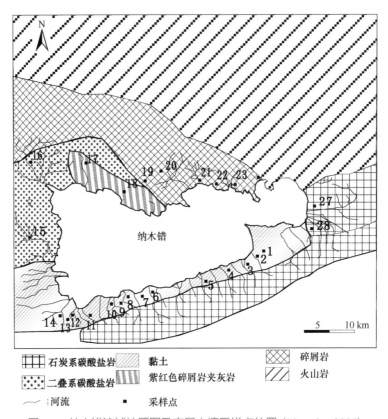

图 6.1　纳木错流域地质图及表层土壤采样点位置（Li et al.，2008）

　　通过对西藏土壤元素背景值的研究发现，由于西藏气候干旱，元素淋溶强度弱，在表生环境中较易发生迁移的大多数元素都比全国均值高（成延鍫和田均良，1993）。表 6.2 是纳木错表层土壤重金属元素的含量，纳木错地区表层土壤 Cr、Mn、Ni、Cu、Zn、As、Cd 和 Pb 的平均含量分别为 91.34 mg kg^{-1}、428.01 mg kg^{-1}、19.54 mg kg^{-1}、12.96 mg kg^{-1}、42.79 mg kg^{-1}、12.87 mg kg^{-1}、0.24 mg kg^{-1} 和 29.10 mg kg^{-1}。总体来看，纳木错土壤中 Cr、As 和 Pb 的含量比全国土壤平均值略高，其中 Cd 的含量是西藏土壤平均值的 3 倍。与之相反，纳木错土壤中 Ni、Cu 和 Zn 的含量比西藏和全国土壤平均值低。南、北两岸的对比：北岸土壤中的 Cr、Ni、As 和 Cu 的含量显著高于南岸，而 Mn 和 Pb 的含量显著低于南岸（$p<0.05$）。

　　在纳木错南岸，除了 Pb 和 Mn 之外的所有元素都与土壤有机碳（SOC）和土壤可交换阳离子含量有很大的正相关性，而在北岸这些元素却与总无机碳含量之间存在很大的负相关关系。对西藏土壤的研究表明土壤中 Pb 含量与有机质含量呈显著正相关，而与 pH 值呈显著负相关（成延鍫和田均良，1993）。已知纳木错南、北两岸的有机质含量基本一致，但南岸的 pH 值远小于北岸。因此南岸较低的 pH 值可能是引起其土壤较高 Pb 含量的原因。尽管南岸只有一种土壤母质，Pb 和 Mn 两元素在南岸与其他元素的相关性却比北岸低许多，这说明两种元素在南岸较湿润的环境中和较低的 pH 值条件下与其他元素有着不同的迁移特点。

表 6.2　纳木错流域表层土壤的重金属元素含量　　　　（单位：mg kg⁻¹）

样品	Cr	Mn	Ni	Cu	Zn	As	Cd	Pb
1	42.56	432.98	11.83	1.65	48.68	8.97	0.24	33.56
2	58.28	447.70	18.71	15.87	41.99	11.10	0.29	26.32
3	56.56	422.60	22.26	17.40	44.47	13.38	0.26	28.39
4	89.61	445.50	29.43	18.45	76.11	28.41	0.38	35.48
5	92.46	370.90	27.11	22.42	77.12	15.13	0.49	27.73
6	27.04	628.00	7.88	9.29	47.39	9.30	0.29	39.82
7	26.52	552.00	10.71	10.34	37.19	5.10	0.23	43.04
8	30.91	653.00	9.36	8.54	41.65	7.37	0.17	37.95
9	28.62	460.20	8.82	10.97	35.42	7.92	0.22	36.58
10	14.26	259.80	2.70	5.14	32.10	7.12	0.10	39.00
11	11.98	402.80	4.19	5.92	26.35	3.47	0.20	41.10
12	33.06	312.00	11.03	7.08	39.09	6.66	0.19	30.25
13	31.76	514.00	12.71	13.42	48.80	9.04	0.30	34.92
14	20.10	316.20	1.79	2.83	31.53	2.20	0.18	42.01
15	173.80	469.40	67.04	20.81	51.62	16.84	0.35	22.58
16	54.88	305.00	24.12	8.62	34.99	14.15	0.12	12.09
17	102.20	445.20	31.59	17.11	44.78	13.39	0.22	24.25
18	269.80	352.20	20.52	11.42	28.53	13.89	0.23	15.50
19	111.43	350.23	22.35	11.84	32.46	11.23	0.15	18.73
20	107.80	414.40	36.56	23.37	55.69	21.58	0.30	26.68
21	201.43	451.80	34.53	20.34	60.87	20.23	0.35	34.58
22	284.40	336.70	12.16	10.81	26.66	11.34	0.26	17.37
23	99.34	279.65	17.71	9.38	27.58	12.45	0.17	17.56
24	62.24	546.20	13.22	13.40	41.60	10.48	0.21	20.91
25	156.96	465.37	32.56	15.68	48.69	18.81	0.28	27.68
26	225.00	493.90	13.69	13.00	40.53	17.11	0.21	28.40
27	16.18	385.10	11.23	6.59	20.62	22.01	0.14	18.83
28	46.58	496.00	22.83	22.81	60.77	15.95	0.30	35.18
平均值	91.34	428.01	19.54	12.96	42.79	12.87	0.24	29.10
南岸平均	38.57	444.75	12.33	10.98	44.77	9.59	0.25	36.36
北岸平均	136.57	413.65	25.72	14.66	41.10	15.68	0.24	22.88
中国土壤的平均[A]	61.00	583.00	26.90	22.60	74.20	11.20	0.10	26.00
西藏土壤的平均[B]	77.40	626.00	32.10	21.90	73.70	18.70	0.08	28.90

A 中国环境监测总站，1990；B 成延鏊和田均良，1993

由于西藏广泛分布着 As 含量较高的页岩及其经变质而来的片岩和千枚岩等，因而西藏自治区土壤中 As 背景值较高（有些地点甚至高于世界土壤 As 含量的上限 40 mg kg⁻¹）。分析表明，西藏土壤中的 As 含量与土壤 pH 值之间存在显著的正相关关系（$N = 205$，$r = 0.253$），而与土壤中的有机质含量呈显著负相关关系（$N = 205$，$r = -0.183$）（成延鏊和田均良，1993）。纳木错北岸土壤的 As 含量比南岸高近两倍，其中的主要原因是北岸土壤较高的 pH 值导致了较高的 As 含量。

Cr 和 Ni 具有相似的理化性质，就西藏各类土壤的 Cr 含量而言，它们的分布趋势十分相似。在干旱、半干旱条件下形成的土壤 Cr 含量较高，而在湿润、半湿润条件下形成的土壤 Cr 含量较低（成延鏊和田均良，1993）。纳木错南岸这两种元素的含量比北岸低很多，主要是由于南岸的环境比较湿润。同时这两种元素在南岸与其他所有元素（Mn 和 Pb 除外）有较好的相关性，但在北岸相关性较差，说明母质对这两种元素含量也有很大的影响，北岸土壤的多种母质来源导致相关性较差。通过以上分析可知，纳木错地区土壤中重金属元素的含量和特点在很大程度上由成土母质的性质决定（Zhang et al.，2002），同时也受到土壤基本理化性质的影响。

上地壳元素丰度是上地壳元素含量的平均状况（Taylor，1985），在地球化学研究中具有极为重要的意义，它不仅可以作为特定区域中微量元素集中和分散的标尺，为阐明某地区地球化学省（场）特征提供标准，还能指示某些特定的地球化学过程，而且还在其他相关领域如河流沉积物、大气气溶胶等的研究中发挥着重要作用。对纳木错土壤元素的分析表明（图 6.2）：纳木错土壤中大部分元素的富集因子值都在 2 左右，其中元素 As 和 Bi 的值比较高，分别是 20 和 12 左右。同时可以发现，纳木错土壤与青藏高原表土大部分元素的富集因子值极其相似（Li et al.，2009），尤其是 Li、B、As、Cs 和 Bi 这些值高的元素，从而说明作为青藏高原的一部分，纳木错和青藏高原土壤的元素含量和组成是一致的。其中纳木错土壤 Th 和 U 的值较青藏高原土壤偏高是由于这些样品中重矿物（通常富集 Th、U、Hf、Zr 等元素）的贡献较大，这和南岸稀土元素的高含量是一致的。

总之，可可西里土壤元素的含量与西藏等其他地区接近，但受研究区土壤发育程度低、质地较粗、元素富集作用较弱的影响，元素 Cs、Cr、Al、K、Tl、Th 和 Rb 在研究区的含量都小于西藏和雅鲁藏布江为代表的藏南地区和全国均值；同时，由于高寒干旱的气候特点，易溶于水的元素被有效地保存在表土中，因而研究区 Ca 等元素的含量较高；由于青藏高原广泛分布富含 As 的页岩和片岩及剧烈地质活动的释放，研究区 As 含量远高于全国均值。

由于较小的降水量和较低的温度，纳木错地区的土壤仍处在物理风化的早期阶段。纳木错地区土壤中的重金属元素主要继承了土壤母质的特点，同时也受到土壤理化性质的影响。大部分元素含量在南岸受到土壤有机碳含量的控制，在北岸受到土壤无机碳含量的控制。元素 As 的含量与土壤的 pH 值之间存在密切关系而与母质的性质关系不大。元素 Cr 和 Ni 主要继承了母质的性质。由于 Cu 在碱性环境中活动性差，因而可能会导致该地区生态系统中 Cu 的缺乏。As 在碱性环境中活动性增强，可能会对该

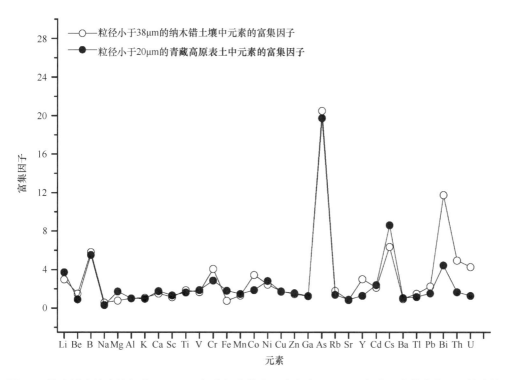

图 6.2　纳木错土壤中粒径小于 38 μm 部分与青藏高原表土小于 20 μm 部分元素的富集因子的比较

地区的动植物造成危害。纳木错土壤元素 B、As 和 Bi 具有较高的富集因子值，这一特征可以作为判定青藏高原上其他物质如河流沉积物、气溶胶乃至冰川粉尘来源的一个手段。

6.1.2　POPs 空间分布及环境风险

进入青藏高原的大气 POPs 可能会沉降到地表，被草地、森林、农田等生态系统富集。随着食物链的传递，POPs 将可能对这些生态系统产生影响。

1. 草地

在纳木错草场开展了 POPs 的大气沉降 - 生长季被牧草吸收 - 陆生食物链富集等一系列传递过程的系统研究。借助改进的小型被动采样器（直径 8 cm，高 2 cm），在温度较低的冬季和温度最高（POPs 最有可能挥发）的夏季，分别对纳木错草地近地表（0 ～ 200 cm）大气 POPs 的垂直分布特征进行了细致的观测，以期通过分析其高度上的浓度变化推测 POPs 在近地表空气的扩散及其与地表的交换趋势（Wang et al.，2017）。研究发现冬夏季大气 HCHs 与 DDTs 的浓度随高度降低均呈现降低趋势（图 6.3），这种趋势说明草地大气 POPs 与地表的净交换方向是从大气向地表沉降（Wang et al.，2017）。

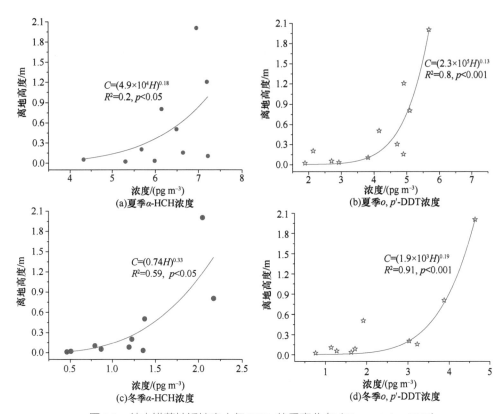

图 6.3　纳木错草地近地表大气 POPs 的垂直分布（Wang et al., 2017）

　　大气 POPs 向地表沉降，会被草地土壤和牧草富集。青藏高原草地表层土壤厚度约为 10 cm。采集 0 ~ 10 cm 土壤剖面，计算了单位面积土地上沉降到土壤的大气 POPs。纳木错草地土壤 HCHs、HCB 和 DDTs 的储量分别为 0.1 μg m^{-2}、0.2 μg m^{-2} 和 12 μg m^{-2}。

　　生长季选择优势草种紫花针茅和委陵菜开展牧草吸附大气 POPs 的研究。牧草 POPs 的浓度统计数据见表 6.3。α-HCH、HCB 和 p, p′-DDE 的浓度水平分别为 BDL-75.4 pg g^{-1} dw、4.1 ~ 2.27 × 10^2 pg g^{-1} dw 和 BDL-88.3 pg g^{-1} dw。

　　牧草 POPs 浓度随生长时间的变化趋势可以用一条曲线来拟合，其拟合方程为

$$y = A(1 - e^{-(1/k)x}) + y_0 \tag{6.1}$$

式中：y 为牧草 POPs 浓度，pg g^{-1} dw；A 为气 - 草交换平衡时牧草中增加的 POPs 浓度，pg g^{-1} dw；y_0 为牧草中 POPs 的初始浓度，pg g^{-1} dw；k 为交换平衡时的时间，天；x 为生长时间，天。

　　若 k 值很小，说明气 - 草交换在很短时间内平衡；反之，若 k 值大于生长季的时间，则生长季气 - 草交换达不到平衡状态。紫花针茅在生长季吸附 o, p′-DDT 的动态变化过程及拟合结果见图 6.4。o, p′-DDT 拟合曲线的 k 值为 79 天，说明气 - 草交换可能在 79 天左右达到平衡状态。但是从趋势线可以看出，即使在生长季末期，o, p′-DDT 的浓度仍然在升高。委陵菜 o, p′-DDT 的拟合也得到相似的趋势。这说明牧草吸附 DDTs 的过程未达到平衡状态，在纳木错生长季的牧草一直持续地吸收大气中的 DDTs。

表 6.3　纳木错牧草 POPs 浓度统计数据　　（单位：pg g^{-1} dw）

化合物	平均值	标准偏差	最小值	最大值
α-HCH	19.6	12.8	BDL	75.4
β-HCH	80.6	76.0	6.0	382
γ-HCH	13.6	12.1	BDL	62
δ-HCH	0.7	2	BDL	13.0
HCHs	114	83	10.3	409
HCB	95.4	50.1	4.1	227
o,p'-DDE	10.3	9.6	BDL	55.7
p,p'-DDE	16.6	13.5	BDL	88.3
o,p'-DDT	109	64.7	BDL	280
p,p'-DDT	97.0	81.4	BDL	354
DDTs	233	150.2	BDL	684
PCB-28	4.1	8.3	BDL	52.6
PCB-52	4.7	2.9	BDL	12.8
PCB-101	7.6	4.6	BDL	27.9
PCB-153	2.5	2.5	BDL	13.2
PCB-138	4.8	13.5	BDL	80.9
PCB-180	1.3	4.9	BDL	38.1
PCBs	24.8	23.7	BDL	172

POPs 沿大气 - 牧草 - 牦牛这条食物链的富集程度可以用大气 - 牧草分配系数 (K_{pa}) 和生物富集系数 (biological concentration factor，BCF) 量化。K_{pa} 是表征叶片富集大气 POPs 能力的参数，其物理意义为单位质量的叶片能够富集的大气体积 (m^3)。K_{pa} 值越大说明植被吸附化合物的能力越强。BCF 是用来描述生物体从其生长环境富集化学物质的参数。牦牛的 BCF 用酥油与牧草 POPs 浓度的比值表示，BCF 的结果见表 6.4 (Wang et al.，2015a)。大多数化合物的 BCF 值都大于 1 (表 6.4)，表示这些化合物在牦牛体内发生了生物富集 (Wang et al.，2015a)。p,p'-DDE 的 BCF 值最高，平均值为 131 (表 6.4)。p,p'-DDT 的 BCF (=1.2，表 6.4) 低于 p,p'-DDE，这表明牦牛新陈代谢 p,p'-DDT 的能力大于持久性更强的 p,p'-DDE (Wang et al.，2015a)。以上结果表明 POPs 进入草地生态系统并随食物链发生了传递、转化和富集。

2. 森林

森林具有丰富的有机质含量，森林灌层广阔的表面积能够有效富集大气 POPs。森林对 POPs 的富集能力可以用叶片与大气 POPs 浓度的比值 ($C_{叶片}/C_{大气}$) 表征。喜马拉雅南坡森林覆盖区，POPs 的 $C_{叶片}/C_{大气}$ 随海拔升高均呈现上升趋势 (HCB 和 PCB-52 除外，图 6.5) (Gong et al.，2014)，这说明高海拔森林灌层富集 POPs 的能力更强。

树叶富集的 POPs 会随凋落物进入土壤。在喜马拉雅南坡断面上采集的林内 / 林外土壤也发现 (Gong et al.，2014)，森林土壤 POPs 浓度相对较高 (图 6.6 中绿色箭头处)，

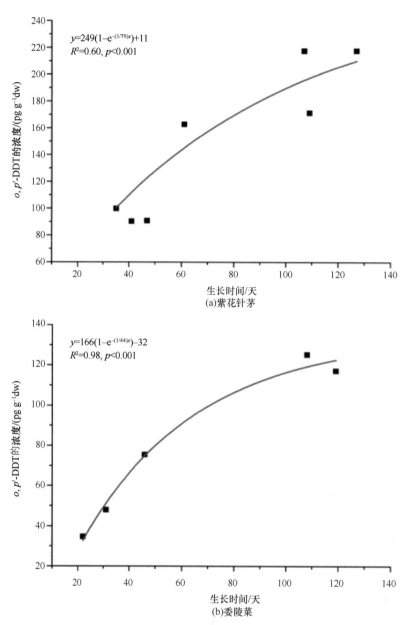

图 6.4　生长季紫花针茅和委陵菜对 o,p'-DDT 的富集（未发表数据）

这说明森林土壤是 POPs 的储库。喜马拉雅南坡森林土壤（海拔 2485 m）中还检测到 o,p-DDT、p,p-DDT、p,p-DDE、PCB-52、PCB-138 和 PCB-153 的极值（图 6.6）(Gong et al.，2014)。森林土壤有机质含量高，对 POPs 具有较强的富集能力，可能成为 POPs 永久的储库。

此外，采集藏东南色季拉山南北坡森林土壤剖面样品，进一步分析了 POPs 对森林生态系统的影响。依据土壤性状将土壤剖面样品分为有机质层与矿物质层。有机质层又根据其有机质的分解状况分为 O_i 层、O_e 层及 O_a 层。矿物质层分为 A 层与 B 层。O_e 层是土壤有机质层中有机质分解比较完全的土壤发生层，在森林地区的土壤剖面中

表 6.4 大气 - 牧草转化系数（K_{pa}）和生物富集系数（BCF）

指标	K_{pa}/(L kg^{-1} dw)		BCF	
	平均值	标准差	平均值	标准差
α-HCH	5.4	4.8	52.4	46.9
γ-HCH	10.9	8.9	12.6	11.5
HCB	7.9	2.1	69.2	65.3
o,p'-DDE	12.9	11.3	127	198
p,p'-DDE	17.6	15.7	131	69.1
o,p'-DDT	34	58.4	2.8	4.8
p,p'-DDT	326	287	1.2	1.6
PCB-52	6.4	7	10	9.9
PCB-101	31.3	36.8	16.5	12.1
PCB-153			45.6	55.8
PCB-138			35.3	40.7
PCB-180			60.5	108

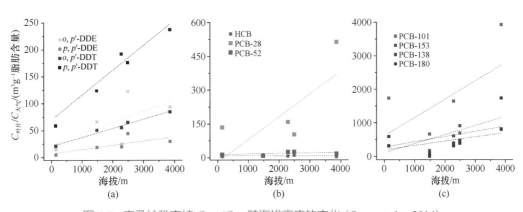

图 6.5 喜马拉雅南坡 $C_{叶片}/C_{大气}$ 随海拔高度的变化（Gong et al., 2014）

较为多见。O_e 层 POPs 的浓度分别为：DDTs，4.5 ～ 14.1 pg g^{-1}dw；HCHs，0.1 ～ 2.9 pg g^{-1}dw；HCB，0.2 ～ 0.7 pg g^{-1}dw；PCBs，0.1 ～ 0.3 pg g^{-1}dw（Wang et al., 2014）。色季拉山不同坡向之间，阳坡森林土中化合物的浓度稍高于阴坡（图 6.7）。林内土壤 O_e 层 POPs 的浓度显著高于林外土壤：DDTs、HCHs 和 HCB 的浓度在海拔 4400 m 处分别是林外土壤的 5.7 倍、8.9 倍和 1.6 倍；海拔 4170 m 处分别是林外 O_e 层中浓度的 9.3 倍、5.7 倍、0.8 倍（Wang et al., 2014）。这与前文的"森林过滤效应"是一致的，再次证明森林土壤对 POPs 具有较强的存储能力。

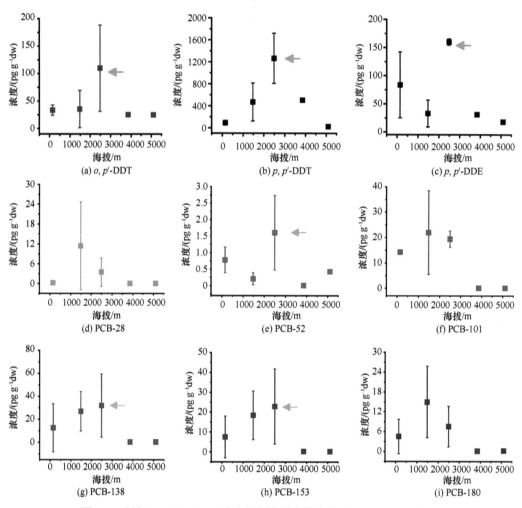

图 6.6　土壤 DDTs 和 PCBs 浓度随海拔梯度的分布（Gong et al.，2014）

　　为了分析 POPs 在土壤垂直方向的迁移与循环，按照 O_i、O_e、O_a、A、B 层的顺序由表层至底层采集样品，并逐层分析土壤中 POPs 类化合物的浓度。在所有的土坑剖面中，O_i 层（凋落物层）中 POPs 浓度高于其他土层，而 POPs 从 O_a 层到矿物质层浓度迅速下降（Wang et al.，2014）（图 6.8）。

　　大气 - 地表沉积通量可以通过凋落物层中 POPs 的储量和凋落物年代来估算。大气 - 地表沉积通量 F_{O_i}（ng m^{-2} a^{-1}）一般用凋落物的降解速率来估算。估算的凋落物降解速率（t_{O_i}）为 $16.8 \sim 25.6$ 年（Wang et al.，2014）。基于估算的色季拉山南坡和北坡 O_i 层的质量（m_{O_i}，3.39 kg m^{-2} 和 2.02 kg m^{-2}），获得的 DDTs 沉积通量分别为 5.28 μg m^{-2} a^{-1} 和 2.38 μg m^{-2} a^{-1}（Wang et al.，2014）。

3. 农田

　　农田是粮食的主产区，农田污染物将会通过饮食对人体健康产生影响。农田是最

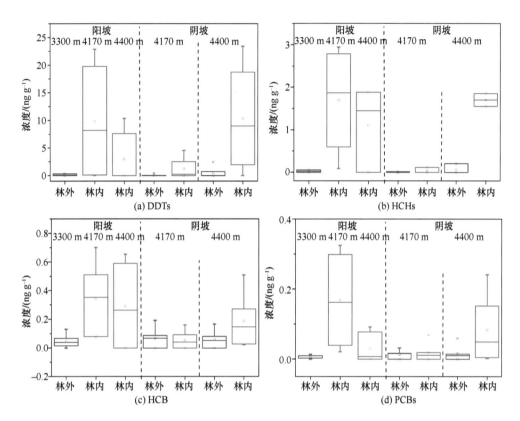

图 6.7 色季拉山南北坡 O$_e$ 层中 POPs 浓度的海拔梯度分布（Wang et al.，2014）

框代表四分距，框中点为浓度均值，框中线为中值

大可能存在农药使用的区域。对青藏高原农田土壤及农作物开展了全面的调查，以期判断青藏高原地区是否存在农药的本地使用，其污染水平如何。

农田土和农作物 DDTs 和 HCHs 的浓度统计数据见表 6.5。农田土 DDTs 和 HCHs 的浓度范围分别为 BDL-41.6 ng g^{-1} 和 BDL-8.36 ng g^{-1}，平均值分别为 1.36 ±5.71 ng g^{-1} dw 和 0.349 ±1.22 ng g^{-1} dw（Wang et al.，2016a），远低于《土壤环境质量》国家一级标准（50 ng g^{-1}）。这与青藏高原背景土壤 DDTs 和 HCHs（0.882 ng g^{-1} 和 0.226 ng g^{-1}）（Wang et al.，2012）的浓度水平相当，这说明青藏高原农药的本地使用非常有限。青藏高原主要农作物青稞和油菜 DDTs、HCHs 的平均浓度分别为 0.661±1.27 ng g^{-1}、0.0364 ± 0.0415 ng g^{-1} 和 1.03±1.89 ng g^{-1}、0.0225± 0.0142 ng g^{-1}（Wang et al.，2016a）。

空间上看，西藏农田土 DDTs 和 HCHs 的最高值分别出现在林芝和昌都地区（Wang et al.，2016a），组成上均以降解产物（DDE 和 β-HCHs）为主（图 6.9）。青稞 DDTs 和 HCHs 的最高值都出现在林芝地区。拉萨和山南 HCHs 的浓度较低。

化合物同分异构体的比例经常用来判断污染物的来源。青藏高原农田土与农作物 DDTs 及 HCHs 的分子比率不同。农田土中 75% 的 (DDE+DDD)/DDT 值大于 1（图 6.10），农作物的 (DDE+DDD)/DDT 均小于 1，这说明农作物并未从土壤中吸收 DDTs。农作物 (DDE+DDD)/DDT 的平均值（青稞，0.229；油菜，0.140）与野生松针

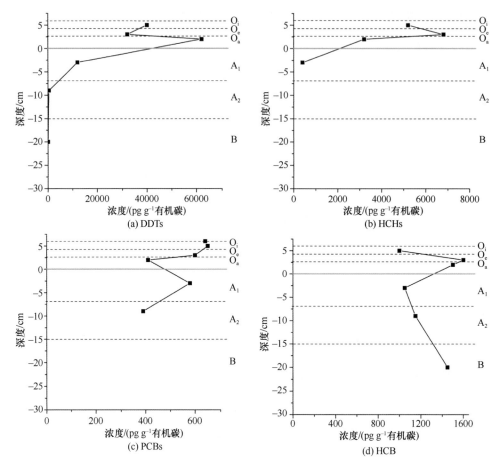

图 6.8 色季拉山阳坡（南坡）海拔 4400 m 林内土壤剖面中 POPs 的垂直梯度分布
（Wang et al.，2014）

表 **6.5** 农田土和农作物 **DDTs、HCHs** 的浓度统计数据 （单位：pg g⁻¹）

污染物	农田土				青稞				油菜			
	最小值	最大值	平均值	标准差	最小值	最大值	平均值	标准差	最小值	最大值	平均值	标准差
o, p'-DDE	BDL	97.8	9.5	18.7	BDL	26.2	8.2	5.8	BDL	8.9	3.8	3.3
p, p'-DDE	BDL	17120	728	2629	0.7	3999	181	650	14.4	150	46.8	57.8
o, p'-DDD	BDL	91.8	29.2	35.3	—	—	—	—	BDL	39.5	—	—
o, p'-DDT	BDL	4562	305	859	3.7	784	123	156	41.9	1092	270	460
p, p'-DDT	BDL	21308	6654	9951	2.8	3175	351	623	44.4	3118	704	1351
DDTs	BDL	41552	1361	5706	7.1	7768	661	1266	105	4408	1032	1888
α-HCH	1.9	265	35.3	49.9	BDL	60.1	12	12.1	0.4	14.6	8.0	6.4
β-HCH	BDL	7755	295	1168	BDL	147	17.4	30.8	BDL	16.5	6.5	6.8
γ-HCH	BDL	153	20.3	28.8	BDL	32.6	9.4	6.9	3.6	13.7	8.0	3.7
δ-HCH	BDL	189	18.6	34	BDL	BDL	—	—	BDL	BDL	—	—
HCHs	BDL	8362	349	1221	2.6	229	36.4	41.5	5.8	44.7	22.5	14.2

注：BDL 表示低于检出限

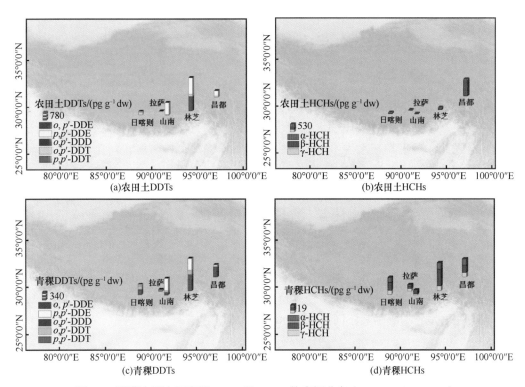

图 6.9　西藏农田土和青稞 DDTs 及 HCHs 的空间分布（Wang et al.，2016a）

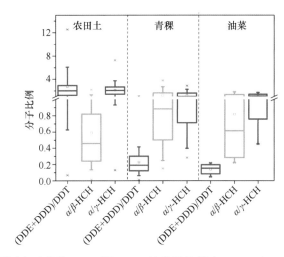

图 6.10　农田土与农作物 DDTs 和 HCHs 的分子比例（Wang et al.，2016a）

（0.18）（Yang et al.，2008a）及牧草（0.14）（Wang et al.，2015a）中的比值相似。青稞和油菜 α/β-HCH 及 α/γ-HCH 的平均值分别为 1.2、0.8 和 1.18、1.08，这也与野生松针及牧草中的比值非常接近（Wang et al.，2015a；Yang et al.，2013b）。以上结果表明农作物中的污染物与野生植物一样均来源于远距离大气传输的 POPs。综上所述，青藏高原农田中农药的使用非常有限，主要来源于外源污染物的输入。

6.2　水生生态系统中污染物的分布与影响

水生生态系统是全球生态系统的重要组成部分，且与整个生态系统中各物种的生存和发展密切相关。污染物进入水体后会在水生生态系统中不断累积，除了使水生生态系统遭受破坏，更通过水体—水生植物—水生动物直接或间接影响人类的健康和生存发展。因此，污染物在水生生态系统中分布与影响研究，对解决污染物的生态环境问题有至关重要的意义。

6.2.1　青藏高原河流水化学特征及风险评估

1. 青藏高原河流主要离子特征

青藏高原的河流总体可划分为三个水系：印度洋水系（IOWS）、太平洋水系（POWS）和高原内流水系（IRW）（图 6.11）。这三个水系由于气候、基岩、植被、径流等自然条件的差异造成了其不同的河水水化学特征。

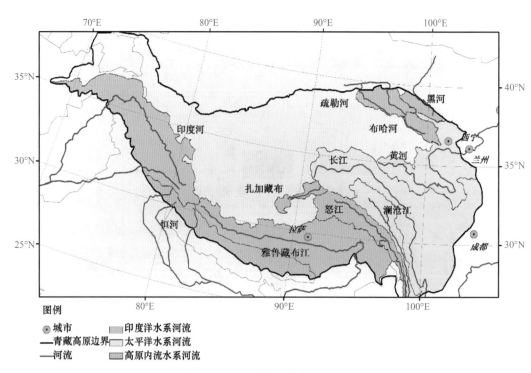

图 6.11　主要调查的青藏高原河流

印度洋水系的河流（恒河、雅鲁藏布江、怒江等）分布在青藏高原南部，沿喜马拉雅山脉呈东西走向。该地区河流水体的 TDS 分布在 121 mg L^{-1} 到 189 mg L^{-1} 之间，优势离子包括 Ca^{2+}、Mg^{2+}、HCO$_3^-$ 和 SO$_4^{2-}$。IOWS 河流中大部分主要离子（如 SO$_4^{2-}$）的浓度远远高于世界平均水平。河流中的离子浓度在很大程度上受流域内不同地质、气象和人类活动的影响。例如,喜马拉雅地区的年降水量不均,西部的年均降水量低于 200 mm,而东南部高于 5000 mm(Liu,1999),由于降雨径流的稀释效应,高降水量通常导致主要离子浓度较低。因此,雅鲁藏布下游的主要离子浓度(如 Ca^{2+} 小于 1 mg L^{-1},Mg^{2+} 约为 0.1 mg L^{-1})远低于印度河、恒河和雅鲁藏布江源区的(Ca^{2+} 为 1.4 mg L^{-1},Mg^{2+} 为 0.6 mg L^{-1})。尽管怒江地区与雅鲁藏布江中游地区类似,也有较大的降水量和较大的径流量,但该地区的 Ca^{2+}、Mg^{2+} 浓度分别为 1.2 mg L^{-1} 和 0.5 mg L^{-1},远高于雅鲁藏布江中游。可能归因于怒江河道(MWR,2015)的陡坡 (2.4‰)导致水流速度快,水土流失严重。

$Cl^-/(Cl^- + HCO_3^-)$ 或 $Na^+/(Na^+ + Ca^{2+})$ 质量比率与 TDS 可以提供控制地表水化学的主要自然机制的相对重要性信息(Gibbs,1970)。IOWS 河流中的 $Cl^-/(Cl^- + HCO_3^-)$ (<0.08)和 $Na^+/(Na^+ + Ca^{2+})$ (<0.08)均处在较低水平。其中等 TDS 浓度(约 160 mg L^{-1}), 表明 IOWS 河流中的主要离子来源以岩石风化为主导(图 6.12)。

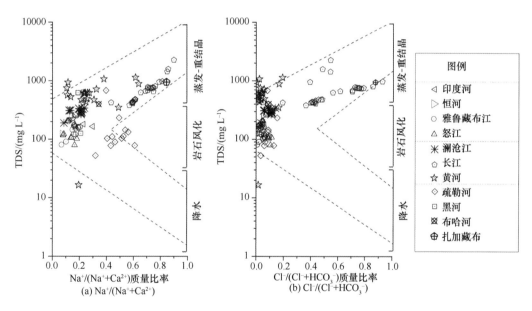

图 6.12 青藏高原河流 Gibbs 图

青藏高原河流主要离子相对当量三相图(图 6.13)显示 IOWS 河流中的离子分别位于 Ca^{2+}、Mg^{2+} 和 HCO_3^-、SO_4^{2-} 一端,表明该地区的河流具有 Ca-Mg-HCO$_3$-SO$_4$ 水化学类型(Qu et al.,2019)。此外,Ca^{2+}/SO_4^{2-} 的摩尔比大于 2.5,表明 H_2SO_4 不能代替 H_2CO_3 作为印度河、恒河、雅鲁藏布江和怒江河流岩石风化质子的来源。而 Ca^{2+} 和 HCO_3^- 约占总离子总量的 60%,可以推断 IOWS 河流的主要离子化学组成以碳酸盐岩风化为主。作为南部高原最大的河流,由于流域沿线的地质、气象和人类活动条件的变化,雅鲁藏布江的水化学类型由热泉中的 Ca-Mg-HCO$_3$-SO$_4$ 变为中下游的 Mg-Ca-SO$_4$-HCO$_3$。

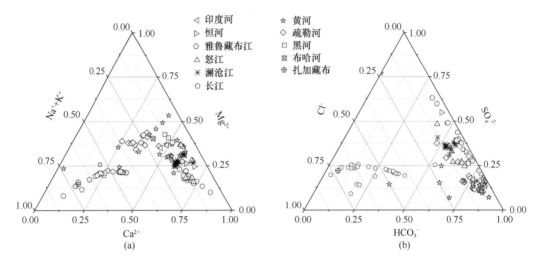

图 6.13　青藏高原河流主要离子相对当量三相图

　　不同类型基岩（如碳酸盐岩、硅酸盐岩和蒸发岩）的风化作用使溶解离子的组合不同，因此，河流中主要离子的浓度可以为流域提供化学风化相关信息（Li and Zhang，2008；Zhang et al.，2011a）。与主要离子如 Ca^{2+}、Mg^{2+}、HCO_3^- 和 SO_4^{2-} 相比，世界上大多数其他河流的浓度都较高，但 IOWS 河流中的 Cl^- 离子浓度较低。到目前为止，大多数研究都认为，河流水体中的 Cl^- 是由海洋的盐分输送沉降形成的，并且距离海洋越远，其浓度就越低（Stallard and Edmond，1981）。由于季风降水对喜马拉雅山区河流径流的贡献，其水化学成分不可避免地受到以印度季风为主的降水影响。然而，作为世界屋脊，高海拔的喜马拉雅山阻挡了从印度洋到青藏高原的大部分水汽通量，并降低了该地区的降水量（Shi and Yang，1985）。因此，IOWS 中河水 Cl^- 的浓度要低于世界上其他大部分河流。此外，发现雅鲁藏布江流域羊八井附近的河水平均 Cl^- 浓度超过 3 mg L^{-1}，远远高于雅鲁藏布江其他地区。这主要是由于该地区富含氯化物的羊八井地热泉，Cl^- 浓度高达 562.1 mg L^{-1}（Zhao，2000）。因此，地下水可能在 IOWS 河水的离子来源中起着至关重要的作用。尽管如此，IOWS 河流在青藏高原南部呈现低水平的 NO_3^-。然而，由于城市活动的增加可以导致河流含氮物质的增加（Tong et al.，2016；Westerhoff and Mash，2002），拉萨和日喀则附近地区的 NO_3^- 浓度（0.7 ～ 2.9 mg L^{-1}）均高于周围地区（0.03 ～ 0.9 mg L^{-1}）。因此，青藏高原及其周边地区的农业、工业和城市化等人类活动已经影响到该地区河水的化学成分（SCIO，2015）。

　　青藏高原太平洋水系（包括澜沧江、长江、黄河）主要分布在高原东部（图 6.12），其河水中的主要离子浓度高于 IOWS。研究发现，POWS 中 Mg^{2+} 和 SO_4^{2-} 的平均浓度分别为 24 mg L^{-1} 和 80 mg L^{-1}，远高于世界平均水平。POWS 河流中的 TDS 呈现出的较大变化（137 ～ 737 mg L^{-1}），优势离子在 POWS 河流中呈现出不同的特征。例如，黄河和澜沧江的优势离子为 Ca^{2+}、Mg^{2+}、HCO_3^- 和 SO_4^{2-}。据估计，这两条河流中的 $Ca^{2+} + Mg^{2+}$ 和 $HCO_3^- + SO_4^{2-}$ 离子分别占阳离子和阴离子总量的 84% 和 91%。青藏高原黄河源区 HCO_3^- 浓度高达 385 mg L^{-1}，比全球平均水平高出 7 倍以上。与黄河和澜沧江的 Ca-Mg-HCO$_3$-SO$_4$ 水化学类型不同，长江，特别是其上游源头（沱沱河），其河水为典型的 Na-Ca-Cl-HCO$_3$ 型。高浓度的 Ca^{2+}、Mg^{2+}、Na$^+$ 和 Cl$^-$ 是构成长江中高 TDS 的优势离子。长江上游 Na$^+$ 和 Cl$^-$ 的平均浓度分别为 147 mg L^{-1} 和 267 mg L^{-1}，是青藏高原和世界其他河流的 20 倍以上。随着河流下游流量的增加，长江中下游的 Na$^+$ 和 Cl$^-$ 浓度呈下降趋势，高原下游河水也随之转变为 Ca-Na-HCO$_3$-Cl 型（Qu et al.，2019）。

黄河和澜沧江的离子主要分布在离子三相图的 Ca^{2+}、Mg^{2+}、HCO$_3^-$ 和 SO$_4^{2-}$ 一端（图 6.13）。这两条河流中的 Ca^{2+}+ Mg^{2+} 和 HCO$_3^-$ + SO$_4^{2-}$ 分别占阳离子和阴离子通量的 84% 和 91%。在 POWS 的河流中，Ca^{2+}、Mg^{2+} 和 HCO$_3^-$、SO$_4^{2-}$ 之间存在良好的相关性（$r > 0.7$），表明流域内这几种离子具备类似的来源。Gibbs 图表明，化学风化是影响黄河和澜沧江水体化学组成的主要因素（图 6.13）。青藏高原工业活动很少，河流中的 HCO$_3^-$ 一般来自碳酸岩风化作用（Huang et al.，2009），SO$_4^{2-}$ 则可能来自蒸发岩的溶解（Han and Liu，2004）。(Ca^{2+}+ Mg^{2+})/(SO$_4^{2-}$+ HCO$_3^-$) 的摩尔当量比大约为 1，说明 POWS 河流的离子主要是由碳酸盐和硫酸盐矿物风化产生而不是硅酸盐矿物风化。此外，在长江流域，SO$_4^{2-}$ / HCO$_3^-$ 值从高原地区到下游呈现下降的趋势，表明自上游到下游，硫酸盐矿物风化程度相比之下不及碳酸盐矿物。

在黄河和澜沧江，岩石风化是影响河流离子化学的主导因素。但由于长江上游蒸发强烈，降水偏少，该区域主要离子化学特征受蒸发结晶作用影响显著。长江源支流（布曲、当曲、楚玛尔河和沱沱河）的 Na$^+$ 和 Cl$^-$ 浓度可以高达 400 mg L^{-1}（Qu et al.，2015），位于离子三相图的 Na$^+$ 和 Cl$^-$ 一端（图 6.13）。据估计，长江源区离子总量的 70% 以上是由 Na$^+$ 和 Cl$^-$ 组成的。长江上游 Na$^+$ 和 Cl$^-$ 离子的当量比（$r^2 > 0.99$）具有显著的一致性，表明河流中离子的地下水来源。该地区分布大量的地下水，其水化学类型大部分为 Na-Cl-HCO$_3$ 型（周立，2012）。与黄河和澜沧江不同，长江上游主要离子同时受到地下水和蒸发结晶过程的影响。长江上游河水中 K$^+$ 的浓度极低，说明该地区含钾类的矿物风化率很低。此外，因为大多数 SO$_4^{2-}$ 型热泉都埋藏很深，所以通常不会对地表河流的化学成分造成显著影响（Han and Liu，2004）。

人类活动（例如农业活动、城市扩张、化石燃料燃烧等）对全球河流中的溶解性物质，特别是 NO$_3^-$ 和 SO$_4^{2-}$ 有显著贡献（Cheung et al.，2003；Lara et al.，2001；Meybeck，2003；Suthar et al.，2010）。与世界其他河流相比，POWS 河流的水化学组成表现出更高的主要离子浓度。其中 NO$_3^-$ 和 SO$_4^{2-}$ 浓度值不仅高于欧洲、非洲、北美洲、南美洲的水平均值，而且高于亚洲的平均水平。由于降水量低、蒸发量大、土壤侵蚀与岩石风化严重，以及广泛分布在该地区的咸水湖和地下水，导致该地区河流检测出的大部分离子（包括 Ca^{2+}、Mg^{2+}、Na$^+$ 和 Cl$^-$）的浓度高于世界河流平均水平的 1 ～ 2 倍。由于青藏高原地处世界人口最多的两个地区（南亚和东亚）的包围，研究者们已经发现污染物可以通过大气环流干湿沉降到青藏高原（Tripathee et al.，2014a；Zhang et al.，2012b）。据报道，由于高原及其周边地区工农业等人为活动增加，长江流域 50 年来 SO$_4^{2-}$ 浓度一直在升高（Chen et al.，2002）。但是，人为活动对青藏高原河流离子含量的影响目前还很难量化，因此，未来的研究应当采取更多的技术手段（如同位素等）对青藏高原河流进行离子来源的定性和定量分析（Lee et al.，2008；Voß et al.，2006）。

青藏高原的内流河（如疏勒河、黑河、布哈河和扎加藏布）主要分布在高原北部。与 POWS 河流相似，IRW 河流中的离子浓度也高于世界其他河流。例如，由于降水量少，蒸发强烈，并且流域内存在咸水湖（如色林错）（Wang et al.，2013a），扎加藏布的 TDS 高达 947 mg L^{-1}，几乎是全球平均水平的 8 倍。扎加藏布河流水体主要受蒸发 - 再结晶过程控制，其河中主要离子 Na$^+$ 和 Cl$^-$ 占离子总量的 70% 以上。高原北部的河流，如布哈河、疏勒河、黑河等内陆河流的 TDS 和 Na$^+$、Cl$^-$ 浓度均低于扎加藏布，这主要是由于青藏高原北部的河流受到来自祁连山冰川融水的稀释作用（Hu et al.，2011；Li et al.，2003；Li et al.，1998）。

青藏高原北部 IWR（$r^2 > 0.8$）河流中 Ca^{2+}，Mg^{2+} 和 HCO$_3^-$ 相关性较好。如 Gibbs 图（图 6.13）所示，布哈河、疏勒河和黑河的化学成分主要来自岩石和土壤的侵蚀风化作用。（Ca^{2+}+Mg^{2+}）/ HCO$_3^-$ 的当量摩尔比大约为 1，表明 IRW 河流中的 Ca^{2+}、Mg^{2+} 和 HCO$_3^-$ 来自富含钙和镁矿物的碳酸岩风化作用（Huang et al.，2009）。Na$^+$ 和 Cl$^-$（$r^2 > 0.7$）之间存在显著相关性，表明地下水应该是该地区河流溶解 Na$^+$ 和 Cl$^-$ 的重要来源（Qu et al.，2015；赵伟等，2015）。同时，由于芒硝等矿物在该地区的广泛分布（赵伟等，2015），Na$^+$ 和 SO$_4^{2-}$ 之间的相关性（r^2）高达 0.86，Na$^+$/（Cl$^-$ + SO$_4^{2-}$）的当量摩尔比大约为 1。另外，研究发现位于干旱的高原北部和中部的河流，其河流的 TDS 水平通常比较高。例如，扎加藏布，还有黄河源、长江源，其局地 TDS 可以高达 900 mg L^{-1}（Qu et al.，2019）。

2. 青藏高原河流微量元素特征

天然水域（如河流和湖泊）中微量元素通常被定义为浓度低于 1 mg L^{-1}（Gaillardet et al.，2003）。尽管在天然水体中微量元素的浓度很低，它们在人类健康中起着重要作用（WHO，2011）。下面将讨论青藏高原河流微量元素的特征及其可能的来源，评估其对该地区居民的潜在风险。

表 6.6 列出了青藏高原河流 22 种微量元素的浓度。通常，微量元素在天然水体中的存在不是独立的。在青藏高原的河水中，溶解的化学成分受到岩性风化、水的酸碱度、地下水以及人类活动的影响（Huang et al.，2009；Qu et al.，2015；Qu et al.，2017b；Zhang et al.，2015b）。由于海拔较高，青藏高原的土壤发育较弱，大部分河流（雅鲁藏布江除外）溶解态微量元素都低于世界上其他大部分河流（Qu et al.，2017b）。特别是在恒河源区，大部分元素的浓度处于相关仪器检测限以下。研究者们普遍认为，全球地表水中的微量元素水平受水体酸碱度影响显著，这种影响是由元素的溶解特性决定的（Dupré et al.，1996；Gaillardet et al.，2003）。青藏高原河流水体碱度较高，pH 值为 7.9 ～ 9.3。pH 值升高通常意味着元素在河水中的溶解度降低。例如，长江源区的高 pH（约 8.8）导致 Al 和 Fe 的浓度较低，说明碱性水环境中的 Al 和 Fe 很容易发生沉淀。尽管青藏高原河水中大多数的元素浓度很低（Gaillardet et al.，2003），基岩来源的微量元素如硼（B）、钡（Ba）、钛（Ti）、铷（Rb）、锶（Sr）和铀（U）在 IWR 的河流中处在较高水平，表明该区域内基岩的风化程度较高（Fan et al.，2010）。高含量的砷主要出现在青藏高原中南部

的河流中，例如，雅鲁藏布江流域（10.5 μg L⁻¹）和印度河流域（13.7 μg L⁻¹），主要是该地区分布众多富含砷的泉水导致的。梧桐河（134.7 μg L⁻¹）和扎加藏布（454.4 μg L⁻¹）中的高浓度锂（Li）被认为是受该地区富锂盐湖的影响（Zhao，2003）。此外，由于富含矿物质的盐水和盐湖的存在，长江上游平均 Rb 浓度高达 654.6 μg L⁻¹，比世界河流的中值（1.6 μg L⁻¹）高出两个数量级（Gaillardet et al.，2003）。

表 6.6　青藏高原河流中主要元素的含量　　　　　（单位：μg L⁻¹）

	河流	Al	As	B	Ba	Cd	Cr	Cs	Cu	Fe	Hg	Li
IOWS	印度河	＜8.8	13.7	10.4	5.6	N.D.	2.0	6.0	0.4	N.D.	—	134.7
	恒河	＜0.2	N.D.	＜0.04	N.D.	N.D.	N.D.	N.D.	N.D.	0.4	—	N.D.
	雅鲁藏布江	20.6	10.5	—	12.0	1.0	2.7	6.0	1.4	—	1.46～4.99	33.0
	怒江	20.7								19.7		10.1
POWS	澜沧江（湄公河）	14.75								2.55		17.55
	长江	—	N.D.	66.3	46.9						1.7	—
	黄河	10.2	1.2	68.5	90.9	＜0.007	1.8	＜0.02	1.0	154.1		8.2
IRW	布哈河	18.2	0.9	135.1	110.4	N.D.	2.0	＜0.02	1.4	197.5		11.2
	黑河	10.5	0.8	78.4	78.1	＜0.01	1.2	＜0.02	0.9	186.6		8.4
	疏勒河	31.4	1.4	234.5	52.7	＜0.004	2.0	＜0.03	0.8	198.1		20.5
	扎加藏布	38.8	5.7	—	43.8	N.D.	2.4	2.1	0.8	—		454.4
世界平均值		32	0.62	10.2	23	0.08	0.7	0.011	1.48	66	—	1.84

	河流	Mn	Mo	Ni	Pb	Rb	Sb	Sr	Ti	Tl	U	Zn
IOWS	印度河	0.4	N.D.	0.7	N.D.	1.9	N.D.	89.8	0.3	＜0.005	1.6	0.2
	恒河	N.D.	N.D.	N.D.	N.D.	0.1	N.D.	0.1	＜0.03	＜0.002	N.D.	N.D.
	雅鲁藏布江	12.8	1.2	1.8	5.6	3.4	3.4	149.5	7.8	＜0.007	2.2	9.8
	怒江	3.8	1.2						0.75			5.2
POWS	澜沧江（湄公河）	1.7	1.2						0.55			4.3
	长江	—	—	—	N.D.	605.0	—	755.0	1.9	5.3		4.4
	黄河	3.3	0.6	1.0	0.1	0.6	1.4	276.9	0.9		1.8	4.4
IRW	布哈河	3.8	0.6	1.1	＜0.05	0.6	1.0	364.9	1.1	N.D.	1.6	3.7
	黑河	2.6	1.4	1.3	＜0.02	1.4	0.2	366.1	0.7	＜0.004	3.2	1.7
	疏勒河	6.3	2.3	1.1	0.1	0.9	1.9	433.6	1.7	＜0.01	3.6	1.5
	扎加藏布	0.3	—	1.0	0.0	23.4	—	1295.0	1.1	—	1.7	0.4
世界平均值		34	0.4	0.8	0.08	1.63	0.07	60.0	0.49		0.37	0.6

注：N.D. 指数据低于检出限；世界河流元素的平均值引自 Gaillarde 等（2003）

雅鲁藏布江中 Cd、Cr、Pb、Zn 等重金属含量是青藏高原和世界其他河流的 3～10 倍。青藏高原河流中重金属元素含量的升高同时也表明人类对局地河流水体元素的贡献。在雅鲁藏布江流域分布着丰富的矿藏（如铜矿石和铅锌矿石）（Qu et al.，2007；She et al.，2005），研究者已经发现雅鲁藏布江流域的采矿活动已经对该地区河流造成了一定的污染。此外，城市污水的排放也构成了对青藏高原河流水质的威胁（Huang et al.，2011b；Huang et al.，2009；Qu et al.，2017b）。青藏高原河流中溶解氮浓度升高可以表明城市活动对河流水质的影响（Huang et al.，2011b；Qu et al.，2017b）。例如，在兰州附近的黄河段，以及流经城市的拉萨和日喀则附近的雅鲁藏布江河段，其溶解态氮浓度明显高于高原其他大部分河流。除了采矿作业和城市废水等人类活动污染物直接排放，河水中元素的来源还可以是风吹土壤颗粒、森林火灾灰烬、化石燃料（如煤和石油）和生物质燃烧等污染物在大气传输过程中的干湿沉降（Gaillardet et al.，2003）。在局地和全球尺度内，通过大气输入到河水中的元素不容忽视。然而，由于气溶胶在大气中具备长距离传播的能力，根据高原现有的观测数据很难确定高原河水中元素来自大气的确切比例，因此，要研究人为活动对青藏高原河流化学的影响，需要开展长时间多技术手段的观测研究。

3. 青藏高原主要河流溶解态有机碳特征与来源

全球范围内河流输出并汇入海洋中的可溶性有机碳（DOC）是全球碳循环的重要组成，同时也影响着气候系统辐射强迫（Aufdenkampe et al.，2011）。大部分 DOC 进入水体环境后会沉积或者暂存于洪泛平原或者水库，也会通过光化学和生物过程发生降解（Aufdenkampe et al.，2011；Lapierre et al.，2013；Spencer et al.，2015）。由于全球气候变化和人类活动的影响，DOC 作为陆地生态系统碳的一个重要来源，其在水体系统中的重要性越来越高（Freeman et al.，2001）。近期的研究表明，在高纬度的极地生态系统中，陆生源的较老的有机碳（距今 1000 ～ >21000 年）大部分能被微生物降解并利用（Vonk et al.，2013）。这种现象也同时出现在北温带地区和澳大利亚北部热带地区的河流和湖泊中（Fellman et al.，2014；McCallister and del Giorgio，2012），表明老碳也能参与到碳的生物化学循环中。

随着全球气候变暖，极地生态系统也处于持续的极速变暖的过程（Pithan and Mauritsen，2014）。极地的变暖使得储存在冻土中数量巨大的老碳不断地释放到河流等水体中（Freeman et al.，2004；Mann et al.，2012；Pithan and Mauritsen，2014；Schuur et al.，2015），这些释放出来的碳大部分会被降解并转化为 CO_2（Spencer et al.，2015）。青藏高原作为地球的第三极和地球上最高、最大的高原，也分布着大范围的冻土（Yang et al.，2010b）。研究表明 1996 ～ 2001 年由于气候变化导致青藏高原的冻土活动层厚度增加了 0.15 ～ 0.50m（Yang et al.，2010b）。青藏高原巨大的碳储量 12.3 Pg（1 Pg=10^{15} g）（Yang et al.，2010b）和其上流淌的数十条河流（例如，长江、黄河、雅鲁藏布江等）（Cheng and Wu，2007），及其对气候变化的敏感性，青藏高原土壤中的老碳也会释放出来，并最终进入大气。

（1）青藏高原主要河流 DOC 输出。河水样品于 2014 年丰水期在黄河、长江和雅鲁藏布江流域进行采集（图 6.14 和表 6.7）。黄河、长江和雅鲁藏布江平均的 DOC 浓度分别为 2.09±0.41 mg C L^{-1}、1.88±0.81 mg C L^{-1} 和 1.16±0.31 mg C L^{-1}，远低于热带（6.69±0.36 mg C L^{-1}）、温带（4.40±0.16 mg C L^{-1}）和北极河流（6.12±0.23 mg C L^{-1}）的平均值（Butman et al.，2014；Qu et al.，2018；Raymond et al.，2007）。流域土壤有机碳密度可以有效影响河流 DOC（Aitkenhead et al.，1999）。这意味着，河流流经一个有较高密度 SOC 的区域通常会具有更高浓度的 DOC。然而，据估计青藏高原的

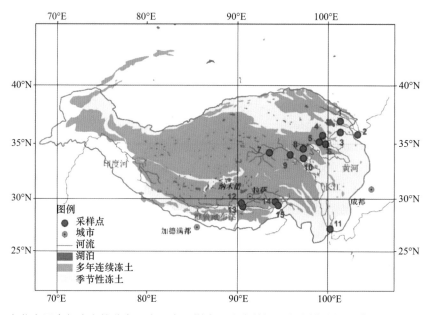

图 6.14　青藏高原多年冻土的分布和本研究采样点及降水数据所在台站的位置（Qu et al., 2017a）。
冻土分布的数据引自（Li and Cheng，1996）

表 6.7　本研究河流的采样点信息

河流	纬度（N）	经度（E）	高度 /m	冻土 / 流域面积 /%	类型	样品号	采样位置
黄河	36°54.302′	100°59. 926′	3006	24.06	T*	1	湟水
	36°08.238′	103°36. 577′	1525	33.68	M	2	兰州
	36°02.502′	101°24. 316′	2196	28.49	M	3	贵德
	35°43.306′	99°32. 847′	3796	47.27	S	4	水塔拉
	35°00.774′	98°04. 050′	4241	63.70	S	5	玛多
	35°03.939′	98°42. 220′	4475	100	S	6	温泉
长江	34°13.368′	92°26.308′	4540	100	M	7	沱沱河
	34°05.963′	97°37. 847′	4701	100	S	8	扎曲
	32°58.924′	97°14. 054′	3520	70	T	9	小扎曲
	32°59.646′	97°14. 963′	3521	94.94	M	10	通天河
	26°53.896′	100°01.430′	1824	n.d.	M	11	石鼓
雅鲁藏布江	29°21.952′	90°51.915′	3595	0	T	12	拉萨河
	29°16.649′	90°48.615	3585	9.31	M	13	曲水
	29°26.862′	94°27.022′	2932	2.22	T	14	尼洋河
	29°21.325′	94°24.046′	2927	12.20	M	15	林芝

注：“M”、“T”和“S”分别代表河流主河道、支流和小河

土壤有机碳仅为 6.5 kg m^{-2}，远低于在北极的阿拉斯加和世界上其他大多数热带和温带地区（Aitkenhead et al.，1999；Alexander et al.，1989；Kimble et al.，1990；Yang et al.，2008b）。青藏高原河流 DOC 浓度低也可能是由于 DOC 易分解所致。本研究测量了青藏高原水中 DOC 和 DON 的比值（DOC/DON，C/N），这通常是衡量溶解有机物的生物可用性的一个指标（Wiegner et al.，2006）。青藏高原河流的平均 C/N 约为 8.1（表 6.8），远低于全球平均值（22.1）（Meybeck，1982）。低 C/N 值通常意味着溶解有机物更容易分解成二氧化碳（Thurman，1985）。此外，据报道，大多数河流源于土壤侵蚀的 DON 和低分子量的有机氮生物可利用度高（Chen et al.，2010），这表明青藏高原河流大部分的碳可以用于生物新陈代谢（Wiegner et al.，2006）。因此，与北极大型河流相比，虽然青藏高原三条河流汇水面积上的径流深相当或高于大型北极河流的均值（Raymond et al.，2007），高原三条河流流域内年平均 DOC 产量（0.41±0.19 g C m^{-2} a^{-1}）远低于大型北极河流输入北冰洋的 DOC 产量（1.6 g C cm^{-2} a^{-1}）（Raymond et al.，2007）。

表 6.8　本研究三条河流的流量、DOC 含量、C/N 和 DOC 的通量

地区	河流	流量 /(10^9 m^3 a^{-1})	DOC/(mg L^{-1})	C/N	DOC 通量 /(Gg C)
青藏高原	黄河	31.3	2.09	5.1	65.4
	长江	44.5	1.88	8.6	83.7
	雅江	139.5	1.16	10.6	161.9

注：1 Gg=10^{9}g

　　这三条河流的平均 DOC 浓度从西北到东南随着降水量和温度的增加而升高（Xu et al.，2008）。降雨和温度很大程度上影响青藏高原的植被和土壤有机碳在地表的分布（Xu and Liu，2007）。青藏高原西南部分布着高比例的草地甚至森林，而在青藏高原的中部和西北部，分布着大面积的高山植被。不同的 SOC 存储在不同植被类型的土壤中（Wang et al.，2008a；Wang et al.，2002；Yang et al.，2008b）导致高原东南部河流的 DOC 具有较高的浓度。基于青藏高原边缘地区台站 DOC 排放和浓度的测量，估计高原三江 DOC 总计输出为 0.31 Tg C（1 Tg = 10^{12}g）（表 6.8）。

　　（2）青藏高原主要河流 DOC 碳同位素组成。青藏高原长江、黄河和雅鲁藏布江上游 ^{13}C 平均测量值分别为 –25.8‰±1.5‰、–25.9‰±0.7‰ 和 –25.1‰±1.8‰。这些值与高原表层土壤的 ^{13}C 值相近（Lu et al.，2004），反映了陆地有机物的典型值（Raymond and Bauer，2001）。青藏高原河流 DOC 的平均 ^{14}C 年龄是 511±294（a BP）。雅鲁藏布江的支流（尼洋曲，地点 14，表 6.9)具有最年轻的 DOC 测年年龄，该河流经青藏高原南部气候相对温暖湿润、植被覆盖率高的地区。雅鲁藏布江 DOC 的年龄（310±347 a BP）小于黄河（539±220 a BP）和长江（669±289 a BP）（图 6.15），而后两条河流流域的冻土覆盖范围更大。

　　（3）青藏高原主要河流老碳的潜在来源。和世界的其他地区河流 DOC 相比，青藏高原河流 DOC 的 ^{14}C 偏负且在全球碳循环中代表老碳的碳库（Marwick et al.，2015）（图 6.15）。例如，青藏高原河流中 DOC 年龄老于北极和热带的河流。此外，由于

表 6.9　本研究的河水样品号、DOC 含量和同位素组成

河流	样品号	DOC/(mg C L^{-1})	放射年龄 /(a BP ± stdev)	^{14}C/(‰ ± stdev)	^{13}C/‰
黄河	1	1.96	350 ± 20	−50.2 ± 3	−26.9
	2	2.27	420 ± 15	−58.3 ± 2	n.d.
	3	2.09	955 ± 20	−119 ± 2	n.d.
	4	2.60	405 ± 15	−56.6 ± 2	−25.5
	5	1.37	590 ± 15	−77.8 ± 2	−23.9
	6	2.22	515 ± 20	−69.6 ± 3	−26.9
长江	7	0.99	855 ± 25	−108 ± 3	−26.5
	8	2.28	600 ± 15	−79.2 ± 2	−26.5
	9	3.04	930 ± 25	−116 ± 3	−25.5
	10	1.33	290 ± 20	−42.7 ± 3	n.d.
	11	1.79	n.d.	n.d.	−25.1
雅鲁藏布江	12	1.29	260 ± 25	−39.2 ± 4	−23.2
	13	1.01	175 ± 20	−29.3 ± 3	−25.3
	14	1.53	modern	27.8	−26.8
	15	0.82	805 ± 30	−102 ± 4	n.d.

注：n.d 表示没有数据

高流量时期主导了 DOC 的通量，通常北极系统河流 ^{14}C 比大气丰富（Raymond et al.，2007）。在温带的河流，高的人口密度和更高人类活动主导使 DOC 变得更老（Butman et al.，2014；Regnier et al.，2013）。青藏高原的人口密度和农田比例（分别为 5.6 人 km^{-2} 和 0.5%）很低（Cheng and Shen，2000）。此外，少量的住宅和农场土地沿着青藏高原的边缘分布，而在荒凉的青藏高原中部高海拔地区人口密度和人类活动更低（Liao and Sun，2003）。因此，人类活动在青藏高原荒凉的中部对河流老的 DOC 贡献非常小。

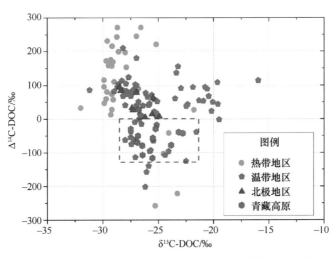

图 6.15　青藏高原河流 DOC 碳同位素组成特征及与世界其他河流的对比（Qu et al.，2017a）

其中样品 3 和样品 15 没有包括在这个分析中，因为样品 3 在一个水库的下游采集，样品 15 在雅鲁藏布江大拐弯处采集，前者受到水库的影响很大，而后者具有非常大的落差，导致河流冲刷的作用非常强烈。

^{14}C 偏负意味着更多的老碳源贡献。不同于热带和温带地区的河流，大多数青藏高原的河流流经冻土覆盖广泛和人类活动稀少的区域。而且，研究发现青藏高原河流所在流域多年冻土的覆盖面积和 DOC 的 ^{14}C 年龄呈正相关（$r^2 = 0.48$，$p < 0.05$）（图 6.16），表明青藏高原河水 DOC 年龄老主要受青藏高原河流流域内广泛分布的大量多年冻土碳的影响。气候变暖导致冻土活动层变深（Cheng and Wu，2007）与夏季季风降雨交互作用会促进更老的 DOC 的释放。例如，在北极泥炭地分水岭已观察到由于气候变暖造成的河流输出 DOC 年龄的变老（Frey and Smith，2005）。在北极，DOC 排放高峰期发生在春季洪水期且表面土壤冻结时（Raymond et al.，2007）。相应地，青藏高原 DOC 排放高峰期发生在季风时期。季风降水时土壤活动层深度接近最大（Zhao et al.，2004），潜在的影响老碳进入河流。有意思的是，北极河流 DOC 年龄与永久冻土层覆盖比例呈负相关（Feng et al.，2013a），而在青藏高原呈现相反的规律。这其中可能存在两个原因。首先，随着温度的增加，冻土活动层在青藏高原地区已经增加到 2.41 m（Wu and Zhang，2010），比在北极流域深许多（约 1.74 m）（Zhang et al.，2005）；其次，青藏高原季风降雨发生在冻土活动层最深的时候（Raymond et al.，2007）。因此，雨量较大和冻土活动层最深的同时出现，青藏高原河流流动在较大的多年冻土层覆盖的地区携带更多的老碳。此外，青藏高原冻土活动层的加深可能导致地下水与古老的碳存储之间的相互作用。

此外，流域的地貌和水文特性对河流 DOC 的绝对年龄也有重要影响（Masiello and Druffel，2001；Raymond and Bauer，2001）。三个研究流域的地形起伏度分别为 0.21%、0.28% 和 0.16%。这些值比世界上大多数其他河流高得多（Wolf et al.，1999）。流域内大的落差可以导致高速的水流和强烈的机械风化，引起更深层的老碳随土壤进

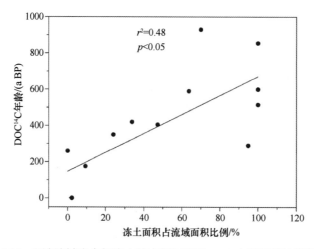

图 6.16 河流流域内多年冻土的比例与河流 DOC 之间显著的相关性

入河流。因此，除较高比例的多年冻土碳的存在，青藏高原河流的巨大落差也可以增加老的 DOC 释放。

总之，多年冻土融化和大的落差造成的土壤侵蚀在高原可能是河水中老的 DOC 的主要来源。高原冻土中老的 DOC 释放可能会加剧气候变化进而引起更多多年冻土层解冻。多年冻土中 DOC 释放进入地表水，可能会被阳光和微生物迅速分解，导致二氧化碳排放到大气中，从而产生对气候变暖的正反馈（Cory et al.，2013；Galy and Eglinton，2011；Spencer et al.，2015）。此外，青藏高原空气稀薄，高海拔和较低的纬度（Dahlback et al.，2007）导致太阳辐射，特别是在紫外波段的输入，要远高于其他地区。因此，独特而强烈的太阳辐射对老的 DOC 造成的变化急需进行全面研究，以评估青藏高原河流 DOC 的命运。

4. 青藏高原河流水质评价

青藏高原作为多条世界重要河流的发源地，是区域主要的水资源来源。根据世界卫生组织（WHO，2011）和中国评估标准（GB）对青藏高原 11 条河流的水质进行了全面的评价。

在季风期（Huang，2010），青藏高原的河流，特别是干流河水高度混浊（浊度 > 500 NTU）。同时，青藏高原大部分河流的水体具有高碱性特征。与 WHO 和中国饮用水指标相比，青藏高原南部（即印度河、恒河、雅鲁藏布江和萨尔温江等）IOWS 河流水体中大部分离子和元素浓度均超过了安全饮用水的最大阈值。在 POWS 和 IWR 的河流中，离子特别是 Cl$^-$ 的浓度远高于 WHO 和中国的安全饮用标准。例如，青藏高原中部广泛分布有大量的咸水湖泊和地下水，扎加藏布和长江上游河水中平均 Cl$^-$ 浓度分别高达 394 mg L^{-1} 和 267.5 mg L^{-1}，超过安全饮用水标准 40 多倍。高浓度的 Cl$^-$ 通常意味着高浓度的 Na$^+$。扎加藏布和长江源区 Na$^+$ 浓度超过 300 mg L^{-1}，远高于 WHO 和中国指标。在 IOWS 和 IRW 的其他河流，如布赫河和黄河中也发现高浓度 Cl$^-$，比世界卫生组织和国家饮用水标准高出 3 ～ 5 倍。

砷（As）是一种无色无味，但在极低浓度（10 μg L^{-1}）下即对人体有害的物质（WHO，2011）。分布在青藏高原中部和南部的河流，特别是雅鲁藏布江和长江源区，砷的浓度高达 32.8 μg L^{-1}。青藏高原河流的高砷含量主要是由于该地区分布有富含砷的地下水（Huang et al.，2011b；Li et al.，2014a）。汞（Hg）也是危害人类健康的有毒金属元素，同时 Hg 被认为是世界范围的污染物（Wheatley and Wyzga，1997）。雅鲁藏布江（1.46 ～ 4.99 ng L^{-1}）（Zheng et al.，2010）和长江（2.59 ng L^{-1}）（Qu et al.，2015）河流水体中 Hg 的浓度处于饮用水标准的安全范围。值得注意的是，长江铊（Tl）的平均浓度为 4.2 μg L^{-1}，高于国标 GB 的安全饮用水标准。

除了上述自然过程的影响，过去几十年中的采矿和城市化等人为因素也已被证明影响着青藏高原河流的微量元素。在青藏高原社会经济发达地区的河流中已经发现了金属污染（如 Cu、Pb、Zn、Mn、Fe、Sb 和 Al）（Huang et al.，2010；Qu et al.，2017b）。例如，在西藏最大的两座城市，拉萨和日喀则附近，河流水体中有毒元素的浓度高出饮用水安全阈值的 1 ~ 3 倍（Dreyer，2003；Hu et al.，2004；Huang et al.，2010；Qu et al.，2007；Zhang et al.，2010）。据估计，随着该地区经济快速发展和人口急剧变化，到 2020 年西藏自治区的城市固体废物总产量将比 2006 年增长 37%（Jiang et al.，2009）。另外，青藏高原同时还受到来自周边地区，尤其是印度的污染物（如 Cd，Cr，Cu，Pb，Hg 和持久性有机污染物）的跨境传输，并通过干湿沉降进入到青藏高原（Cong et al.，2007；Cong et al.，2010；Huang et al.，2012；Wang et al.，2007；Xiao et al.，2002；Zhang et al.，2012b）。其中一部分污染物会沉降在河流中，直接影响该地区河流的水化学，同时也会有部分积累在冰雪中，随着冰川融化释放到河流中，进一步影响西藏河流的水质（Huang et al.，2014；Kang et al.，2016b；Li et al.，2017c；Li et al.，2016d；Paudyal et al.，2017；Sun et al.，2017；Zhang et al.，2017a）。

通过对青藏高原 11 条主要河流水体的主要离子和微量元素的调查，发现在青藏高原人类活动相对较少的地区，其地表水化学在很大程度上受流域内基岩的岩石风化和蒸发结晶等自然过程的显著影响。青藏高原东部和南部河流的 TDS 主要由碳酸岩风化产生的 Ca^{2+} 和 HCO_3^- 构成。青藏高原中部的河流（如扎加藏布和长江源区），由于大量的咸水湖和地下水的分布，Na^+ 和 Cl^- 的浓度处在世界较高水平。值得注意的是，由于流域内存在广泛的硫酸盐矿物，青藏高原河流水体中 SO_4^{2-} 的浓度也处在世界较高水平。

青藏高原的河流 pH 值为 8.3 到 9.3。这种碱性水生环境抑制了矿物成分的溶解，导致该地区河流中元素的浓度普遍偏低。通常不受人类干扰的自然河流水体中元素主要来源于基岩风化，青藏高原河流中的元素也随着每个流域的不同岩性而出现显著变化。然而，作为青藏高原本地和周边国家和地区主要水源地，在对该地区河流水质的评估中发现，由于自然过程所造成的高浓度有毒有害元素（如富含 NaCl 的咸水湖，富含砷的地下水）以及人为活动（如采矿作业、城市污水排水）的影响，高原个别河流局地河段河水不适宜直接饮用。虽然青藏高原地处偏远，但是其被世界人口最密集的两个地区所包围，当地及其周边地区的人类活动均可以影响到该地区脆弱的生态环境。因此，鉴于青藏高原作为亚洲及其周边地区重要的水源地，有必要对青藏高原河流水体水化学特征进行长期密集的定性／定量观测。

5. 青藏高原河床沉积物重金属含量及风险评估

对雅鲁藏布江流域从上游到下游进行河床沉积物采样分析，采样点如图 6.17 所示。

河流水体重金属主要来源于沉积物，所以沉积物重金属的含量可以较好评估研究区受污染的程度（朱青青和王中良，2012）。表 6.10 为雅鲁藏布江河床沉积物小于 63 μm 颗粒物重金属与其他区域的含量对比。其中，西藏土壤背景值代表西藏境内重金属自然本底值，中国地壳丰度和世界地壳丰度分别代表中国境内和世界范围内风化壳重金属自然背景值，珠江表征中国东部河流南区重金属污染情况，海河指代中国东部河流北区的污染状况。从表中可以得出，雅鲁藏布江沉积物多种重金属含量与西藏土壤背景值相接近，具有一定的继承性，但雅鲁藏布江沉积物重金属含量普遍高于西藏土壤背景值，原因可能是雅鲁藏布江沉积物不仅受到自然源的影响，还可能受到人类

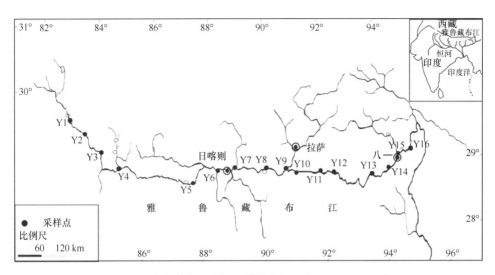

图 6.17　雅鲁藏布江流域采样点分布图（Li et al.，2009）

活动的影响，而西藏土壤背景值主要受自然过程的控制，是一个大区域本底值的平均估量。

表 6.10　雅鲁藏布江表层沉积物重金属元素含量与其他区域对比

区域	Cr	Co	Mn	Ni	Cu	Zn	As	Cd	Cs	Pb
雅鲁藏布江沉积物均值	98	13	693	51	30	85	28	0.13	46	27
西藏土壤背景值（成延鋆，1993）	77	12	626	32	22	74	19	0.08	19.4	29
中国地壳丰度（黎彤，1994）	63	32	780	57	38	86	1.9	0.05	11	15
世界地壳丰度（黎彤，2004）	110	25	1300	89	63	94	2.2	0.2	1.4	12
珠江沉积物（朱青青，2012）	74	—	—	—	87	222	—	2.34	—	78
海河沉积物	67	—	—	—	71	279	—	3.11	—	59

注：沉积物样品粒径均为 <63 μm，单位均为 mg kg^{-1}

　　雅鲁藏布江沉积物重金属含量与全国地壳丰度相差不大，总体低于世界地壳丰度。但是雅鲁藏布江沉积物中元素 As 和 Cs 的含量远高于全国地壳丰度和世界地壳丰度，元素 As 分别是全国地壳丰度和世界地壳丰度的 14.5 倍和 12.5 倍，元素 Cs 分别是全国地壳丰度和世界地壳丰度的 4.2 倍和 33 倍，其较高的含量主要因为西藏广泛分布富含 As 和 Cs 的页岩和矿床，导致其自然本底值偏高（成延鋆，1993）。另外西藏处于两个板块碰撞处，地质地热活动较为频繁，含 As 的矿物在地热作用下易于溶解并随地热活动所释放的气液排出（Guo et al.，2008；Li et al.，2014a）。由于 As 元素具有较强的毒性，是砒霜的主要成分之一，其含量已经超出人体饮用水安全推荐值，可能会对该地区居民的饮用水安全造成影响，应引起一定的重视。对于中国东部河流，珠江和海河重金属含量差异不大，但除了元素 Cr 外，雅鲁藏布江沉积物重金属含量都远低于中国东部河流，说明相对于东部受人为污染较多河流，雅鲁藏布江受人为活动影响较小，重金属主要来源于自然过程。

雅鲁藏布江流域沉积物重金属生态风险评价。随着对重金属研究的不断深入，针对重金属总量的评估，大量生态风险评价方法出现，常用且具有代表性的主要有：地累积指数法和沉积物富集系数法。这两种评价方法各有侧重，在评价重金属污染程度方面各有优势，但是总体上基于重金属总量对其评价，只能简单了解重金属的污染程度，不能反映其真实的生物有效性。所以一般采用多种方法综合对其评价，本研究为了准确评价雅鲁藏布江沉积物重金属生态效应，分别用以下几种方法对其进行评价。

1）地累积指数法评价结果

地累积指数法是德国学者 Muller 于 1979 年提出，并广泛被国内外采用。该方法只要求具有沉积物重金属总含量的数据，操作简单易行，在资料不充分条件下，也能对其风险等级做出评价。但是该方法仅从重金属含量角度来评估其污染状况，不能有效评估其化学形态的生物毒性。

地累积指数法公式如下：

$$I_{geo} = \log_2\left[C_n/(K \times B_n)\right] \tag{6.2}$$

式中：I_{geo} 是地累积指数结果，C_n 为沉积物中重金属 n 的浓度（mg kg^{-1}）；K 为造岩运动可能引起背景值变动而设定的常数（一般取 1.5）；B_n 为普通页岩中重金属元素的地球化学背景值。参比值的选择对地积累指数法的评价结果影响较大，在学者 Muller 文中是选用世界标准的 <2 μm 页岩颗粒物平均含量作为标准参比值，国际上大多也使用页岩平均组分作为参考值，也就要求所测重金属含量全来自 <2 μm 的沉积物颗粒，但目前很多国家，包括国内大多采用 <63 μm 粒径作为研究重金属理想粒径，这样就需要参比值与所研究区域相近并且粒级相当，本章选取西藏土壤背景值作为重金属的参比值。

由雅鲁藏布江沉积物重金属地积累指数结果（表 6.11）可以得出，就平均而言，重金属元素 Ni 和 Cs 的 I_{geo} 为 0～1，对该流域具有轻度污染的危害，其余重金属元素的地累积指数全部小于 0 或接近于 0，基本处于无污染状况。

元素 Cr 处于无污染状况（I_{geo}= –0.24<0），最高值出现在 Y12，最低点出现在 Y1，元素 Co 对环境处于无污染状况（I_{geo}= –0.43<0），最高值出现在 Y11，最低点出现在 Y1，元素 Ni 在样点 Y15、Y11、Y16 等地构成轻度污染，其他样点无污染，元素 Cu 在 Y6、Y15、Y16 等地对环境构成轻度污染，最高值出现在 Y6 样点，最低值在 Y1 样点，元素 Zn 在整条河流中值偏低，处于无污染状态，元素 As 在样点 Y1 对该地构成偏中度污染（I_{geo} =1.45>1），原因可能为来自自然环境中的 As 值较高，可以看到 As 元素在上游河段多个样点对处于轻度污染状况，元素 Cs 在样点 Y1 样点含量较高（I_{geo} =2.42>2），处于中度污染等级，在所有重金属中风险等级最高，特别是在雅鲁藏布江上游河段，受到土壤和岩石 Cs 高含量的影响，导致其河流沉积物中的 Cs 含量升高。元素 Pb 对该地区环境不构成污染（I_{geo} = –0.67），高值出现在 Y1，低值出现在 Y5，总体上，从统计分析结果可看出，雅鲁藏布江沉积物重金属主要来源于自然背景中，一些轻度污染主要发生在河流上游和城市地区，并且污染程度较低，多地基本处于无污染状况。

表 6.11　雅鲁藏布江沉积物重金属地积累指数

采样点	I_{geo}							
	Cr	Co	Ni	Cu	Zn	As	Cs	Pb
Y1	−1.21	−1.29	−0.95	−1.07	−0.26	1.45	2.42	0.13
Y2	0.13	−0.50	0.24	−0.20	−0.71	−0.42	0.01	−0.93
Y3	−0.32	−0.36	0.27	−0.59	−0.40	0.28	1.50	−0.24
Y4	−0.36	−0.71	−0.27	−0.60	−0.72	0.31	0.62	−0.66
Y5	−0.67	−0.67	−0.09	−0.33	−0.66	0.04	0.23	−1.21
Y6	−0.30	−0.10	0.20	0.37	−0.10	−0.12	0.29	−0.81
Y7	−0.01	−0.51	0.20	−0.10	−0.49	−0.29	0.19	−1.06
Y8	−0.27	−0.49	−0.02	−0.58	−0.30	0.25	1.47	−0.23
Y9	−0.45	−0.40	0.20	−0.07	−0.69	−0.52	0.04	−0.86
Y10	−0.19	−0.44	0.16	−0.13	−0.44	−0.56	0.02	−0.95
Y11	−0.27	−0.09	0.30	0.22	−0.11	−0.28	0.34	−0.62
Y12	0.14	−0.52	−0.08	0.01	−0.45	−0.68	−0.20	−0.98
Y13	0.07	−0.61	−0.10	−0.33	−0.49	−0.83	−0.26	−1.06
Y14	−0.08	−0.30	0.04	−0.02	−0.32	−1.02	−0.32	−1.01
Y15	−0.37	−0.16	0.29	0.27	−0.28	−0.31	0.25	−0.49
Y16	−0.28	−0.12	0.32	0.29	−0.04	−0.21	0.36	−0.55
Max	0.14	−0.09	0.32	0.37	−0.04	1.45	2.42	0.13
Min	−1.21	−1.29	−0.95	−1.07	−0.72	−1.02	−0.32	−1.21
Mean	−0.24	−0.43	0.07	−0.13	−0.39	−0.05	0.66	−0.67

注：数据为雅鲁藏布江沉积物＜ 63μm 数据结果

2）基于重金属含量的水质评价结果

重金属不断通过土壤吸附、地表径流和大气沉降等各种形式进入到地表和地下水体之中，并发生积累和循环，这对当地居民饮用水水质安全直接构成影响，对水质进行合理、客观、准确的评价是开展饮用水源污染防治与保护的根本依据（徐冰冰等，2013）。为了能准确评价沉积物重金属对当地居民生活饮用水的生态风险，本章选取了雅鲁藏布江流域的最主要的三条支流，即年楚河、拉萨河和尼洋曲，三条河流分别流经西藏人口最密集的城市日喀则市、拉萨市和八一镇，并测定了河水中溶解态重金属元素的含量。

表 6.12　重金属含量与地表水环境质量标准值　　　　　（单位：mg L^{-1}）

序号	项目	分类					拉萨河	年楚河	尼洋曲
		I 类	II 类	III 类	IV 类	V 类			
1	pH 值（无量纲）	6～9	6～9	6～9	6～9	6～9	7～8.5	7～8.5	7～8.5
2	Cu	0.01	1	1	1	1	0.0016	0.0003	0.0002
3	Zn	0.05	1	1	2	2	0.0067	0.0024	0.0011
5	As	0.05	0.05	0.05	0.1	0.1	0.0079	0.0028	0.0006
7	Cd	0.001	0.005	0.005	0.005	0.01	<0.0001	—	<0.0001
8	Cr（六价）	0.01	0.05	0.05	0.05	0.1	0.0017	0.0053	0.0006
9	Cs	0.01	0.01	0.05	0.05	0.1	0.00003	0.00019	0.0001

　　从重金属含量与地表水环境质量标准值（国家环境保护总局，2002）对比表 6.12 可以看出，雅鲁藏布江流域的三大支流水体中溶解态重金属含量远低于国家地表水环境质量标准值，全都属于 I 类水质，为最优等级。总体上，水质尼洋曲最好，年楚河其次，拉萨河稍差，这可能是人口密度和人为活动影响的差异，另一原因为降水的东西差异和植被覆盖的不同，拉萨市人口最多，经济工业活动较多，并且降水和植被远低于藏东南的尼洋曲，所以表现出的重金属含量较高。就重金属而言，元素 As 和 Zn 在拉萨河的含量稍高，年楚河中元素 Cr 的含量稍高，尼洋曲几乎所有重金属元素都较低。在所有河流中重金属 Pb 的含量都很低，说明元素 Pb 在雅鲁藏布江的生态风险较小。总之，雅鲁藏布江沉积物多种重金属含量与西藏土壤背景值相对接近，具有一定的继承性，但普遍高于西藏土壤背景值；雅鲁藏布江沉积物重金属含量与中国地壳丰度相差不大，总体普遍低于世界地壳丰度。但雅鲁藏布江沉积物中元素 As 和 Cs 的含量远高于全国地壳丰度和世界地壳丰度，可能会对该地区居民的饮用水的安全造成影响，应引起一定的重视。雅鲁藏布江沉积物重金属含量都远低于我国东部河流，说明相对于东部受人为污染较多河流，雅鲁藏布江受人为活动影响较小，重金属主要来源于自然过程。在粒径分布上，小于 20 μm 粒级的重金属含量在所有元素中都是最高，小于 63 μm 粒级的重金属含量略低于小于 20 μm 粒级的含量，全样的重金属含量最低，呈现重金属含量随粒径减小而增大的规律。在空间分布上，雅鲁藏布江中段人口密集区的重金属含量普遍高于雅鲁藏布江全段重金属含量的平均水平，Cr、Ni 和 Cs 尤为明显；而在三条支流中，位于雅鲁藏布江中游的拉萨河和年楚河元素含量明显高于下游的尼洋曲元素含量；总体上，西藏境内的河流水体重金属元素含量，呈现出由东向西递减的模式，与雅鲁藏布江谷地水汽输送和径流量的东多西少规律相对应。但是，相对于我国东部典型河流，多种元素含量偏低，并且相差较大。在季节变化上，非季风期大部分元素含量都高于季风期。拉萨河的多种重金属元素含量无论在季风期还是非季风期都明显高于年楚河，这也间接说明拉萨河相对于年楚河受人为活动的影响比较强烈。

　　雅鲁藏布江沉积物重金属地积累指数结果和污染等级显示，就平均值而言，重金属元素 Ni 和 Cs 的 I_{geo} 介于 0～1 之间，对该流域具有轻度污染的危害，其余重金属元素的地累积指数全部小于 0 或接近于 0，基本处于无污染状况。从雅鲁藏布江表层沉积物重金属基准值和 SQG-Q 系数看，重金属 Ni 和 As 的污染系数较高，对当地环境具有较高的生态风险，其他多种重金属元素处于中度风险等级，而元素 Cd 污染系数最低，基本不存在该金属的污染行为。从雅鲁藏布江表层沉积物潜在生态风险指数可以看出，几乎全部重金属元素潜在风险等级轻度污染或者无污染，综合潜在风险指数也表现出较低风险等级，就单个重金属风险指数而言，元素 As 和 Cs 相对于其他元素表现出较高的风险等级，元素 Zn 和 Cr 的风险等级最低，基本没风险。雅鲁藏布江沉积物重金属富集系数计算结果表明，雅鲁藏布江沉积物重金属元素富集系数为轻度富集，元素 Cs 为中度富集，重金属元素 Pb 为无污染，基本没有富集。单从雅鲁藏布江沉积物富集系数来看，重金属富集指数等级从小到大依次为 Pb<Co<Zn<Cr<Cu<As<Ni<Cs。总体来说，雅鲁藏布江沉积物重金属元素风险等级为低风险等级（1<RAC<10），元素 Co 为中度风险，重金属元素 Cr 和 Pb 为无风险等级，基本对当地没有任何污染。总体来说，雅鲁藏布江沉积物重金属元素呈现出无污染等级（RSP<l）。单从雅鲁藏布江沉积物次生相与原生相分布比值来看，重金属生态风险等级从小到大依次为 Cr<Zn<As<Ni<Cs<Cu<Co<Pb。在所有河流中重金属 Pb 的含量都很低，说明元素 Pb 在雅鲁藏布江的生态风险较小。雅鲁藏布江流域的三大支流水体中溶解态重金属含量远低于国家地表水环境质量标准值，全都属于 I 类水质，为最优等级。总体上，尼洋曲水质最好，年楚河其次，拉萨河稍差。

6.2.2　青藏高原湖泊水污染物分布及风险评估

1. 重金属分布和风险评估

大气汞可通过长距离传输进入高原腹地，通过干湿沉降进入陆表生态系统。水生生态系统中，无机汞可以转化为具有很强神经毒性的甲基汞（Boening，2000），在生物富集和生物放大作用下，对生物体甚至人类产生潜在毒害（Gorski et al.，2008；Krabbenhoft and Sunderland，2013）。对鱼类等水产品的消费是人类汞暴露的主要途径之一。

对高原 38 个湖泊表层水体的理化性质分析表明（表 6.13）（Li et al.，2015），总汞含量变化范围较大，为<1～40.3 ng L^{-1}（表 6.13），总体表现为自东南至西北降低的趋势。与世界其他地区湖泊相比，高原湖泊水体中总汞含量整体较低，但部分湖泊总汞含量偏高，例如西藏中西部的扎布耶茶卡总汞含量达到 40.3 ng L^{-1}。总汞与部分主要离子如 Na$^+$，K$^+$ 和 Cl$^-$ 等呈正相关，特别是与湖泊水体盐度呈较强正相关（图 6.18），表明湖泊蒸发浓缩过程在促使其他盐类富集的同时，生成较多的汞络合物，导致汞在湖泊水体中的富集。高原降水量少，蒸发强烈，且气温和降水自东南至西北呈降低趋势，导致湖泊蒸发浓缩过程逐渐增强，这一自然气候环境的空间演变是造成湖泊水体总汞空间分布格局的根本原因（图 6.19）。

表 6.13　高原主要湖泊表层水体总汞分布特征

湖泊	湖泊	位置	海拔 /m	总汞含量 /(ng L⁻¹)	TDS/(g L⁻¹)
Pangkog Co	班戈错	89°26.39′E；31°45.09′N	4520	4.09 ± 0.63，$n=4$	21.15
Zige Tangco	兹格塘错	90°49.56′E；32°02.94′N	4561	2.08 ± 0.28，$n=8$	14.33
Nganggun Co	昂古错	85°27.29′E；31°11.01′N	4658	2.01 ± 0.09，$n=2$	1.7*
Dawa Co	达瓦错	85°03.38′E；31°14.72′N	4626	2.42 ± 0.20，$n=2$	16.24
Qigai Co	齐格错	85°29.81′E；31°12.14′N	4663	2.12 ± 0.14，$n=2$	0.1*
Zhari Namco	扎日南木错	85°24.34′E；31°04.71′N	4613	2.23 ± 0.02，$n=2$	8.8*
Qingmuke Co	清木柯错	85°04.22′E；31°14.49′N	4638	2.26 ± 0.80，$n=2$	3.8
Serbug Co	塞布错	88°16.82′E；32°01.21′N	4516	1.47 ± 0.11，$n=6$	3.69
Dong Co	洞错	84°44.22′E；32°07.44′N	4396	7.21 ± 0.17，$n=2$	37.11
Merqung Co	麦穷错	84°34.25′E；31°06.22′N	4666	5.02 ± 0.09，$n=2$	6.7*
Taro Co	塔若错	84°18.59′E；31°07.65′N	4566	0.51 ± 0.06，$n=4$	0.6
Chabyer Caka	扎布耶茶卡	84°04.17′E；31°21.58′N	4421	40.26 ± 1.70，$n=2$	439.8*
Ngangla Ringco	昂拉仁错	83°22.08′E；31°26.65′N	4715	1.71 ± 0.15，$n=2$	14.5*
Dajia Co	打加错	85°44.77′E；29°53.37′N	5145	3.91 ± 0.03，$n=2$	14.5
Garing Co	嘎仁错	84°58.65′E；30°48.34′N	4650	0.87 ± 0.27，$n=2$	2.5
Yunbo Co	攸布错	84°49.31′E；30°49.35′N	4638	1.34 ± 0.08，$n=2$	0.2
Dogze Co	达则错	87°30.33′E；31°51.18′N	4459	2.22 ± 0.28，$n=12$	15.65
Kunggyu Co	公珠错	82°08.11′E；30°39.02′N	4786	0.82 ± 0.15，$n=4$	—
Bangong Co	班公错	79°45.64′E；33°26.31′N	4241	1.10 ± 0.69，$n=56$	0.57
Rawu Co (middle)	然乌湖（中湖）	96°48.35′E；29°25.46′N	—	1.61 ± 0.55，$n=20$	—
Rawu Co (up)	然乌湖（上湖）	96°49.62′E；29°23.90′N	3850	3.02 ± 0.85，$n=4$	—
Rawu Co (down)	然乌湖（下湖）	96°43.78′E；29°29.86′N	—	0.81 ± 0.22，$n=16$	—
Along Co	阿翁错	81°43.52′E；32°45.76′N	4427	4.91 ± 0.54，$n=8$	25.98
Songmuxa Co	松木希错	80°14.98′E；34°35.98′N	5051	0.99 ± 0.29，$n=6$	0.32
Eshui Co	埃永错	80°33.91′E；33°22.44′N	4292	3.24 ± 0.06，$n=2$	—
Lubu Co	芦布错	80°09.75′E；33°06.43′N	4342	0.75 ± 0.07，$n=4$	1.91
Kunzhong Co	昆仲错	80°22.62′E；33°07.09′N	4338	4.00 ± 0.51，$n=4$	—
Rabang Co	热邦错	80°29.05′E；33°02.25′N	4324	8.18 ± 0.40，$n=2$	—
Bero Zeco	别若则错	82°57.20′E；32°25.43′N	4395	4.55 ± 0.37，$n=8$	25.7
Lang Co	朗错	87°23.91′E；29°12.61′N	4300	1.10 ± 0.20，$n=4$	—
Chagcam Caka	扎仓茶卡	82°12.86′E；32°34.80′N	4326	2.05 ± 0.39，$n=4$	—
Longmu Co	龙木错	80°22.06′E；34°35.29′N	5002	17.10 ± 1.15，$n=2$	173.6*
Nam Co	纳木错	90°58.53′E；30°47.27′N	4718	1.09 ± 0.73	0.86
Qiangyong Co	枪勇错	90°13.53′E；28°53.44′N	4870	0.83 ± 0.36，$n=12$	—
Mapam Yumco	玛旁雍错	81°37.02′E；30°42.36′N	4586	1.39 ± 0.76，$n=2$	—
La'nga Co	拉昂错	81°19.65′E；30°39.02′N	4572	1.51	—
Yamdrok Tso	羊卓雍错	90°32.12′E；29°10.59′N	4441	1.97 ± 0.15，$n=2$	1.1*
Basom tso	巴松错	93°54.75′E；30°00.45′N	3469	2.32 ± 0.38，$n=2$	0.12*

＊数据来自《中国湖泊志》（王苏民和窦鸿声，1998）

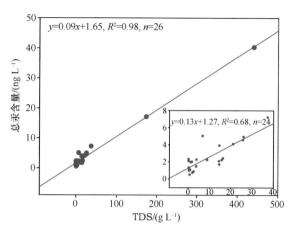

图 6.18 高原湖泊表层水体总汞与总溶解固体物质相关关系图

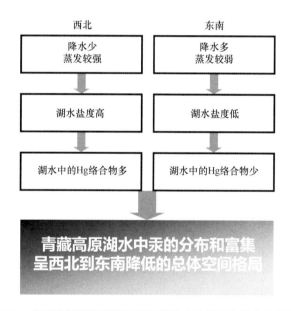

图 6.19 高原自然气候环境特征对湖泊水体总汞含量分布的影响

鱼体肌肉汞含量是衡量水生生态系统汞污染和富集水平的重要指标。Yang 等（2011）报道了高原 8 个湖泊中 60 尾鱼体的总汞和总甲基汞含量分别为 243 ~ 2384ng g^{-1} 和 131 ~ 1610 ng g^{-1}（以干重计），显著高于其他高山地区；来自高原东南部林芝地区尼洋曲的 8 尾鱼体样品也显示了较高的汞含量，其中总汞为 85 ~ 217 ng g^{-1}，甲基汞为 61 ~ 160 ng g^{-1}（以干重计）（Yang et al.，2013a）。Shao 等（2016）进一步对高原四条不同河流，包括雅鲁藏布江、拉萨河、尼洋曲和萨尔温江 60 条鱼体进行了汞含量和影响因子分析，指出总汞含量和鱼体长度和质量具有较好的相关性，表明鱼体生长特征可能对汞富集有重要影响。

Zhang 等（2014b）在青藏高原南部的 13 处河流和湖泊中采集了 13 种鱼类，共计 166 尾样本，系统开展了总汞和甲基汞富集特征及其影响因子分析。结果表明，鱼类的总汞和甲基汞含量分别为 25.1 ～ 1218 ng g^{-1} 和 24.9 ～ 1196 ng g^{-1}（以湿重计）（图 6.20），这与我国东部地区鱼类汞含量相当，部分鱼类汞含量甚至高于某些汞污染区域。例如，采集自林芝地区八一镇附近雅鲁藏布江的 3 尾黄斑褶鮡的甲基汞含量达 525 ～ 1196 ng g^{-1}，是我国野生淡水鱼汞含量的最高纪录之一，显著超过了我国食品安全国家标准对于食用鱼类的汞含量限量值（500 ng g^{-1}）。

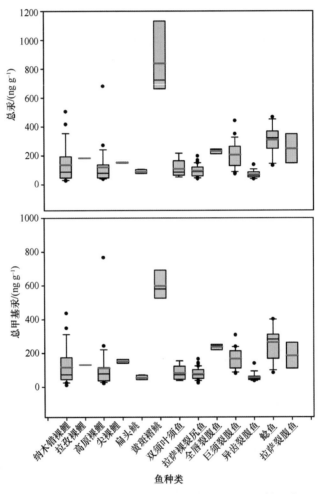

图 6.20　高原河流和湖泊中不同种类鱼体总汞和甲基汞含量

　　一般而言，鱼类富集汞受制于环境和生物两方面因素。以往研究表明，青藏高原水体汞含量很低，且高原的低温和强紫外线作用及碱性水体特征等均不利于甲基汞的形成；另外，高原河流和湖泊属寡营养生态系统，鱼类以底栖藻类或小型无脊椎动物为食，食物链往往很短，这一系列条件均不利于鱼类吸收和累积汞。然而，高原鱼类生长速率极低且鱼龄较长，根据 Von Bertalanffy 鱼类生长方程估算，鱼类样本的年龄普遍在 5 年以上，最高可达 32 年，这使得高原鱼类在漫长的生长过程中得以积累大量的汞。

以图 6.21 为例，显示了同样采集自雅鲁藏布江八一镇附近水体的巨须裂腹鱼（*Schizothorax macropogon*）、异齿裂腹鱼（*Schizothorax o'connori*）和拉萨裸裂尻鱼（*Schizopygopsis younghusbandi*）样品的汞含量和生长速度，可以发现，在同一年龄阶段，生长率较慢的鱼类汞含量较高，表明生长率对汞富集具有重要影响。

对纳木错湖低营养级水生无脊椎动物枝角类、桡足类、端足类的汞含量进行分析，发现总汞含量为 $13 \sim 16$ ng g^{-1}，甲基汞与总汞比例为 53% $\sim$ 66%，该比例明显高于世界其他非酸性湖泊中类似水生动物的甲基汞比例（一般低于 30%）（图 6.22），表明青藏高原水生生态系统具有较高的汞同化率和传递效率，进而为鱼类富集甲基汞提供了条件，这显示出青藏高原水生生态系统可能具有较其他地区不同的汞富集与传递机制。

总体而言，高原野生鱼体具有显著的汞富集，与青藏高原环境介质中极低的汞含量水平形成强烈反差，同时与我国其他地区相对高汞污染环境中鱼体汞含量相对

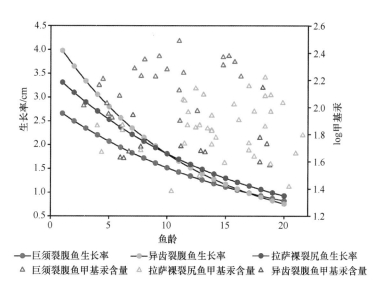

图 6.21　不同鱼类汞含量和生长率关系图

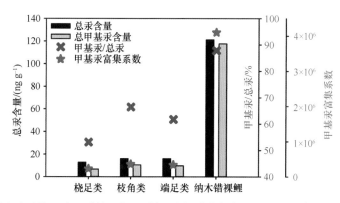

图 6.22　纳木错水生动物汞含量（柱形）、甲基汞比例（蓝色）和富集系数（BAF- 五角星）分布图

较低的结果形成鲜明对照。高原特有野生鱼类在低温寡营养环境中具有极低的生长率和较长的寿命、较低的甲基汞去除率以及该地区水生生态系统食物链高效的甲基汞富集等，这些是造成汞富集的原因。这些结果暗示了高原生态系统对外源汞输入的敏感性。

2. POPs 的分布与风险评估

选择高原典型高海拔湖泊纳木错进行了研究，探讨了 POPs 对湖泊生态系统的影响，分析了纳木错浮游动植物、底栖动物、水生昆虫及不同年龄的鱼的 POPs 浓度（Ren et al.，2017a）。纳木错水生生物体内 OCPs 和 PCBs 浓度的统计数据见表 6.14。不同生物的浓度水平差异较大。HCHs 在浮游动物中的浓度最高，平均值为 82.2 pg g^{-1} ww，比其他生物高 2 ~ 8 倍（Ren et al.，2017a）。而水生生物中 DDTs 和 PCBs 的浓度呈现出随营养级升高而增加的趋势，即浮游植物中浓度最低，而鱼体中浓度最高（Ren et al.，2017a）。纳木错裸鲤中 $\sum$ HCHs、$\sum$ DDTs 和 $\sum_6$PCBs 的浓度分别为 2.3 ~ 2.2×10^2 pg g^{-1} ww、85.9 ~ 2.8×10^3 pg g^{-1} ww 和 9.3 ~ 7.7×10^2 pg g^{-1} ww（Ren et al.，2017a）。

表 6.14 纳木错水生生物体内 OCPs 和 PCBs 的浓度水平　（单位：pg g^{-1} ww）

污染物		浮游植物	浮游动物	扁蜷螺 (*Gyraulus*)	萝卜螺 (*Radix*)	水生昆虫	虾	幼鱼	成年鱼
$\sum$ HCHs	平均值	14.2	82.2	35.4	14.7	41.3	26.5	12.6	38.9
	标准差	0.6	107.8	19	4.9	21.6	16.4	8.8	36.8
	最小值	13.7	10.4	22.7	8.8	21.6	8.9	5.3	2.3
	最大值	14.9	380.5	69	19.7	76.9	53.5	22.4	221.9
$\sum$ DDTs	平均值	43.4	105.2	129.9	39.9	124.4	49.8	89.9	829.4
	标准差	2.3	99.7	162.7	7.8	69.2	26.7	58	647.9
	最小值	41.1	31.9	38.7	31.2	74.7	15.3	24.5	85.9
	最大值	45.6	317.5	419.2	47.8	224.5	87.5	135.2	2760.1
$\sum_6$PCBs	平均值	2.5	18.8	24.7	11.6	10.8	5.4	13.7	127.5
	标准差	1.2	17.9	11.1	3.5	2.9	1.5	5.4	142.9
	最小值	1	7.5	14.9	8.3	7.2	3.1	7.4	9.3
	最大值	3.3	65.8	42.6	16.4	16.3	7	17.1	771.1

污染物在食物链的富集程度可以用生物放大因子（BMF）和营养级放大因子表征。随着营养级升高，若生物体内 POPs 的浓度也逐渐增加，则被称为生物放大。BMF 等于捕食者与被捕食者中经脂肪含量校正后 POPs 浓度（$C_{\text{lipid-corrected}}$，pg g^{-1} 脂重）的比值。本研究计算了纳木错裸鲤与其上级食物，即水生无脊椎动物之间的生物放大因子（表 6.15）。纳木错裸鲤对 p, p'-DDE、PCB-153、PCB-138 和 PCB-52 的 BMFs 较高，可达 10 以上（Ren et al.，2017a）。

表 6.15　纳木错裸鲤对其上级食物的生物放大因子

指标	p,p'-DDE	o,p'-DDD	p,p'-DDD	o,p'-DDT	p,p'-DDT	PCB-52	PCB-101	PCB-153	PCB-138	PCB-180
BMF	9.8	2.6	2.7	1.0	1.1	10.7	1.2	15.7	12.5	6.8
RSD/%	82	92	79	83	225	213	87	131	122	165

整个食物链中是否存在污染物的放大效应可以用营养级放大因子（TMF）表示，即将所有生物体中 POPs 的脂重校正浓度取自然对数后与其所在营养级作相关性分析。如果相关性显著，则用所得到的斜率来计算 TMF。若 TMF>1，表示确实存在食物链放大；若 TMF<1，则为生物稀释。为了检验 POPs 在纳木错水生食物链中是否发生了生物放大，本研究对各生物体中 POPs 的浓度与其对应的营养级做了相关性分析。对于 HCHs 和低氯 PCBs（包括 PCB-28、PCB-52 和 PCB-101）而言，其浓度与营养级之间不具有显著的相关关系（$p>0.05$，表 6.16）（Ren et al.，2017a）。

表 6.16　经脂重校正后的水生生物 POPs 浓度与营养级相关关系的统计分析结果

化合物	p 值	R^2	斜率	TMF
α-HCH	0.75	−0.14	—	—
β-HCH	0.74	−0.14	—	—
γ-HCH	0.29	0.05	—	—
o,p'-DDE	0.048	0.42	1.23	3.4
p,p'-DDE	0.001	0.81	1.43	4.2
o,p'-DDD	0.02	0.56	0.43	1.5
p,p'-DDD	0.003	0.77	0.83	2.3
o,p'-DDT	0.73	−0.14	—	—
p,p'-DDT	0.80	−0.15	—	—
PCB-28	0.59	−0.11	—	—
PCB-52	0.06	0.38	—	—
PCB-101	0.08	0.32	—	—
PCB-153	0.02	0.56	1.07	2.9
PCB-138	0.03	0.49	1.00	2.7
PCB-180	0.02	0.54	1.24	3.5

本研究中水生生物体内 DDDs、DDEs 和六氯、七氯 PCBs（包括 PCB-138、PCB-153 和 PCB-180）的浓度都与营养级呈显著的正相关关系（Ren et al.，2017a）。而且，这些化合物的 TMFs 都大于 1，变化范围为 1.5～4.2（图 6.23）（Ren et al.，2017a）。其中，p,p'-DDE 的营养级放大因子最高，为 4.2（Ren et al.，2017a）。以上结果表明，POPs 进入水生生态系统后在生物体内发生富集和放大，甚至沿整条食物链发生了营养级放大。

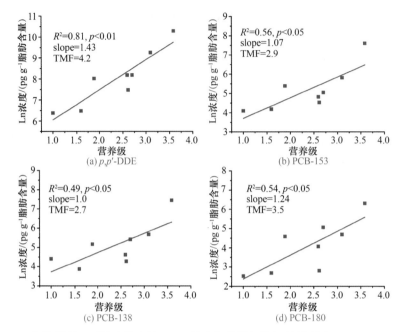

图 6.23 经脂重校正后的水生生物 POPs 浓度与营养级的相关关系（Ren et al.，2017a）

6.2.3 南亚河流水化学特征及风险评估

分别选择位于南亚通道的人类活动密集区的两条河流——甘达基河和柯西河进行了河水化学研究与水质评价。

1. 甘达基河水化学特征及水质评价

甘达基河流域采样点如图 6.24 所示。甘达基河流域的 TDS 值为 269 ± 172 mg L^{-1}，高于 120 mg L^{-1} 这一全球平均值（Gaillardet et al.，1999），这可能是该流域中游偏上地区的半干旱环境所致。流域的阳离子平均浓度（mg L^{-1}）的排序为：$Ca^{2+}>Mg^{2+}>Na^+>K^+$。主要阳离子中，Ca^{2+} 占 57.12%，Ca^{2+} 和 Mg^{2+} 共占 77.18%，Na^+ 和 K^+ 分别占 17.84% 和 4.98%。其中 Ca^{2+} 和 Mg^{2+} 的浓度是全球平均值的两倍多，反映了碳酸岩风化的主导作用。流域的溶解硅平均浓度（3.34 mg L^{-1}）略低于全球平均值（4.07 mg L^{-1}）（Meybeck，2003），表明硅酸岩风化的作用相对较弱。甘达基河流域河水阴离子平均浓度（mg L^{-1}）的顺序为 $HCO_3^->SO_4^{2-}>Cl^->NO_3^-$。占主导地位的阴离子为 HCO_3^-，占 67.05%；其次分别为 SO_4^{2-} 与 Cl^-，各占 23.76% 和 8.30%。NO_3^- 是整个流域中浓度最低的主要阴离子，仅占 0.88%。该流域中 HCO_3^- 和 SO_4^{2-} 的浓度相对较高，分别为全球平均值的两倍和四倍，这说明碳酸岩风化以及蒸发岩溶解是决定该流域水化学特征的主要原因。本研究中甘达基河主要阳离子和阴离子与发源于青藏高原的其他主要河流的阴离子浓度水平相当（Huang et al.，2009；Jiang et al.，2015；Sarin et al.，1989）。

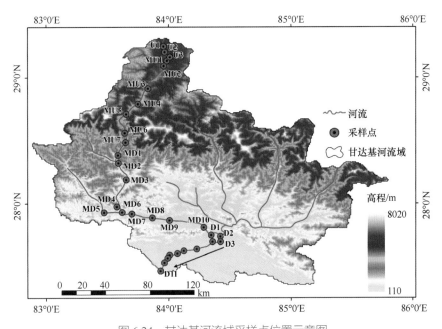

图 6.24 甘达基河流域采样点位置示意图

U：上游，MU：中游偏上，MD：中游偏下，D：下游

研究结果显示，所有采样点的 pH 值均呈中性或碱性。最高 pH 值（9.16）出现在中游偏上的支流，最低 pH 值（7）则出现在中游偏下的支流。中游偏上地区的特点是电导率和 TDS 的平均值明显高于其他河段，且空间变化较大，很可能是因为化学风化、土壤侵蚀及蒸发结晶的综合作用。中游偏下以及下游河段的电导率和 TDS 值较低，可能是由于降水和流量增加以及蒸发岩溶解作用减少的缘故（Thomas et al.，2015）。在含有冰川的上游，部分采样点（如 U1 和 U2）测出的 TDS 值明显偏低，这可能因为积雪和冰川融水的稀释作用。甘达基河流域上中下游的主要离子浓度的差异展现了不同气候、水文和岩性条件对流域水化学过程的影响。此外，上游部分采样点季风后期与其他采样点相比 Na$^+$ 和 Cl$^-$ 浓度较高，这可能是附近热水井渗出的盐分积累所致（Jiang et al.，2015）。在流域上中下游不同河段，主要阳离子中均为 Ca^{2+} 的浓度最高，K$^+$ 的浓度最低；主要阴离子中均为 HCO$_3^-$ 的浓度最高，NO$_3^-$ 的浓度最低（图 6.25）。

与其他主要离子相比，NO$_3^-$ 浓度的空间变化有所不同，从上游到下游持续增加，出现这种现象的原因可能是下游密集的人居环境和人为输入所致。事实上，在中游偏下地段的部分采样点，NO$_3^-$ 的浓度非常高（如，MD5 = 10.31 mg L^{-1}），可能是农业等大量的人为输入和沿岸的印度教葬地的影响（Sharma et al.，2012）。同样，微量元素中 Co、Cr、Zn 也呈现出从中游偏上到下游不断增加的趋势，一定程度上反映了人类活动的影响（图 6.26）。

水质是直接影响人类和生态系统健康的重要参数。因此，水的饮用和灌溉适宜性对该流域的人类和农作物健康至关重要（Thomas et al.，2014）。甘达基河河水在流域内被广泛用作饮用水及其他居民用水，近 120 万人依赖该河的河水生活（Mishra et al.，

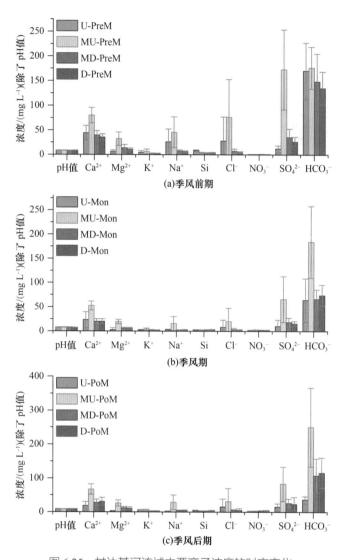

图 6.25 甘达基河流域主要离子浓度的时空变化

U：上游，MU：中游偏上，MD：中游偏下，D：下游；PreM：季风前期，Mon：季风期，PoM：季风后期

2014）。为了从水化学角度综合评价河水的饮用水适用性，本研究计算了综合水质指数 WQI。依据 WQI 值，可将水质分为五类：优质（WQI<50）、良好（50 ≤ WQI < 100）、差（100 ≤ WQI < 200）、极差（200 ≤ WQI < 300）、不适宜饮用（WQI ≥ 300）。分别基于主要离子和微量元素计算的 WQI 值（表 6.17）显示，大部分河段的水质属于优质，甘达基河河水饮用安全风险来自主要离子而非微量元素。基于微量元素的 WQI 水质等级均为优质，基于主要离子的 WQI 等级在季风前期中游偏上 MU2 样点为差，季风前期 U3、MU3-MU6 以及三个季节 MU1 的水质属于良好，其他采样点各季节的水质等级均为优质。表 6.18 中列出了甘达基河水中超出 WHO 饮用水标准的指标、采样点及采样季节，结果显示，季风前期和季风后期大部分采样点的 pH 都存在略微超标的现

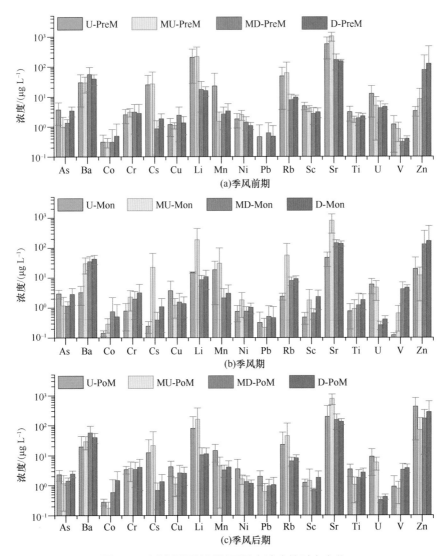

图 6.26　甘达基河流域微量元素浓度的时空变化

U：上游，MU：中游偏上，MD：中游偏下，D：下游；PreM：季风前期，Mon：季风期，PoM：季风后期

象。另外，季风后期中游偏上 MU1 采样点的 TDS、季风前期中游偏上 MU1、MU2 采样点的 TDS 和 MU2 采样点的 Ca^{2+}、Mg^{2+}、SO_4^{2-} 浓度也超出了世界卫生组织饮用水标准。绝大部分水质超标现象出现在非季风期，在一定程度上说明了季风期大量降水对水质成分的稀释作用有利于水资源质量的提高和利用。

农业是尼泊尔主要经济收入来源之一，而农业直接依赖于雨水和灌溉水（Dahal et al.，2016）。因此，河水的灌溉适用性对该流域的居民和农作物健康至关重要（Thomas et al.，2014）。水的灌溉适宜性取决于溶解盐的类型和浓度，其中 Na^+ 起着重要作用（Elango，2005）。一般来说，灌溉水的高钠含量会导致 Na^+ 取代土壤中 Ca^{2+} 和 Mg^{2+}，降低土壤渗透性，影响作物产量，导致钙质缺乏等。根据钠吸附比（SAR）可将灌溉

表 6.17　甘达基河流域存在饮用水安全风险的指标与采样点

	季风前期					季风期	季风后期	
	pH	TDS /(mg L^{-1})	Ca^{2+} /(mg L^{-1})	Mg^{2+} /(mg L^{-1})	SO$_4^{2-}$ /(mg L^{-1})	pH	pH	TDS /(mg L^{-1})
U1	8.7						8.8	
U2							8.7	
U3	8.8							
MU1	8.6	786						790
MU2	8.7	1005	104.3	75	317		8.7	
MU3	8.6						8.7	
MU4	8.8						8.7	
MU5	8.9						8.7	
MU6	8.8							
MU7	8.8							
MD1	8.5					8.6		
MD2	8.7							
MD3	8.7					8.6	8.6	
MD4	8.5						8.8	
MD5							8.7	
MD6							8.6	
MD7	8.5						8.7	
MD8	8.7						8.9	
MD9	8.7						8.8	
MD10							9.0	
D1							8.7	
D2							8.7	
D3							8.8	
D6	8.6							
D9							8.6	
D10	8.6						8.7	
D11	8.5						8.6	
WHO	6.5～8.5	600	100	50	250	6.5～8.5	6.5～8.5	600

注：未显示的采样点指标为符合 WHO 饮用水标准

水分为四类（低 <10，中：10～18，高：18～26 和非常高 >26）(Saleh and Shehata，1999；Thomas et al.，2014)，高钠吸附比值表明对作物危害更大。研究表明甘达基河整个监测期间所有水样的 SAR 比值都低于 3。根据 Na$^+$% 值可将灌溉水分为五类（优质 <20，良好 20～40，可接受 40～60，存疑 60～80 和不适宜 >80）(Richards，1954；Wilcox，1948)。本研究甘达基河流域的 Na$^+$% 显示河水灌溉适用性为优质到可接受类，其中优质 82.42%、良好 13.94%、可接受 3.64%。相比于季风前期和季风后期，季风期的 Na$^+$% 值更低。从空间变化看，该流域中游偏上河段的 Na$^+$% 值相对较高。因此，从灌溉适宜性角度来看，除上游和中游偏上少数河段，河水均为优质灌溉用水。并且，上游和中游偏上少数河段 Na$^+$% 偏高主要发生在季风前期和季风后期，对农作物生长影响较小。

表 6.18 甘达基河不同河段饮用水水质评价

	主要离子 WQI			微量元素 WQI		
	季风前期	季风期	季风后期	季风前期	季风期	季风后期
U1	13	4	9	10	6	10
U2	16	12	13	9	5	9
U3	**56**	37	36	23	8	15
MU1	**78**	**51**	**79**	24	24	24
MU2	**122**	45	45	17	17	11
MU3	**53**	36	38	8	5	10
MU4	**60**	38	46	9	5	7
MU5	**57**	30	48	10	11	8
MU6	**53**	36	47	9	6	8
MU7	38	22	35	8	8	9
MD1	33	18	26	9	4	8
MD2	28	10	22	6	2	5
MD3	24	13	14	6	6	6
MD4	27	12	18	5	7	8
MD5	26	15	21	8	3	6
MD6	32	13	27	6	3	7
MD7	26	11	27	4	3	7
MD8	29	17	22	5	6	6
MD9	33	14	22	3	4	4
MD10	25	14	23	6	9	8
D1	11	19	17	8	3	9
D2	15	21	19	8	4	6
D3	15	22	19	8	7	10
D4	15	22	32	7	11	7
D5	16	22	29	7	7	6
D6	15	23	24	7	7	8
D7	14	22	27	7	11	11
D8	15	21	24	10	8	8
D9	11	20	20	8	13	7
D10	13	19	19	11	5	12
D11	14	22	23	13	8	7

注：加粗字体为水质在优质以下

综上所述，主要离子和微量元素的浓度表明甘达基河流域的水化学特征主要受碳酸岩风化影响，其次是蒸发岩溶解和硅酸岩风化。此外，在确定水化学成分的主控因素时，需要将人为输入与自然输入区分开来，因为人为干扰有可能对地表水化学成分产生很大影响（Flintrop et al.，1996）。前人研究表明，青藏高原河源区的气候变化和土地使用可能导致下游河水化学成分变化（Chen et al.，2002；Guo et al.，2015；Wang et al.，2007）。本研究下游段相对较高的 NO_3^- 含量表明人类活动的影响，沿河耕地中氮肥的使用可能会增加河水中的硝酸盐浓度。大部分河段的河水为优质饮用水，中游偏上和下游少部分河段的河水水质良好，中游偏上个别采样点的水质差。除上游和中游偏上少数河段，河水均为优质灌溉用水。

2. 柯西河水化学参数的空间分布特征及其水质评价

1）柯西河流域概况

柯西河（Koshi River）流域发源于海拔 8000 多米的喜马拉雅中部北坡，流经中国、尼泊尔及印度，是恒河最大的支流之一，是第三极国际河流的典型代表。流域范围为 $26°51'25'' \sim 29°08'16''$N，$85°23'17'' \sim 88°56'47''$E（图 6.27），总流域面积 8.747 万 km²，位于中国、尼泊尔和印度境内的面积分别占流域总面积的 34%、45%、21%。

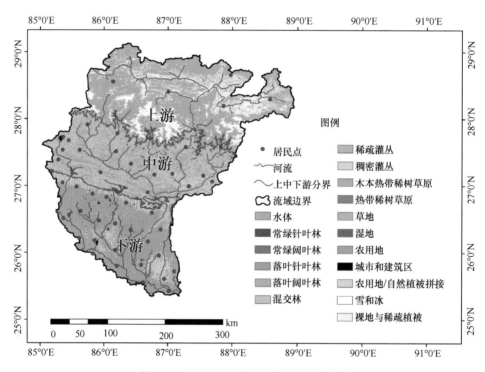

图 6.27　柯西河流域位置及土地利用类型

受地质构造影响，流域地势整体呈北高南低态势，海拔落差巨大（$60 \sim 8848$ m），流域内分布着包括珠峰在内的 6 座海拔 8000 m 以上的高山（孙建华，2015），围绕这些高山发育着数量众多的冰川和冰湖。柯西河源头所处喜马拉雅高山地区地形复杂，河流季节性水量变化主要受控于降水；冰川积雪对径流贡献在上中下游区域变化大，在旱季是下游区域农业生产和人民生活的重要水资源（Alford and Armstrong，2010；Miller et al.，2012；Pritchard，2017）。

流域气候主要受印度季风和西风环流影响，呈显著的季节性变化特征。由于喜马拉雅山对来自南亚暖湿气流的屏障作用，南北坡气候差异显著，自南向北依次分布着热带、亚热带、温带、亚高山带、高山带和喜马拉雅山过渡带（邓伟和张镱锂，2014）。整个流域的降水分配极不均匀，北部的喜马拉雅山区年降水量仅为 300 ～ 400 mm，南部的中南亚热带和热带气候区年降雨量在 1000 ～ 1500 mm，中北部温带地区年降水量达到 1500 ～ 2500 mm，由于该区域地形坡度极大，具有典型的降雨随海拔变化的梯度带（高晓等，2015）。

流域内水系发达，主要支流自西向东有印德拉瓦迪（Indrawati）、孙科西河（Sun koshi River）、绒辖曲（Tamakoshi）、利库科拉（Likhu khola）、牛奶河（Dudhkoshi）、阿润（Arun）和塔木尔（Tamor）等河流（Gong et al.，2017）。

流域根据海拔等高线划分为上游区（海拔 >4000 m），占流域面积 41%，中游区（海拔 200 ～ 4000 m），占流域面积 31%，以及下游区（海拔 <200 m），占流域面积 28%。流域内的土地利用类型（表 6.19）受气候及地势条件影响具有较为显著的区域特征，上游地区主要土地利用类型为草地，占其面积的 58%，中游地区以混交林为主，占其面积的 60%，下游地区主要土地利用类型为农田，占其面积的 73%。

表 6.19　柯西河流域土地利用类型面积百分比

土地类型	百分比 /%	土地类型	百分比 /%
水体	0.05	木本热带稀树草原	5.05
常绿针叶林	0.82	热带稀树草原	0.04
常绿阔叶林	0.09	草地	25.79
落叶针叶林	0.01	湿地	0.02
落叶阔叶林	0.03	农用地	22.05
混交林	19.83	城市和建筑区	0.29
稠密灌丛	0.03	农用地 / 自然植被拼接	9.66
稀疏灌丛	4.97	雪和冰	4.90
裸地与稀疏植被	6.37		

2）柯西河采样点空间分布

采样调查点具体分布如图 6.28 所示，本次科考实际设置采样调查点共 32 个，其中上游 7 个点、中游 20 个点，以及下游 5 个点。采样点分布于沿河道自上而下 21 个干流采样点及 10 条主要支流上 11 个采样点。具体包括：上游干流（中国境内的朋曲）的 5 个点及其 2 条支流（叶如藏布、扎嘎曲），中游干流（尼泊尔境内的 Indrawati River、Sunkoshi River、Saptakoshi River）的 12 个点及其 8 条支流（自上而下分别为 Melamchi River、Jalbire Khola、Bhotekoshi、Tamakoshi、Likhu River、Dudhkoshi、Arun River 及 Tamor River）的 8 个点，下游干流 5 个点（印度境内的 Saptakoshi River 3 个点）。尼泊尔和印度境内样品采集时间为 2017 年 10 ～ 11 月，中国境内样品采集时间为 2017 年 12 月。

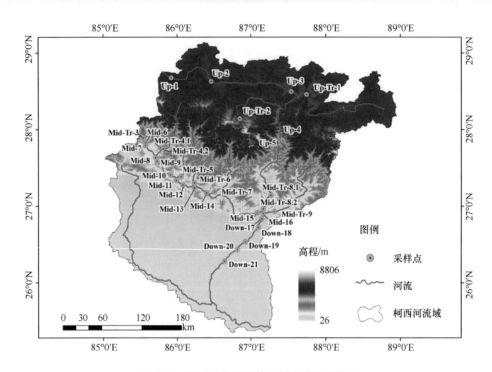

图 6.28　流域水化学参数采样点空间分布图

3）柯西河水化学参数基本特征

天然水域（如河流和湖泊）中微量元素通常被定义为浓度低于 1 mg L^{-1}（Gaillardet et al.，2003）。尽管在天然水体中它们的浓度很低，微量元素在人类健康中起着重要作用（WHO，2011）。通常，微量元素在天然水体中的存在不是独立的。青藏高原的河水中，溶解的化学成分受到岩性风化、水的酸碱度、地下水及人类活动的影响（Huang et al.，2009；Qu et al.，2015；Qu et al.，2017b；Zhang et al.，2015b）。

柯西河全流域水化学参数见图 6.29 各要素箱式图所示。总体上，柯西河流域河水呈弱碱性；因从上游到下游气候带的变化，水温（Tw）在 0.2 ～ 21.9℃间变化，空间差异较大；TDS 的平均值为 82.33 mg L^{-1}，最大最小值分别为 238 mg L^{-1} 和 33 mg L^{-1}，全流域均处于较低值，属于低矿化度的淡水资源。微量元素根据其浓度可分为三组：①较高浓度一组包括 Fe、Al、Sr、Li（浓度 > 10.0 μg L^{-1}）；②中等浓度一组包括 Ba、Zn、Mn、Rb、Cu、U、As、Sb、Cs、Cr、Sc、Ni、Pb、Co（浓度为 0.1 ～ 10.0 μg L^{-1}）；③较低浓度一组包括 Y、Ga、Tl、Cd（浓度 < 0.1 μg L^{-1}）（Xiao et al.，2014）。

4）柯西河水化学参数空间分布

柯西河由北向南流经中国、尼泊尔、印度三个国家，主河全长 255 km。流域被喜马拉雅山分为南北坡，地势起伏海拔落差大、自然气候条件差异显著，这将导致流域内的水化学特征参数可能呈现较大的空间差异性。

上中下游经 Oneway ANOVA 检验（表 6.20），可以发现，pH 值、Tw、TDS、DO、BOD 和 COD 在空间上存在显著差异（$P < 0.05$），说明主要离子和有机物富集都有显著

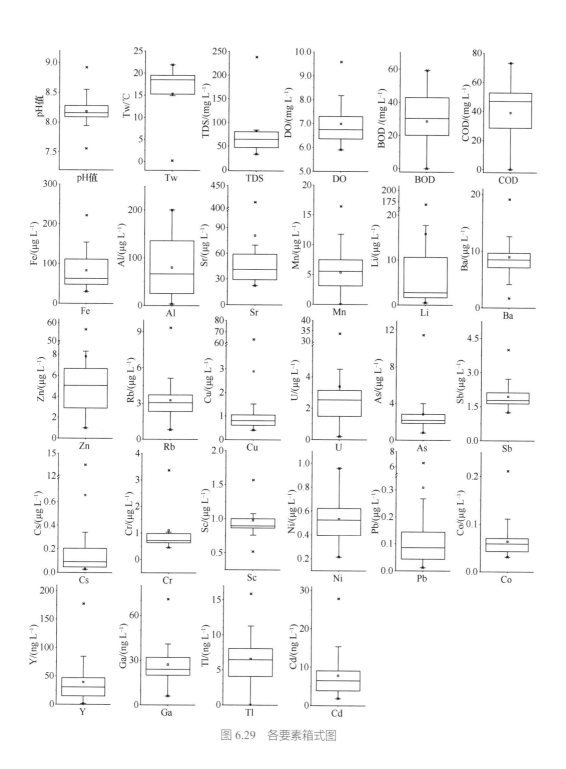

图 6.29　各要素箱式图

的空间差异；微量元素中 Fe、Al、Sr、Mn、Li、Cu、As、Sb、Cr、Sc、Ni、Y 和 Tl，这 13 个元素也在空间上表现出了较强的差异性，可能是地质条件差异导致了这些微量元素的空间分布不均，也不排除有人类活动的影响，如交通、旅游、工业、农业等（Paudyal et al.，2016）。

表 6.20　各要素空间变异性检验（ANOVA）

指标	P 值	指标	P 值	指标	P 值
pH 值	**0.000**	Li	**0.000**	Cr	**0.000**
Tw	**0.000**	Ba	0.658	Sc	**0.000**
TDS	**0.000**	Zn	0.161	Ni	**0.004**
DO	**0.000**	Rb	0.292	Pb	0.648
BOD	**0.000**	Cu	**0.046**	Co	0.629
COD	**0.000**	U	0.056	Y	**0.018**
Fe	**0.000**	As	**0.000**	Ga	0.328
Al	**0.001**	Sb	**0.017**	Tl	**0.000**
Sr	**0.000**	Cs	0.051	Cd	0.061
Mn	**0.000**				

注：粗体表示有显著的空间变异性

图 6.30 为各要素分别在上游、中游和下游的描述统计。整体上看，柯西河流域的水化学特征参数沿程存在显著的空间变异性。

上游区域的 TDS 显著高于中下游区域，其中支流一叶如藏布的 TDS 较高，与干流平均水平相当，支流二扎嘎曲的 TDS 显著低于干流平均值。尼泊尔境内 Sunkoshi 河的 TDS 在其中上游出现增加趋势，这可能受其上游 Bhotekoshi 支流较高的 TDS 影响。中游的其他区域及下游的 TDS 变化范围不大，均处于平均值水平附近。支流中 TDS 较高的前 4 名依次为：叶如藏布（198 mg L^{-1}），Bhotekoshi（84 mg L^{-1}）、扎嘎曲（77 mg L^{-1}）、Arun River（71 mg L^{-1}），其他支流的 TDS 变化范围在 33 ~ 48 mg L^{-1} 之间。

水体呈弱碱性，上游 pH 值显著高于中游和下游，中游在 Melamchi River 和 Indrawati River 处出现 pH 的最低值，约 7.6 左右，可能是人类活动所致。DO 值在上游朋曲沿程有增加趋势，随后向下游呈递减趋势；支流与干流间的差异不显著，从流域整体上看，DO 值的空间变化趋势较为平缓。

水温、BOD 和 COD 都具有显著的随海拔梯度递减的效应，中游平均水温比上游平均水温高 16.0℃，下游水温比中游水温高 2.5℃。上游水体的 pH 值较高，中游和下游地区的平均 pH 值较为接近，其表现为向下游增加的趋势。上游 BOD 和 COD 浓度非常低，其空间平均值分别是 0.11 mg L^{-1} 和 0.09 mg L^{-1}；中游和下游的水平相当，其 BOD 和 COD 浓度的空间平均值分别为 35.50 mg L^{-1} 和 50.17 mg L^{-1} 及 39.72 mg L^{-1} 和 48.90 mg L^{-1}，为上游区域的 300 ~ 500 倍，一方面可能是因为气温在不同气候带的表现，以及上游为冰川融水，使得中下游地区水温显著高于上游区域，从而使得中下游

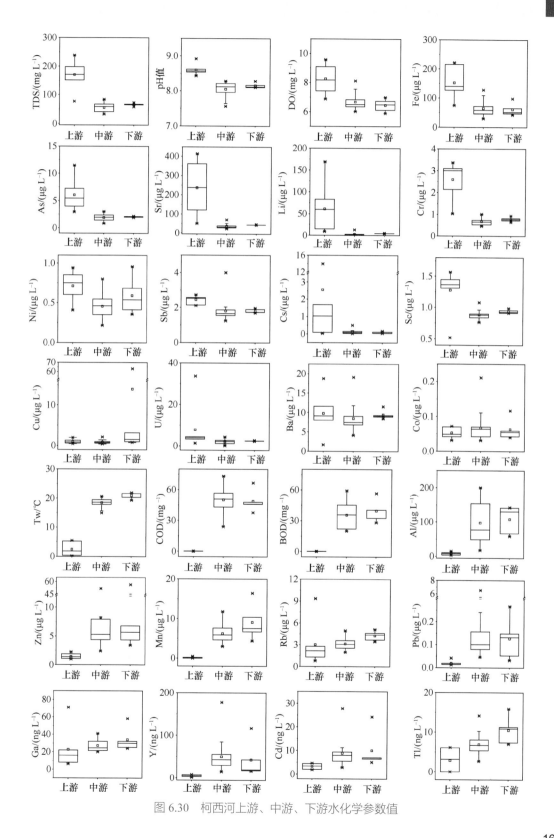

图 6.30 柯西河上游、中游、下游水化学参数值

河水中藻类及微生物较为丰富，进而使得 BOD 和 COD 浓度远高于上游地区；另一方面，也可能是中下游人类活动的增多，使得水体营养化程度较上游高。

在上游地区浓度显著高于中下游地区的微量元素有 Fe、As、Sr、Li、Cr、Ni、Sb、Cs、Sc 和 U；Cu、Ba、Co、Zn、Rb、Pb 和 Ga 在上游与中下游的浓度无显著差异；Al、Mn、Y、Cd 及 Tl 在中下游的浓度显著高于上游。

上游 Cs 和 Li 的浓度是中下游平均浓度的 10 倍以上，Sr、Cr、U、As 和 Fe 的浓度是中下游的 2～10 倍，Ni、Sc、Sb 和 Ba 的浓度是中下游浓度值的 1～2 倍。与上游主河道河水微量元素相比，扎嘎曲较低的 Fe、Sr、Li、Y 和 Cd 浓度应该是导致其下游主河道浓度降低的主要原因，而扎嘎曲 U、As、Ga 及叶如藏布 Rb、Cs 的较高浓度是使得汇流后的下游主河道相应微量元素浓度有所升高的重要原因。

微量元素 Al、Mn、Y、Cd 及 Tl 在上游地区平均浓度低于中下游地区的平均值。上游朋曲各元素的浓度均处于较低值，中下游各元素浓度值的数量级相当，具有一定的波动性。Cd 在支流 Dudhoshi 河（Mid-Tr-7）中含量显著高于中下游绝大部分地区；支流 Melamchi 河（Mid-7）的 Pb 浓度明显高于柯西河流域其他采样点；支流 Sunkoshi 河（Mid-10）Zn 的浓度及 Sunkoshi 河（Mid-14）Sb 的浓度均显著高于柯西河流域其他绝大部分采样点；而在最下游 Saptakoshi 河（Down-21），其 Zn、Cu 和 Cd 的浓度都出现了最大值，这可能与下游地区大规模的人类活动有关。

以 pH 值、TDS、Tw、DO、BOD 和 COD 为因子对采样点进行聚类分析（质心聚类和 Pearson 相关），得到如图 6.31（a）所示分类；以所有微量元素为因子对采样点进行聚类分析（最近邻元素和 Pearson 相关），得到如图 6.31（b）所示分类。总的来说，柯西河上游呈现了与中游和下游显著不同的性质和规律，中下游地区可能因为地质条件不同以及受到旅游业、工业、农业等人类活动影响（Paudyal et al.，2016），而表现出与上游地区不同的性质。

5）柯西河水质评价

柯西河是区域重要的淡水资源，为中国西藏、尼泊尔全境及印度提供饮用水。根据世界卫生组织（WHO，2011）的安全饮用水标准（表 6.21）对柯西河流域全段水质进

(a)按 pH 值、TDS 等因子聚类分析　　(b)按各微量元素浓度聚类分析

图 6.31　采样点性质分类

表 6.21　世界卫生组织（WHO）和国标（GB）安全饮用水标准

指标	单位	平均值	标准差	最大值	最小值	WHO[a]/GB[b]
pH 值		**8.18**	0.29	**8.92**	7.56	6.5 ～ 8.5[a]
Tem	°C	15.33	7.15	21.90	0.20	—
TDS	mg L^{-1}	82.33	53.91	238.00	33.00	< 600[a]
EC	μS cm^{-1}	171.44	106.87	475.00	67.00	—
DO	mg L^{-1}	6.98	0.91	9.58	5.90	—
BOD	mg L^{-1}	**28.43**	18.51	59.30	0.00	3[b]
COD	mg L^{-1}	**39.02**	23.19	73.20	0.00	15[b]
Fe	μg L^{-1}	82.95	48.95	221.70	29.90	—
Al	μg L^{-1}	79.46	62.38	200.30	3.25	900[a]
Sr	μg L^{-1}	80.70	101.28	413.20	22.11	—
Li	μg L^{-1}	15.82	34.68	168.80	0.51	—
Ba	μg L^{-1}	8.93	3.43	19.09	1.68	700[a]
Zn	μg L^{-1}	7.82	12.45	56.43	0.99	1000[a]
Mn	μg L^{-1}	5.35	3.89	16.43	0.01	—
Rb	μg L^{-1}	3.26	1.49	9.35	0.80	—
Cu	μg L^{-1}	2.90	11.02	63.20	0.40	2000[a]
U	μg L^{-1}	3.39	5.64	**33.63**	0.20	30[a]
As	μg L^{-1}	2.83	2.17	**11.45**	0.81	10[a]
Sb	μg L^{-1}	1.94	0.54	4.00	1.24	20[a]
Cs	μg L^{-1}	0.66	2.38	13.50	0.03	—
Cr	μg L^{-1}	1.10	0.89	3.36	0.45	50[a]
Sc	μg L^{-1}	0.98	0.23	1.57	0.52	—
Ni	μg L^{-1}	0.53	0.19	0.96	0.21	70[a]
Pb	μg L^{-1}	0.31	1.14	6.52	0.01	10[a]
Co	μg L^{-1}	0.06	0.03	0.21	0.03	—
Y	ng L^{-1}	38.97	36.95	177.40	1.18	—
Ga	ng L^{-1}	27.19	12.67	71.00	6.00	—
Tl	ng L^{-1}	6.58	3.62	15.87	0.00	—
Cd	ng L^{-1}	7.79	5.96	27.80	1.82	3000[a]

a WHO（2011）世界卫生组织安全饮用水标准；b GB3838-2002 中国地表水环境质量标准

注：加粗字体表示超过 WHO 或国际饮用水安全标准

行评价。对比结果表明,除 pH 值及 BOD 和 COD 三项指标的平均值高于 WHO 标准值,其他指标的平均值全部低于 WHO 标准值。柯西河水的 TDS<600 mg L^{-1},按 WHO 标准,属于优级;pH>8.0,属于弱碱性水;对于 BOD 和 COD 两项指标,由于缺少 WHO 的统一标准,仅参考《中华人民共和国地表水环境质量标准》(GB3838—2002),认为一类和二类(BOD ≤ 3 mg L^{-1}、COD ≤ 15 mg L^{-1})基本上能达到饮用水标准。在上游中国境内其值很低,即使最大值亦低于该饮用水指导标准。然而,受人类活动影响在中游和下游尼泊尔和印度境内该指标显著增加且普遍高于饮用水标准。此外,除了扎嘎曲的 As 和 U 的含量略高于世界卫生组织安全饮用标准外,其他所有微量元素的含量均符合标准。综合评价柯西河的水质仍是优良的,是适合饮用的安全水资源。

表 6.22 列出了柯西河流域河水微量元素与邻近河流及世界水平的比较结果。除 As 和 U 的最大浓度外,总体上,柯西河河水中的微量元素大多都低于 WHO 和 US EPA 的标准,说明单就微量元素含量而言,目前柯西河作为饮用水源是安全的。柯西河与邻近的河流相比,除了 Cu、Li、Mn、Pb 元素浓度较 Gandaki 河高,这两条河流中其他微量元素浓度的数量级相当;除 Li 元素外,各元素平均值均显著低于 Bagmati 河流的浓度;除 Cd、Co 和 Pb 外,其他微量元素浓度高于长江上游的浓度值。总体上,柯西河水体微量元素虽然显著低于 WHO 和 US EPA 的饮用水安全标准,但是有多个元素如 As、Cr、Cu、Cs、Li、Pb、Rb、Sr、U、Zn 等,却显著高于世界平均水平,其中少数采样点微量元素存在潜在的污染风险,需要引起当地的水环境保护相关部门的重视。

表 6.22　柯西河水微量元素浓度与其他邻近河流及世界平均水平对比

参数值	As	Ba	Cd	Co	Cr	Cs	Cu	Li	Mn	Ni	Pb	Rb	Sc	Sr	U	Y	Zn
最小值	**0.81**	1.68	0.00	0.03	0.45	**0.03**	0.40	0.51	0.01	0.21	0.01	0.80	0.52	22.11	0.20	0.00	**0.99**
最大值	**11.45**	19.09	0.03	0.21	**3.36**	**13.50**	63.20	**168.80**	16.43	**0.96**	**6.52**	9.35	**1.57**	413.20	33.63	**0.18**	56.43
标准偏差	2.17	3.43	0.01	0.03	0.89	2.38	11.02	34.68	3.89	0.19	1.14	1.49	0.23	101.28	5.64	0.04	12.45
平均值	**2.83**	8.93	0.01	0.06	**1.10**	**0.66**	2.90	**15.82**	5.35	0.53	**0.31**	3.26	0.98	80.70	3.39	0.04	7.82
Gandaki[1]	—	19.71	—	**0.15**	4.98	—	1.06	**6.45**	3.77	0.67	0.11	—	—	88.51	—	—	4.47
Bagmati[2]	—	—	0.38	0.58	17.27	—	11.29	1.66	158.71	2.18	—	22.98	5.37	—	—	0.29	37.05
长江上游[3]	0.86	—	0.015	0.24	0.26	—	0.63	—	2.53	0.18	**0.76**	—	—	—	—	—	0.68
世界平均[3]	**0.62**	23	0.08	0.14	0.7	**0.01**	1.48	**1.84**	34	0.8	0.07	1.63	1.2	60	0.372	0.04	0.6
WHO[4]	10	700	3		50		2000			70	10			30			1000
US EPA[5]	10		5		100		1300				15						

① Trpathee et al,2016;② Poudyal et al.,2016a;③ Galliardet et al,2014;④ WHO,2004;⑤ EPA 2011
注:所有单位均为 μg L^{-1}。加粗字体表示其值高于世界平均水平

6.2.4　小结

外源污染物对青藏高原生态环境的负面影响业已凸显。大气污染物进入青藏高原后,通过干湿沉降等清除过程和地 - 气交换进入地表系统,进一步参与水圈、冰冻圈与

生物圈的地球化学循环过程，使其成为大气污染物重要的受体和汇。青藏高原科学考察发现外源有毒污染物（POPs 和汞等）已经对高原陆地和水生生态系统产生了危害。

　　沉降到冰川表面以后，黑碳、吸光性有机碳等污染物通过加热大气和降低雪冰表面反照率的双重作用，使区域气候变暖，导致冰川、积雪加速融化。特别是高原南部喜马拉雅山脉呈现最强烈的冰川退缩，而南亚排放的大气黑碳有可能是这一区域雪冰消融的重要原因。人为排放的黑碳所导致的冰川消融，将深刻改变水资源的时空格局，对水资源利用提出挑战。总之，外源大气污染物对区域气候和环境产生重要影响，其跨境输入已成为威胁青藏高原大气环境和陆表生态系统不可忽视的因素。

第 7 章

结 语

青藏高原拥有独特的生态系统类型，其生态功能对保障我国乃至亚洲生态安全具有重要的屏障作用。由于受到南亚季风和西风环流的影响，大气污染物可以通过长距离传输进入青藏高原，且这种影响有上升的趋势。目前迫切需要解决的问题包括：青藏高原大气污染物的变化历史如何？大气环境的本底状况如何？南亚大气污染物的源区特征是什么？喜马拉雅山脉两侧的大气环境存在哪些异同？从地球系统科学角度出发，研究人类活动排放污染物向青藏高原的输入机制、过程及其所产生的生态环境影响，是青藏高原地表多圈层（大气圈-水圈-冰冻圈-土壤圈-生物圈）相互作用研究的纽带和关键环节。为全球变化和人类活动双重影响下的青藏高原生态环境可持续发展提出理论依据，也是实现习近平总书记提出的第二次青藏高原综合科学考察核心目标的重要实践。

本报告结合前期工作与强化观测，聚焦本次科考关键区，全面开展了大气气溶胶中元素、离子、黑碳、有机碳、总汞、PAHs 等研究，对降水化学和气态污染物的时空变化进行了长期观测，结合卫星遥感与模式模拟对跨境污染物的传输机理进行了深入分析，同时评估了污染物的气候效应和对生态系统的影响。

7.1 大气污染物历史变化、现状及来源

从历史趋势上看，高原南部冰川的黑碳在过去的 50 年呈现持续上升趋势，南亚黑碳排放的持续加剧是导致这种增长的主要原因。与黑碳类似，有毒污染物如汞和 POPs 的冰芯记录也显现了显著增长的趋势。上述污染物历史积累趋势表明高原受到污染物的影响愈发严重，污染物在高原的环境负荷持续增长。

青藏高原大气气溶胶的质量浓度水平整体较低，但存在明显的季节变化，表现为季风前期/春季高，而季风期/夏季低，这种变化在喜马拉雅山地区和高原东南部地区都较为一致，反映了南亚棕色气团爆发和雨季降水清除两个因素对区域气溶胶浓度的显著约束。

青藏高原多数区域（珠峰、纳木错、青海湖、祁连山和玉龙雪山等）大气气溶胶中的水溶性离子组成中，SO_4^{2-} 是最主要的阴离子，其次是 NO_3^-，而 Ca^{2+} 是最主要的阳离子，这一特征既反映了人类污染物排放的影响，也体现了地表扬尘（地壳物质）的重要贡献。

青藏高原及喜马拉雅南坡不同区域 OC 和 EC 的浓度水平不同，但突出特征是 OC 的含量相对于 EC 浓度非常高。青藏高原有机气溶胶主要来源于南亚地区传输的污染物，SOA 的生成也是一个重要的潜在源，不同区域略有差异，局地排放和长距离传输都有贡献。青藏高原南部和南亚大气气溶胶中，左旋葡聚糖与 OC 和 EC 具有显著的相关关系，说明生物质燃烧是碳质组分的重要来源。黑碳气溶胶 ^{14}C 组成显示从高原边缘到内陆，生物质燃烧对黑碳的贡献逐渐增大，证实生物质燃烧排放对青藏高原气候和冰冻圈具有更多的影响。连续在线气溶胶观测（黑碳和 AOD）表明，春季（季风前期）是全年污染物含量最高季节，受到南亚跨境污染物的影响最为显著。

青藏高原降水都呈中性或弱碱性，pH 值为 5.94～7.8。降水中的主要水溶性无机离子浓度与全球偏远地区处于同一水平，这反映出青藏高原大气环境整体洁净的特征。

然而，雪冰中的左旋葡聚糖等痕量有机指示物清晰的指示出，青藏高原受到周边地区生物质燃烧排放的影响，特别是印度东北部的春季火灾排放能够引起藏东南地区冰川雪冰中黑碳含量剧增。大气降水中的无机活性氮组分和气团轨迹分析进一步说明，高原北部由于西风带的传输受到源于中亚和中东排放的影响，而高原中部和南部在印度季风的影响下受到南亚排放的输入。

7.2 大气污染物跨境传输

青藏高原受到周边污染排放的影响已经是不争的事实。青藏高原幅员辽阔，不同地域所受到的大气环流不同，也引入了不同地区来源的污染物。大气观测和冰芯记录显示南亚是大气污染物的主要源区，东亚、中亚以及高原自身的人为排放也有输入。在典型时段（尤其是春季）已清晰捕捉到大气污染长距离传输事件的侵扰。模式模拟提出污染物跨境传输具有山谷输送和高空翻越（深对流）两种形式，科考中的气溶胶激光雷达观测也证实这一观点。未来将综合新技术（无人机航测、颗粒物激光雷达与卫星遥感等）和大气化学指纹信息，深入理解西风、季风和高原局地环流对污染物传输的作用机制，研究不同大气环流形式下外源污染物在高原的输送量和影响范围。

7.3 大气污染物的气候效应

大气气溶胶-雪冰辐射反馈效应对青藏高原的气候变化带来一定的影响。模式模拟发现，季风前期及季风期硫酸盐、黑碳和有机碳气溶胶的综合辐射效应使得南亚地区大气增温，由于同期青藏高原为热源，气溶胶导致由北向南的温度梯度减弱，抑制南亚季风向北推进，引起喜马拉雅山地区近30年降水减少。当气溶胶排放浓度加倍时，南亚季风在印度次大陆的爆发时间将推迟 $1 \sim 2$ 候，由此，气溶胶与青藏高原热力作用共同导致印度季风减弱。利用区域气候-大气化学模式中耦合雪冰-气溶胶辐射传输模块，揭示青藏高原自然和人为源吸光性气溶胶对该区域气候的影响机制。发现大气和雪冰中粉尘共同导致青藏高原西部及昆仑山地区春季地面升温 $0.1 \sim 0.5$℃；同时导致高原西部、帕米尔、喜马拉雅地区冬春季雪水当量减少 $5 \sim 25$ mm。高原西部及喜马拉雅地区，黑碳-雪冰辐射效应使近地面增温 $0.1 \sim 1.5$℃和雪水当量减少 $5 \sim 25$ mm。

黑碳等吸光性杂质降低冰川和积雪表面反照率，导致冰川和积雪的快速消融。当冰川发生消融时，黑碳在冰川表层富集，其浓度可以高出粒雪 $1 \sim 2$ 个数量级。天山（科其喀尔冰川）以及高原北部地区（老虎沟12号冰川），冰川中黑碳和粉尘对反照率降低的贡献显著，总计可达40%以上，导致的瞬时辐射强迫可达 100 W m^{-2} 以上。高原中部地区冰川老雪（粒雪）和裸冰中黑碳和粉尘对反照率降低的贡献分别达到52%和25%，总辐射强迫可达 97 W m^{-2}。藏东南冰川上，老雪中黑碳的贡献可达20%，粉尘则为10%；黑碳和粉尘导致的总辐射强迫约为 $4.8 \sim 160$ W m^{-2}，对冰川消融量的贡献可达15%（约为 350 mm w.e.）。总体上，在青藏高原不同区域，黑碳对冰川反照率降低的贡献高于粉尘。青藏高原东部和南部积雪中黑碳和粉尘对反照率降低的贡献分别约为 37% 和 15%，导致的总辐射强迫可达 32 W m^{-2}，积雪期减少约 3.1～4.4 天。随着人类排放黑碳等污染物的增加和冰川本身消融导致的黑碳和粉尘的不断富集，未来雪冰中吸光性杂质增加，将进一步加速冰冻圈的消融。为了减缓冰冻圈的萎缩，全球和区域协同减排势在必行。

7.4 污染物对生态系统的影响

外源污染物对青藏高原生态环境的负面影响业已凸显。大气污染物进入青藏高原后，通过干湿沉降等清除过程进入地表系统，进一步参与水圈、冰冻圈与生物圈的地球化学循环过程，使其成为大气污染物重要的受体和汇。青藏高原陆生和水生生态系统中有毒污染物（POPs 和汞等）存在强烈的生物累积放大效应，因而对外源污染物输入非常敏感。

森林植被可以直接吸附大气污染物，是阻拦污染物自南亚向青藏高原传输的主要介质。尤其是在低温的高海拔地区，植物的吸收作用更明显。例如，喜马拉雅南坡植被污染物富集系数（即植物体内污染物浓度与大气浓度的比值）随海拔的升高而升高，体现了高海拔地区的森林拦截能力较强；同时，喜马拉雅山北坡的富集系数较南坡升高几倍到一个数量级，表明青藏高原森林具有更强的拦截能力。但更强的拦截能力意味着更大的生态风险，以目前的大气沉降通量计算，由于植被的拦截作用，藏东南森林地区土壤中污染物的浓度（如 DDT）可能会在 50 年之内超过土壤环境标准。森林拦截并没有完全阻挡大气污染物向青藏高原的输送。青藏高原的动物体内均可以检测到大气传输污染物的存在，这些污染物经食物链逐级放大，最终聚集到高营养级生物体内。例如，经"大气 - 牧草 - 食草动物"食物链的传递，青藏高原牦牛体内部分有机污染物的富集系数（即牦牛体内污染物浓度与大气浓度的比值）超过 1000 m^3 g^{-1}。

在水生生态系统中，由于生物体寿命较长、生长较慢，其生物富集能力更强。例如，纳木错湖中鱼体内有机污染物浓度比水中高 2～4 个数量级，即具有强烈的食物链生物放大效果；青藏高原鱼体内的甲基汞浓度最高可达 1196 ng g^{-1}，远高于环境质量标准的限值。由于高原的特殊环境，即便少量的污染物输入也有可能对高原生态系统产生较大影响，显示了高原环境对外源污染物输入极为敏感。

目前尚未对青藏高原及南亚污染物的人体健康风险进行系统的评估。但在应用农作物、酥油和鱼的食物摄入健康风险评估后，发现目前青藏高原的环境污染尚不足以威胁到高原人体健康。

青藏高原的跨境河流水质表现出明显的空间异质性。在人口较少的河流上中游地区，河流水化学过程受碳酸岩风化和蒸发结晶等自然过程的影响。在下游地区，饮用水和灌溉用水的适用性分析表明大部分河段水质仍保持了自然状态，但在一些人类聚集区存在水质安全隐患，人类活动的排放对河流水质产生了明显的污染。例如，甘达基河下游在经过尼泊尔中南部的农业区后，河水中硝酸根浓度迅速升高，显示出人为输入对水质的污染。

综合来看，在青藏高原中国境内由于人类活动微弱，跨境河流上游河段水体水质主要受冰川融水补给和岩石风化等自然过程的影响，水体水质总体优良。河流在跨境过程，尤其是经过下游人口聚集区后受到人为污染，河水中的重金属元素、有机污染物等的含量升高明显，河水的水质条件变差。对南亚通道跨境河流的水质调查将有助于第三极地区河流水资源的可持续利用管理。

总之，在人口增长和社会经济发展的驱动下，人类对能源的需求日益增长，化石燃料和生物质燃烧等能源消费所排放的污染物将持续增加。另一方面，全球变化和污染传输紧密联系在一起，其叠加效应趋向于增加环境中污染物的总强度。全球变暖能够促使部分污染物在大气中的载荷与停留时间增加，进而增强其长距离传输的能力。鉴于这种持续增长的态势，亟待关注大气污染物对青藏高原影响的未来情景。

7.5 外源污染物影响的未来预估

大气污染的形成是一个开放的动态复杂系统，具体而言，经济、能源、政策和气候变化等是未来大气质量变化的重要驱动因素。尽管影响因子众多、充满着不确定性，但南亚的能源消费以化石燃料和生物质为主，这一结构在未来相当长的一段时间内不会发生根本性的变化。在人口增长和社会经济发展的驱动下，人类对能源的需求日益增长，南亚化石燃料和生物质燃烧等能源消费所排放的污染物将持续增加。从珠峰的冰芯记录来看，1970 年以来黑碳浓度（0.7ppb）较 1860 ~ 1970 年黑碳平均浓度（0.2 ppb）升高了约3 倍。在不升级现有减排措施的情境下，南亚地区工业、固体燃料和柴油排放对喜马拉雅山脉冰川中黑碳的贡献，在未来 30 ~ 50 年将进一步增加（Alvarado et al.，2018）。

根据印度大气污染物 2015 ~ 2050 年的预估结果（Venkataraman et al.，2018），如果维持现有减排政策，大气污染物（尤其是 $PM_{2.5}$）将大幅增加，特别是燃煤电厂排放的增幅最为显著。即使是在采取最有效减排政策的情景下，2050 年印度人均 $PM_{2.5}$ 暴露浓度仍将超过世界卫生组织标准的 3 倍。

从技术层面看，火电行业是大气污染 SO_2 和 NO_x 的主要排放源。因此煤炭的使用和消耗过程中，采取有效技术改进提高脱硫脱硝去除率，严格执行法规标准，将有效改善相关污染物的排放因子，从而在未来的社会发展进程中减少总排放量。印度是仅次于中国的煤炭消费国，但印度政府并未像中国一样实施严格控排措施。NASA 的卫星产品显示，2007 年以来中国的 SO_2 排放量下降了 75%，而印度增加了 50%，印度已经成为全球 SO_2 排放量最大的国家（Li et al.，2017a）。随着印度对电力需求的增长，未来可能会造成更严重的影响。

此外，全球变化和区域空气质量、污染传输紧密联系在一起，其叠加效应趋向于增加环境中污染物的总强度（Glotfelty et al.，2016）。全球变暖能够改变风速、气温、相对湿度等气象条件，从而促使部分污染物在大气中的载荷与停留时间增加，进而增强其长距离传输的能力。

参考文献

陈德亮, 徐柏青, 姚檀栋, 等. 2015. 青藏高原环境变化科学评估: 过去、现在与未来. 科学通报, 60: 3025-3035.

成延鏊, 田均良. 1993. 西藏土壤元素背景值及其分布特征. 北京: 科学出版社.

邓伟, 张镱锂. 2014. 气候变化下koshi河流域资源、环境与发展. 成都: 四川科学技术出版社.

樊杰, 徐勇, 王传胜, 等. 2015. 西藏近半个世纪以来人类活动的生态环境效应. 科学通报, (32): 3057-3066.

高晓, 吴立宗, Mool P K. 2015. 基于遥感和GIS的喜马拉雅山科西河流域冰湖变化特征分析. 冰川冻土, 37: 557-569.

高以信, 陈鸿昭, 吴志东. 1985. 西藏土壤. 北京: 科学出版社.

宫鹏, 姚晓军, 孙美平, 等. 2017. 1967—2014年科西河流域冰湖时空变化. 生态学报, 37: 8422-8432.

国家环境保护总局. 2002. GB3838—2002地表水环境质量标准. 北京: 中国标准出版社.

何凌燕, 胡敏, 黄晓锋, 等. 2005. 北京大气气溶胶 PM2.5中的有机示踪化合物. 环境科学学报, 25(1): 23-29.

康世昌, 丛志远. 2006. 青藏高原大气降水和气溶胶化学特征研究进展. 冰川冻土, 28(3): 371-379.

康世昌, 丛志远, 王小萍, 等. 2019. 大气污染物跨境传输及其对青藏高原环境影响. 科学通报, 64(27): 124-132.

李潮流, 康世昌, 丛志远. 2007. 青藏高原念青唐古拉峰冰川区夏季风期间大气气溶胶元素特征. 科学通报, 52(17): 2057-2063.

李放, 吕达仁. 1995. 珠穆朗玛峰地区大气气溶胶光学特性. 大气科学, 19: 755-763.

李吉均, 方小敏, 潘保田, 等. 2001. 新生代晚期青藏高原强烈隆起及其对周边环境的影响. 第四纪研究, 21: 381-391.

李韧, 季国良, 2004. 藏北高原五道梁地区的气溶胶特征. 高原气象, 23: 501-505.

李维亮, 于胜民. 2001. 青藏高原地区气溶胶的时空分布特征及其辐射强迫和气候效应的数值模拟. 中国科学(D辑), 31: 300-307.

李向应, 秦大河, 韩添丁, 等. 2011. 中国西部冰冻圈地区大气降水化学的研究进展. 地理科学进展, 30(1): 3-16.

李月芳, 姚檀栋, 王宁练, 等. 2000. 青藏高原古里雅冰芯中痕量元素镉记录的大气污染: 1900—1991. 环境化学, 19: 176.

李真, 姚檀栋, 田立德, 等. 2006. 慕士塔格冰芯记录的近50年来大气中铅含量变化. 科学通报, 51: 1833-1836.

刘俊卿, 杨永杰, 强德厚, 等. 2010. 日喀则降水化学特征的初步分析. 第27届中国气象学会年会气候环境变化与人体健康分会场, 中国北京.

柳海燕, 张小曳, 沈志宝. 1997. 五道梁大气气溶胶的化学组成和浓度及其季节变化. 高原气象, 16: 122-129.

罗云峰, 吕达仁, 李维亮, 等. 2000. 近 30 年来中国地区大气气溶胶光学厚度的变化特征. 科学通报, 45: 549-554.

马耀明. 2012. 青藏高原多圈层相互作用观测工程及其应用. 中国工程科学, 14: 28-34.

石广玉, 王标, 张华, 等. 2008. 大气气溶胶的辐射与气候效应. 大气科学, 32(4): 826-840.

孙鸿烈, 郑度, 姚檀栋, 等. 2012. 青藏高原国家生态安全屏障保护与建设. 地理学报, 67: 3-12.

孙建华. 2015. KBP背景简介. 地理学报, 70: 510.

汤洁, 薛虎圣, 于晓岚, 等. 2000. 瓦里关山降水化学特征的初步分析. 环境科学学报, 20(4): 420-425.

汤莉莉, 牛生杰, 樊曙先, 等. 2010. 瓦里关及西宁PM_(10)和多环芳烃谱分布的观测研究. 高原气象, 29(1): 236-243.

唐孝炎, 张远航, 邵敏. 2006. 大气环境化学. 北京: 高等教育出版社.

万欣. 2017. 基于分子标志物的喜马拉雅山中段大气有机气溶胶来源解析. 中国科学院青藏高原研究所博士学位论文.

王苏民, 窦鸿声. 1998. 中国湖泊志. 北京: 科学出版社.

王跃思, 辛金元, 李占清, 等. 2006. 中国地区大气气溶胶光学厚度与Ångström参数联网观测(2004-08—2004-12). 环境科学, 27: 1703-1711.

温玉璞, 徐晓斌, 汤洁. 等. 2001. 青海瓦里关大气气溶胶元素富集特征及其来源. 应用气象学报, 12: 400-408.

吴国雄, 张永生. 1998. 青藏高原的热力和机械强迫作用以及亚洲季风的爆发: I.爆发地点. 大气科学, 22: 825-838.

谢树成, Thom. 1999. 青藏高原希夏邦马峰地区雪冰有机质的气候与环境意义. 中国科学:地球科学, 29: 457-465.

杨东贞, 于晓岚, 房秀梅, 等. 1996. 区域站和基准站气溶胶的分析. 应用气象学报, 7: 396-396.

姚檀栋, 陈发虎, 崔鹏, 等. 2017. 从青藏高原到第三极和泛第三极. 中国科学院院刊, 32: 924-931.

叶笃正. 1979. 青藏高原气象学. 北京: 科学出版社.

游超, 姚檀栋, 邬光剑. 2014. 雪冰中生物质燃烧记录研究进展. 地理科学进展, 29: 662-673.

余刚, 周隆超, 黄俊, 等. 2010. 持久性有机污染物和《斯德哥尔摩公约》履约. 环境保护, (23): 13-15.

张军华, 刘莉, 毛节泰. 2000. 地基多波段遥感西藏当雄地区气溶胶光学特性. 大气科学, 24: 549-558.

张仁健, 邹捍, 王明星, 等. 2001. 珠穆朗玛峰地区大气气溶胶元素成分的监测及分析. 高原气象, 20: 234-238.

张小曳, 沈志宝, 张光宇, 等. 1996. 青藏高原远源西风粉尘与黄土堆积. 中国科学(D辑), 26: 147-153.

赵伟, 何建华, 马金珠等. 2015. 疏勒河流域玉门–瓜州盆地地下水化学演化特征. 干旱区研究, 32(1): 56-64.

赵亚楠, 王跃思, 温天雪, 等. 2009. 贡嘎山大气气溶胶中水溶性无机离子的观测与分析研究. 环境科学, 30: 9-13.

郑明辉. 2013. 持久性有机污染物研究进展. 中国科学(化学), 43: 253.

中国科学院《中国自然地理》编辑委员会. 1985. 中国自然地理: 总论. 北京: 科学出版社.

周立. 2012. 西藏中部典型温泉特征. 北京: 中国地质大学.

朱青青, 王中良. 2012. 中国主要水系沉积物中重金属分布特征及来源分析. 地球与环境, 40: 305-313.

Aiken G R, McKnight D M, Wershaw R L, et al. 1985. An introduction to humic substances in soil, sediment, and water. Soil Science, 142(5): 323.

Aitkenhead J, Hope D, Billett M. 1999. The relationship between dissolved organic carbon in stream water and soil organic carbon pools at different spatial scales. Hydrological Processes, 13: 1289-1302.

Aizen V B, Mayewski P A, Aizen E M, et al. 2009. Stable-isotope and trace element time series from Fedchenko glacier (Pamirs) snow/firn cores. Journal of Glaciology, 55: 1-18.

Akimoto H. 2003. Global air quality and pollution. Science, 302: 1716-1719.

Alexander E, Kissinger E, Huecker R, et al. 1989. Soils of southeast Alaska as sinks for organic carbon fixed from atmospheric carbon-dioxide. Proc of Watershed'89: A conference on the Stewardship of Soil, Air, and Water Resources : 21-23.

Alvarado M J, Winijkul E, Adams-Selin R, et al. 2018. Sources of black carbon deposition to the himalayan glaciers in current and future climates. Journal of Geophysical Research, 123(14): 7482-7505.

Alves C A. 2017. A short review on atmospheric cellulose. Air Quality, Atmosphere & Health, 10: 669-678.

Andreae M, Gelencsér A. 2006. Black carbon or brown carbon? The nature of light-absorbing carbonaceous aerosols. Atmospheric Chemistry and Physics, 6: 3131-3148.

Andreae M O, Rosenfeld D. 2008. Aerosol-cloud-precipitation interactions. Part 1. The nature and sources of cloud-active aerosols. Earth-Sci Rev, 89: 13-41.

Armstrong B, Hutchinson E, Unwin J, et al. 2004. Lung cancer risk after exposure to polycyclic aromatic hydrocarbons: a review and meta-analysis. Environ Health Persp, 112: 970-978.

Aufdenkampe A K, Mayorga E, Raymond P A, et al. 2011. Riverine coupling of biogeochemical cycles between land, oceans, and atmosphere. Frontiers in Ecology and the Environment, 9: 53-60.

Bacardit M, Camarero L. 2009. Fluxes of Al, Fe, Ti, Mn, Pb, Cd, Zn, Ni, Cu, and As in monthly bulk deposition over the Pyrenees (SW Europe): The influence of meteorology on the atmospheric component of trace element cycles and its implications for high mountain lakes. Journal of Geophysical Research, 114: G00D02.

Baduel C, Voisin D, Jaffrezo J L. 2010. Seasonal variations of concentrations and optical properties of water soluble HULIS collected in urban environments. Atmospheric Chemistry and Physics, 10: 4085-4095.

Bauer H, Kasper-Giebl A, Zibuschka F, et al. 2002. Determination of the carbon content of airborne fungal spores. Analytical Chemistry, 74: 91-95.

Bengtson-Nash S. 2011. Persistent organic pollutants in Antarctica: current and future research priorities. J Environ Monitor, 13: 497-504.

Beyer A, Mackay D, Matthies M, et al. 2000. Assessing long-range transport potential of persistent organic pollutants. Environ Sci Technol, 34: 699-703.

Bishwakarma K. 2021. Characterization and Assessment of River Hydrochemistry in the Koshi Rover Basin. 中国科学院青藏高原研究所硕士学位论文.

Blais J M, Schindler D W, Muir D C G, et al.1998. Accumulation of persistent organochlorine compounds in mountains of western Canada. Nature, 395: 585-588.

Boening D W. 2000. Ecological effects, transport, and fate of mercury: a general review. Chemosphere, 40: 1335-1351.

Bonasoni P, Laj P, Marinoni A, et al. 2010. Atmospheric brown clouds in the Himalayas: first two years of continuous observations at the Nepal Climate Observatory-Pyramid (5079m). Atmospheric Chemistry and Physics, 10: 7515-7531.

Bond T C, Bhardwaj E, Dong R, et al. 2007. Historical emissions of black and organic carbon aerosol from energy-related combustion, 1850-2000. Global Biogeochemical Cycles, 21, doi: 10.1029/2006GB002840.

Bond T C, Doherty S J, Fahey D W, et al. 2013. Bounding the role of black carbon in the climate system: A scientific assessment. Journal of Geophysical Research-Atmospheres, 118: 5380-5552.

Bond T C, Streets D G, Yarber K F, et al. 2004. A technology-based global inventory of black and organic carbon emissions from combustion. Journal of Geophysical Research-Atmospheres, 109, 10.1029/2003JD003697.

Butman D E, Wilson H F, Barnes R T, et al. 2014. Increased mobilization of aged carbon to rivers by human disturbance. Nature Geoscience, 8: 112-116.

Cao J J, Lee S C, Ho K F, et al. 2003. Characteristics of carbonaceous aerosol in Pearl River Delta Region, China during 2001 winter period. Atmospheric Environment, 37: 1451-1460.

Cao J J, Xu B Q, He J Q, et al. 2009. Concentrations, seasonal variations, and transport of carbonaceous aerosols at a remote Mountainous region in western China. Atmospheric Environment, 43: 4444-4452.

Cao J J, Zhu C S, Tie X X, et al. 2013. Characteristics and sources of carbonaceous aerosols from Shanghai, China. Atmospheric Chemistry and Physics, 13: 803-817.

Caricchia A M, Chiavarini S, Pezza M. 1999. Polycyclic aromatic hydrocarbons in the urban atmospheric particulate matter in the city of Naples (Italy). Atmos pheric Environment, 33: 3731-3738.

Carrico C M, Bergin M H, Shrestha A B, et al. 2003. The importance of carbon and mineral dust to seasonal aerosol properties in the Nepal Himalaya. Atmospheric Environment, 37: 2811-2824.

Chameides W, Walker J C. 1973. A photochemical theory of tropospheric ozone. Journal of Geophysical Research, 78: 8751-8760.

Chelani A B, Gajghate D G, ChalapatiRao C V, et al. 2010. Particle size distribution in ambient air of delhi and its statistical analysis. Bulletin of Environmental Contamination and Toxicology, 85: 22-27.

Chen F, Jia G, Chen J, et al. 2010. Advances in studies of dissolved organic nitrogen in river bulletin of mineralogy. Petrology and Geochemistry, 29: 83-88.

Chen J, Qin X, Kang S, et al. 2019. Potential Effect of Black Carbon on Glacier Mass Balance during the Past 55 Years of Laohugou Glacier No. 12, Western Qilian Mountains. Journal of Earth Science, 31(2): 410-418. https://doi.org/10.1007/s12583-019-1238-5.

Chen J, Wang F, Xia X, et al. 2002. Major element chemistry of the Changjiang (Yangtze River). Chemical Geology, 187: 231-255.

Chen P, Kang S, Bai J, et al. 2015. Yak dung combustion aerosols in the Tibetan Plateau: Chemical characteristics and influence on the local atmospheric environment. Atmospheric Research, 156: 58-66.

Chen P F, Kang S C, Li C L, et al. 2015. Characterisitics and sources of polycyclic aromatic hydrocarbons in atmospheric aerosols in the Kathmandu Valley, Nepal. Science of the Total Environment, 538: 86-92.

Chen P F, Li C L, Kang S C, et al. 2017. Characteristics of particulate-phase polycyclic aromatic hydrocarbons (PAHs) in the atmosphere over the central Himalayas. Aerosol and Air Quality Research, 17: 2942-2954.

Chen X, Kang S, Cong Z, et al. 2018. Concentration, temporal variation and sources of black carbon in the Mount Everest region retrieved by real-time observation and simulation. Atmos Chem Phys Discuss, 2018: 1-28.

Cheng G, Wu T. 2007. Responses of permafrost to climate change and their environmental significance, Qinghai-Tibet Plateau. Journal of Geophysical Research-Earth Surface (2003-2012), 112, doi: 10.1029/2006JF000631.

Cheng H, Hu Y. 2010. Lead (Pb) isotopic fingerprinting and its applications in lead pollution studies in China: A review. Environmental Pollution, 158: 1134-1146.

Cheng H R, Zhang G, Jiang J X, et al. 2007. Organochlorine pesticides, polybrominated biphenyl ethers and lead isotopes during the spring time at the Waliguan Baseline Observatory, northwest China: Implication for long-range atmospheric transport. Atmospheric Environment, 41: 4734-4747.

Cheng S, Shen L. 2000. Approach to dynamic relationship between population, resources, environment and development of the Qinghai-Tibet plateau. Journal of Natural Resources, 15: 297-304.

Cheng Y, He K B, Zheng M, et al. 2011. Mass absorption efficiency of elemental carbon and water-soluble organic carbon in Beijing. China. Atmospheric Chemistry and Physics, 11: 11497-11510.

Cheung K, Poon B, Lan C, et al. 2003. Assessment of metal and nutrient concentrations in river water and sediment collected from the cities in the Pearl River Delta, South China. Chemosphere, 52: 1431-1440.

Choi S D, Shunthirasingham C, Daly G L, et al. 2009. Levels of polycyclic aromatic hydrocarbons in Canadian mountain air and soil are controlled by proximity to roads. Environment Pollution, 157: 3199-3206.

Claeys M, Graham B, Vas G, et al. 2004. Formation of secondary organic aerosols through photooxidation of isoprene. Science, 303: 1173-1176.

Cong Z, Kang S, Dong S, et al. 2009. Individual particle analysis of atmospheric aerosols at Nam Co, Tibetan Plateau. Aerosol and Air Quality Research, 9: 323-331.

Cong Z, Kang S, Gao S, et al. 2013. Historical trends of atmospheric black carbon on Tibetan Plateau as reconstructed from a 150-year lake sediment record. Environmental Science & Technology, 47: 2579-2586.

Cong Z, Kang S, Kawamura K, et al. 2015a. Carbonaceous aerosols on the south edge of the Tibetan Plateau: concentrations, seasonality and sources. Atmospheric Chemistry Physics, 15: 1573-1584.

Cong Z. Kang S, Liu X, et al. 2007. Elemental composition of aerosol in the Nam Co region, Tibetan Plateau, during summer monsoon season. Atmospheric Environment, 41: 1180-1187.

Cong Z, Kang S, Zhang Y, et al. 2010. Atmospheric wet deposition of trace elements to central Tibetan Plateau. Applied Geochemistry, 25: 1415-1421.

Cong Z, Kang S, Zhang Y, et al. 2015b. New insights into trace element wet deposition in the Himalayas: amounts, seasonal patterns, and implications. Environmental Science and Pollution Research, 22: 2735-

2744.

Cong Z, Kawamura K, Kang S, et al. 2015c. Penetration of biomass-burning emissions from South Asia through the Himalayas: new insights from atmospheric organic acids. Scientific Reports, 5: 9580.

Cong Z Y, Kang S C, Luo C L, et al. 2011. Trace elements and lead isotopic composition of PM10 in Lhasa, Tibet. Atmospheric Environment, 45: 6210-6215.

Cong Z Y, Kang S C, Smirnov A, et al. 2009. Aerosol optical properties at Nam Co, a remote site in central Tibetan Plateau. Atmospheric Research , 92: 42-48.

Cory R M, Crump B C, Dobkowski J A, et al. 2013. Surface exposure to sunlight stimulates CO_2 release from permafrost soil carbon in the Arctic. Proceedings of the National Academy of Sciences, 110: 3429-3434.

Cristofanelli P, Bracci A, Sprenger M, et al. 2010. Tropospheric ozone variations at the Nepal Climate Observatory-Pyramid (Himalayas, 5079 m asl) and influence of deep stratospheric intrusion events. Atmospheric Chemistry and Physics, 10: 6537-6549.

Crutzen P J. 1974. Photochemical reactions initiated by and influencing ozone in unpolluted tropospheric air. Tellus, 26: 47-57.

Czub G, McLachlan M. 2004. Bioaccumulation potential of persistent organic chemicals in humans. Environ Sci Technol, 38: 2406-2412.

Dahlback A, Gelsor N, Stamnes J J, et al. 2007. UV measurements in the 3000–5000 m altitude region in Tibet. Journal of Geophysical Research-Atmospheres, 112, doi: 10.1029/2006JD007700.

Daisey J, Cheney J, Lioy P. 1986. Profiles of organic particulate emissions from air pollution sources: status and needs for receptor source apportionment modeling. Journal of the Air Pollution Control Association, 36: 17-33.

Daly G L, Lei Y D, Teixeira C, et al. 2007. Pesticides in western Canadian mountain air and soil. Environ Sci Technol, 41: 5608-5613.

Davies T, Schuepbach E. 1994. Episodes of high ozone concentrations at the earth's surface resulting from transport down from the upper troposphere/lower stratosphere: a review and case studies. Atmospheric Environment, 28: 53-68.

de Foy B, Tong Y, Yin X, et al. 2016. First field-based atmospheric observation of the reduction of reactive mercury driven by sunlight. Atmospheric Environment, 134: 27-39.

Decesari S, Facchin, M, Carbone C, et al. 2010. Chemical composition of PM 10 and PM 1 at the high-altitude Himalayan station Nepal Climate Observatory-Pyramid (NCO-P)(5079 m asl). Atmospheric Chemistry and Physics, 10: 4583-4596.

Deshmukh D K, Kawamura K, Deb M K. 2016. Dicarboxylic acids, ω-oxocarboxylic acids, α-dicarbonyls, WSOC, OC, EC, and inorganic ions in wintertime size-segregated aerosols from central India: Sources and formation processes. Chemosphere, 161: 27-42.

Deshmukh D K, Tsai Y I, Deb M K, et al. 2012. Characterization of dicarboxylates and inorganic ions in urban PM10 aerosols in the Eastern Central India. Aerosol and Air Quality Research, 12: 592-607.

Di Mauro B, Fava F, Ferrero L, et al. 2015. Mineral dust impact on snow radiative properties in the European

Alps combining ground, UAV, and satellite observations. Journal of Geophysical Research-Atmospheres, 120: 6080-6097.

Ding X, Wang X M, Xie Z Q, et al. 2007. Atmospheric polycyclic aromatic hydrocarbons observed over the North Pacific Ocean and the Arctic area: spatial distribution and source identification. Atmospheric Environment, 41: 2061-2072.

Dreyer J T. 2003. Economic development in Tibet under the People's Republic of China. Journal of Contemporary China, 12: 411-430.

Drinovec L, Mocnik G, Zotter P, et al. 2015. The "dual-spot" Aethalometer: an improved measurement of aerosol black carbon with real-time loading compensation. Atmospheric Measurement Techniques, 8: 1965-1979.

Dupré B, Gaillardet J, Rousseau D, et al. 1996. Major and trace elements of river-borne material: the Congo Basin. Geochimica et Cosmochimica Acta, 60: 1301-1321.

Dvorsha A, Komprdova K, Lammel G, et al. 2012. Pllycyclic aromatic hydrocarbons in background air in central Europe-seasonal levels and limitations for source apportionment. Atmospheric Environment, 46: 147-154.

Ebel A, Hass H, Jakobs H, et al. 1991. Simulation of ozone intrusion caused by a tropopause fold and cut-off low. Atmospheric Environment. Part a. General Topics, 25: 2131-2144.

Eck T F, Holben B N, Reid J S, et al. 1999. Wavelength dependence of the optical depth of biomass burning, urban, and desert dust aerosols. Journal of Geophysical Research-Atmospheres, 104: 31333-31349.

Edney E O, Kleindienst T E, Jaoui M, et al. 2005. Formation of 2-methyl tetrols and 2-methylglyceric acid in secondary organic aerosol from laboratory irradiated isoprene/NO_X/SO_2/air mixtures and their detection in ambient PM2.5 samples collected in the eastern United States. Atmospheric Environment, 39: 5281-5289.

Engling G, Zhang Y N, Chan C Y, et al. 2011. Characterization and sources of aerosol particles over the southeastern Tibetan Plateau during the Southeast Asia biomass-burning season. Tellus Series B, 63: 117-128.

Fan X, Chen H, Goloub P, et al. 2006. Analysis of column-integrated aerosol optical thickness in beijing from aeronet observations. China Particuology, 4: 330-335.

Fan Y, Fan S, Ren H. 2010. Strontium-rich water in the Heihe River basin (in Chinese). Da Zhong Ke Ji: 132-133.

Fang G C, Wu Y S, Chen M H, et al. 2004. Polycyclic aromatic hydrocarbons study in Taichung, Taiwan, during 2002–2003. Atmospheric Environment, 38: 3385-3391.

Feczko T, Puxbaum H, Kasper-Giebl A, et al. 2007. Determination of water and alkaline extractable atmospheric humic‐like substances with the TU Vienna HULIS analyzer in samples from six background sites in Europe. Journal of Geophysical Research-Atmospheres, 112, doi: 10.1029/2006jd008331.

Fellman J B, Spencer R G, Raymond P A, et al. 2014. Dissolved organic carbon biolability decreases along with its modernization in fluvial networks in an ancient landscape. Ecology, 95: 2622-2632.

Feng J, Guo Z, Chan C K, et al. 2007. Properties of organic matter in PM2.5 at Changdao Island, China-A rural site in the transport path of the Asian continental outflow. Atmospheric Environment, 41: 1924-1935.

Feng X, Vonk J E, van Dongen B E, et al. 2013a. Differential mobilization of terrestrial carbon pools in Eurasian Arctic river basins. Proceedings of the National Academy of Sciences 110: 14168-14173.

Feng Y, Ramanathan V, Kotamarthi V. 2013b. Brown carbon: a significant atmospheric absorber of solar radiation? Atmospheric Chemistry and Physics, 13: 8607-8621.

Fishman J, Crutzen P J. 1978. The origin of ozone in the troposphere. Nature, 274: 855-858.

Flanner M G, Zender C S, Hess P G, et al. 2009. Springtime warming and reduced snow cover from carbonaceous particles. Atmos Chem Phys, 9: 2481-2497. https://doi.org/10.5194/acp-9-2481-2009

Flanner M G, Zender C S, Randerson J T, et al. 2007. Present-day climate forcing and response from lack carbon in snow. Journal of Geophysical Research, 112: 2156-2202.

Freeman C, Evans C, Monteith D, et al. 2001. Export of organic carbon from peat soils. Nature, 412: 785.

Freeman C, Fenner N, Ostle N J, et al. 2004. Export of dissolved organic carbon from peatlands under elevated carbon dioxide levels. Nature, 430: 195-198.

Frey K E, Smith L C. 2005. Amplified carbon release from vast West Siberian peatlands by 2100. Geophysical Research Letters, 32, doi: 10.1029/2004GL022025.

Fu P, Kawamura K, Chen J, et al. 2015. Fluorescent water-soluble organic aerosols in the High Arctic atmosphere. Scientific Reports, 5: 9845.

Fu P, Kawamura K, Okuzawa K, et al. 2008a. Organic molecular compositions and temporal variations of summertime mountain aerosols over Mt. Tai, North China Plain. Journal of Geophysical Research-Atmospheres, 113, doi: 10.1029/2008JD009900.

Fu P Q, Kawamura K, Chen J, et al. 2012a. Diurnal variations of organic molecular tracers and stable carbon isotopic composition in atmospheric aerosols over Mt. Tai in the North China Plain: an influence of biomass burning. Atmospheric Chemistry and Physics, 12: 8359-8375.

Fu X, Feng X, Liang P, et al. 2012b. Temporal trend and sources of speciated atmospheric mercury at Waliguan GAW station, Northwestern China. Atmospheric Chemistry and Physics, 12: 1951-1964.

Fu X, Feng X, Shang L, et al. 2012c. Two years of measurements of atmospheric total gaseous mercury (TGM) at a remote site in Mt. Changbai area, Northeastern China. Atmospheric Chemistry and Physics, 12: 4215-4226.

Fu X, Feng X, Zhu W, et al. 2008b. Total gaseous mercury concentrations in ambient air in the eastern slope of Mt Gongga, South-Eastern fringe of the Tibetan plateau, China. Atmospheric Environment, 42: 970-979.

Gabrieli J, Carturan L, Gabrielli P, et al. 2011. Impact of Po Valley emissions on the highest glacier of the Eastern European Alps. Atmospheric Chemistry and Physics, 11: 8087-8102.

Gaillardet J, Viers J, Dupré, B . 2003. Trace elements in river waters. Treatise on geochemistry, 5: 225-272.

Galy V, Eglinton T. 2011. Protracted storage of biospheric carbon in the Ganges-Brahmaputra basin. Nature Geoscience, 4: 843-847.

Gao R, Niu S, Xu X, et al. 2008. Study of Characteristics of Black Carbon Aerosol and Atmospheric Particles over the Lhasa Area of China. IEEE: 381-384.

Gertler C G, Puppala S P, Panday A, et al. 2016. Black carbon and the Himalayan cryosphere: A review, Atmos Environ, 125: 404-417. https://doi.org/10.1016/j.atmosenv.2015.08.078.

Gibbs R J. 1970. Mechanisms controlling world water chemistry. Science, 170: 1088-1090.

Giri D, Murthy K, Adhikary P, et al. 2006. Ambient air quality of Kathmandu valley as reflected by atmospheric particulate matter concentrations (PM10). Inter J Environ Sci Techno, 13: 403-410.

Glotfelty T, Zhang Y, Karamchandani P, et al. 2016. Changes in future air quality, deposition, and aerosol-cloud interactions under future climate and emission scenarios. Atmospheric Environment, 139: 176-191.

Gong P, Wang X P, Li S H, et al. 2014. Atmospheric transport and accumulation of organochlorine compounds on the southern slopes of the Himalayas, Nepal. Environmental Pollution, 192: 44-51.

Gong P, Wang X P, Xue Y G, et al. 2015. Influence of atmospheric circulation on the long-range transport of organochlorine pesticides to the western Tibetan Plateau. Atmospheric Research, 166: 157-164.

Gorski P R, Armstrong D E, Hurley J P, et al. 2008. Influence of natural dissolved organic carbon on the bioavailability of mercury to a freshwater alga. Environmental Pollution, 154: 116-123.

Gratz L, Esposito G, Dalla Torre S, et al. 2013. First Measurements of Ambient Total Gaseous Mercury (TGM) at the EvK$_2$CNR Pyramid Observatory in Nepal, E$_3$S Web of Conferences. Paris: EDP Sciences.

Grimmer G, Jacob J, Naujack K W. 1983. Profile of the polycyclic aromatic compounds from crude oils. Fresenius Zeitschrift Fur Analytische Chemie, 314: 29-36.

Guimaraes R, Asmus C, Braga I, et al. 2011. Changes in immune and endocrine effect markers in adolescents exposed to residues of organochlorine pesticides in Brazil. Epidemiology, 22: S245.

Guo H, Lee S, Ho K, et al. 2003. Particle-associated polycyclic aromatic hydrocarbons in urban air of Hong Kong. Atmospheric Environment, 37: 5307-5317.

Guo J, Kang S, Huang J, et al. 2015. Seasonal variations of trace elements in precipitation at the largest city in Tibet, Lhasa. Atmospheric Research, 153: 87-97.

Guo Q, Wang Y, Liu W. 2008. B, As, and F contamination of river water due to wastewater discharge of the Yangbajing geothermal power plant, Tibet, China. Environmental Geology, 56: 197-205.

Hallquist M, Wenger J C, Baltensperger U, et al. 2009. The formation, properties and impact of secondary organic aerosol: current and emerging issues. Atmospheric Chemistry and Physics, 9: 5155-5236.

Halstead M J R, Cunninghame R G, Hunter K A. 2000. Wet deposition of trace metals to a remote site in Fiordland, New Zealand. Atmospheric Environment, 34: 665-676.

Han G, Liu C Q. 2004. Water geochemistry controlled by carbonate dissolution: a study of the river waters draining karst-dominated terrain, Guizhou Province, China. Chemical Geology, 204: 1-21.

Hansen A D A, Rosen H, Novakov T. 1984. The aethalometer—an instrument for the real-time measurement of optical absorption by aerosol particles. Science of the Total Environment, 36: 191-196.

Harrison R M, Smith D, Luhana L. 1996. Source apportionment of atmospheric polycyclic aromatic hydrocarbons collected from an urban location in Birmingham, UK. Environ Sci Technol, 30: 825-832.

He C, Li Q, Liou, K N, et al. 2014. Black carbon radiative forcing over the Tibetan Plateau. Geophysical Research Letters, 41: 7806-7813.

He K, Yang F, Ma Y, et al. 2001. The characteristics of PM2.5 in Beijing, China. Atmospheric Environment, 35: 4959-4970.

Heald C L, Henze D K, Horowitz, L W, et al. 2008. Predicted change in global secondary organic aerosol concentrations in response to future climate, emissions, and land use change. Journal of Geophysical Research-Atmospheres, 113, doi: 10.1029/2007jd009092.

Hecobian A, Zhang X, Zheng M, et al. 2010. Water-Soluble Organic Aerosol material and the light-absorption characteristics of aqueous extracts measured over the Southeastern United States. Atmospheric Chemistry and Physics, 10: 5965-5977.

Hegde P, Pant P, Naja M, et al. 2007. South Asian dust episode in June 2006: Aerosol observations in the central Himalayas. Geophysical Research Letters, 34: L23802.

Hindman E E, Upadhyay B P. 2002. Air pollution transport in the Himalayas of Nepal and Tibet during the 1995–1996 dry season. Atmospheric Environment, 36: 727-739.

Hocking W, Carey-Smith T, Tarasick D, et al. 2007. Detection of stratospheric ozone intrusions by windprofiler radars. Nature, 450: 281-284.

Hoffer A, Gelencsér A, Guyon P, et al. 2006. Optical properties of humic-like substances (HULIS) in biomass-burning aerosols. Atmospheric Chemistry and Physics, 6: 3563-3570.

Hoffer A, Tóth A, Nyirő-Kósa I, et al. 2016. Light absorption properties of laboratory-generated tar ball particles. Atmospheric Chemistry and Physics, 16: 239-246.

Holben B N, Tanre D, Smirnov A, et al. 2001. An emerging ground-based aerosol climatology: Aerosol optical depth from AERONET. Journal of Geophysical Research-Atmospheres, 106: 12067-12097.

Holden A S, Sullivan A P, Munchak L A, et al. 2011. Determining contributions of biomass burning and other sources to fine particle contemporary carbon in the western United States. Atmospheric Environment, 45: 1986-1993.

Holton J R, Haynes P H, McIntyre M E, et al. 1995. Stratosphere‐troposphere exchange. Reviews of Geophysics, 33: 403-439.

Hu Q, Zhang Y, Li J, et al. 2011. Influencing factors of runoff in Shule River during the past 50 years. Journal of Arid Land Resources and Environment, 10: 25.

Hu Q H, Xie Z Q, Wang X M, et al. 2013. Levoglucosan indicates high levels of biomass burning aerosols over oceans from the Arctic to Antarctic. Scientific Reports, 3, doi: 10.1038/srep03119.

Hu R Z, Burnard P, Bi X W, et al. 2004. Helium and argon isotope geochemistry of alkaline intrusion-associated gold and copper deposits along the Red River-Jinshajiang fault belt, SW China. Chemical Geology, 203: 305-317.

Huang J, Fu Q, Zhang W, et al. 2011a. Dust and black carbon in seasonal snow across northern China.

Bulletin of the American Meteorological Society, 92: 175-181.

Huang J, Gustin M S. 2012. Evidence for a free troposphere source of mercury in wet deposition in the Western United States. Environmental Science & Technology, 46: 6621-6629.

Huang J, Kang S, Guo J, et al. 2014. Mercury distribution and variation on a high-elevation mountain glacier on the northern boundary of the Tibetan Plateau. Atmospheric Environment, 96: 27-36.

Huang J, Kang S, Zhang Q, et al. 2012. Wet deposition of mercury at a remote site in the Tibetan Plateau: concentrations, speciation, and fluxes. Atmospheric Environment, 62: 540-550.

Huang X. 2010. Water Quality in The Tibetan Plateau. Kopijyvä.

Huang X, Sillanpää M, Gjessing E, et al. 2011b. Water quality in the southern Tibetan Plateau: chemical evaluation of the Yarlung Tsangpo (Brahmaputra). River Research and Applications, 27: 113-121.

Huang X, Sillanpää M, Gjessing E T, et al. 2010. Environmental impact of mining activities on the surface water quality in Tibet: Gyama valley. Science of the Total Environment, 408: 4177-4184.

Huang X, Sillanpää M, Gjessing E T, et al. 2009. Water quality in the Tibetan Plateau: major ions and trace elements in the headwaters of four major Asian rivers. Science of the Total Environment, 407: 6242-6254.

Huheey J E, Keiter, E A, Keiter R L, et al. 1983. Inorganic Chemistry: Principles of Structure and Reactivity. New York: Harper & Row.

Huo W M, Yao T D, Li Y F. 1999. Increasing atmospheric pollution revealed by Pb record of a 7000-mice core. Chinese Science Bulletin, 44: 1309.

Hur S D, Cunde X, Hong S, et al. 2007. Seasonal patterns of heavy metal deposition to the snow on Lambert Glacier basin, East Antarctica. Atmospheric Environment, 41: 8567-8578.

Immerzeel W W, Van Beek, L P H, et al. 2010. Climate change will affect the Asian water towers. Science, 328: 1382-1385.

Jacobson M Z. 2001. Strong radiative heating due to the mixing state of black carbon in atmospheric aerosols. Nature, 409: 695-697.

Jaoui M, Lewandowski M, Kleindienst T E, et al. 2007. β-caryophyllinic acid: An atmospheric tracer for β-caryophyllene secondary organic aerosol. Geophysical Research Letters, 34: n/a-n/a.

Jawad N, Xiaoping W, Baiqing, X, et al. 2014. Selected organochlorine pesticides and polychlorinated biphenyls in urban atmosphere of Pakistan: concentration, spatial variation and sources. Environ Sci Technol, 48: 2610-2618.

Ji Z, Kang S, Cong Z, et al. 2015. Simulation of carbonaceous aerosols over the Third Pole and adjacent regions: distribution, transportation, deposition, and climatic effects. Climate Dynamics, 45: 2831-2846.

Ji Z, Kang S, Zhang D, et al. 2011. Simulation of the anthropogenic aerosols over South Asia and their effects on Indian summer monsoon. Climate Dynamics, 36: 1633-1647.

Ji Z, Kang S, Zhang Q, et al. 2016. Investigation of mineral aerosols radiative effects over High Mountain Asia in 1990-2009 using a regional climate model. Atmospheric Research, 178: 484-496.

Ji Z M. 2016. Modeling black carbon and its potential radiative effects over the Tibetan Plateau. Advances in

Climate Change Research, 7: 139-144.

Jia Y, Fraser M. 2011. Characterization of Saccharides in Size-fractionated Ambient Particulate Matter and Aerosol Sources: The Contribution of Primary Biological Aerosol Particles (PBAPs) and Soil to Ambient Particulate Matter. Environmental Science & Technology, 45: 930-936.

Jiang J, Lou Z, Ng S, et al. 2009. The current municipal solid waste management situation in Tibet. Waste Management, 29: 1186-1191.

Jin M L. 2006. MODIS observed seasonal and interannual variations of atmospheric conditions associated with hydrological cycle over Tibetan Plateau. Geophysical Research Letters, 33: 5.

Kanakidou M, Seinfeld J H, Pandis S N, et al. 2005. Organic aerosol and global climate modelling: a review. Atmospheric Chemistry and Physics, 5: 1053-1123.

Kang S, Mayewski P A, Yan Y, et al. 2003. Dust records from three ice cores: relationships to spring atmospheric circulation over the Northern Hemisphere. Atmospheric Environment, 37: 4823-4835.

Kang S, Zhang Q, Kaspari S, et al. 2007. Spatial and seasonal variations of elemental composition in Mt. Everest (Qomolangma) snow/firn. Atmospheric Environment, 41: 7208-7218.

Kang S, Zhang Y, Qian Y, et al. 2020. A review of black carbon in snow and ice and its impact on the cryosphere. Earth Science Reviews, 210, 103346. https://doi.org/10.1016/j.earscirev.2020.103346.

Kang S C, Chen P F, Li C L, et al. 2016a. Atmospheric Aerosol Elements over the Inland Tibetan Plateau: Concentration, Seasonality, and Transport. Aerosol and Air Quality Research, 16: 789-800.

Kang S C, Huang J, Wang F Y, et al. 2016b. Atmospheric mercury depositional chronology reconstructed from lake sediments and ice core in the Himalayas and Tibetan Plateau. Environ Sci Technol, 50: 2859-2869.

Kang S C, Mayewski P A, Qin D H, et al. 2002. Twentieth century increase of atmospheric ammonia recorded in Mount Everest ice core. Journal of Geophysical Research, 107: 4595.

Kang Shichang, Zhang Qianggong, Qian Yun, et al. 2019. Linking atmospheric pollution to cryospheric change in the Third Pole region: current progress and future prospects. National Science Review, 6(4) : 796-809. https://doi.org/10.1093/nsr/nwz031.

Kaspari S, Mayewski P A, Handley M, et al. 2009. Recent increases in atmospheric concentrations of Bi, U, Cs, S and Ca from a 350‐year Mount Everest ice core record. Journal of Geophysical Research-Atmospheres, 114, doi: 10.1029/2008JD011088.

Kaspari S, Painter T H, Gysel M, et al. 2014. Seasonal and elevational variations of black carbon and dust in snow and ice in the Solu-Khumbu, Nepal and estimated radiative forcings. Atmospheric Chemistry and Physics, 14: 8089-8103.

Kaspari S, Schwikowski M, Gysel M, et al. 2011. Recent increase in black carbon concentrations from a Mt. Everest ice core spanning 1860-2000 AD. Geophys Res Lett, 38: L04703.

Kavouras I, Koutrakis P, Tsapakis M, et al. 2001. Source apportionment of urban particulate aliphatic and polynuclear aromatic hydrocarbons (PAHs) using multivariate methods. Environ Sci Technol, 35: 2288-2294.

Khalili N R, Scheff P A, Holsen T M. 1995. AH source fingerprints for coke ovens, diesel and, gasoline engines, highway tunnels, and wood combustion emissions. Atmos Environ, 29: 533-542.

Kimble J, Eswaran H, Cook T. 1990. Organic carbon on a volume basis in tropical and temperate soils. Transactions 14th International Congress of Soil Science, Kyoto, Japan, August 1990, Volume V: 248-253.

Kirchstetter T W, Novakov T, Hobbs P V. 2004. Evidence that the spectral dependence of light absorption by aerosols is affected by organic carbon. Journal of Geophysical Research-Atmospheres, 109: D21208.

Kirillova E N, Andersson, A, Han J, et al. 2014a. Sources and light absorption of water-soluble organic carbon aerosols in the outflow from northern China. Atmospheric Chemistry and Physics, 14: 1413-1422.

Kirillova E N, Andersson A, Tiwari S, et al. 2014b. Water‐soluble organic carbon aerosols during a full New Delhi winter: Isotope‐based source apportionment and optical properties. Journal of Geophysical Research-Atmospheres, 119: 3476-3485.

Kirillova E N, Marinoni A, Bonasoni P, et al. 2016. Light absorption properties of brown carbon in the high Himalayas. Journal of Geophysical Research-Atmospheres, 121: 9621-9639.

Kishida M, Mio C, Imamura K, et al. 2009. Temporal variation of atmospheric polycyclic aromatic hydrocarbon concentrations in winter. International Journal of Environmental Analytical Chemistry, 89: 67-82.

Kiss G, Tombácz E, Varga B, et al. 2003. Estimation of the average molecular weight of humic-like substances isolated from fine atmospheric aerosol. Atmospheric Environment, 37: 3783-3794.

Kiss G, Varga B, Galambos I, et al. 2002. Characterization of water‐soluble organic matter isolated from atmospheric fine aerosol. Journal of Geophysical Research-Atmospheres, 107, DOI: 10.1029/2001JD000603.

Kivekas N, Sun J, Zhan M, et al. 2009. Long term particle size distribution measurements at Mount Waliguan, a high-altitude site in inland China. Atmospheric Chemistry and Physics, 9: 5461-5474.

Klanova J, Matykiewiczova N, Macka Z, et al. 2008. Persistent organic pollutants in soils and sediments from James Ross Island, Antarctica. Environment Pollution, 152: 416-423.

Kleindienst T E, Jaoui M, Lewandowski M, et al. 2007. Estimates of the contributions of biogenic and anthropogenic hydrocarbons to secondary organic aerosol at a southeastern US location. Atmospheric Environment, 41: 8288-8300.

Koch D. 2001. Transport and direct radiative forcing of carbonaceous and sulfate aerosols in the GISS G C M. Journal of Geophysical Research-Atmospheres, 106: 20311-20332.

Komppula M, Lihavainen H, Hyvärinen A P, et al. 2009. Physical properties of aerosol particles at a Himalayan background site in India. Journal of Geophysical Research-Atmospheres, 114: D12202.

Kopacz M, Mauzerall D L, Wang J, et al. 2011. Origin and radiative forcing of black carbon transported to the Himalayas and Tibetan Plateau. Atmospheric Chemistry and Physics, 11: 2837-2852.

Kourtchev I, Ruuskanen T M, Keronen P, et al. 2008. Determination of isoprene and alpha-/beta-pinene oxidation products in boreal forest aerosols from Hyytiälä, Finland: diel variations and possible link with particle formation events. Plant Biol (Stuttg), 10: 138-149.

Krabbenhoft D P, Sunderland E M. 2013. Global change and mercury. Science, 341: 1457-1458.

Krivácsy Z, Kiss G, Ceburnis D, et al. 2008. Study of water-soluble atmospheric humic matter in urban and marine environments. Atmospheric Research, 87: 1-12.

Lack D A, Langridge J M, Bahreini R, et al. 2012. Brown carbon and internal mixing in biomass burning particles. Proceedings of the National Academy of Sciences of the United States of America, 109: 14802-14807.

Landing W M, Caffrey J M, Nolek S D, et al. 2010. Atmospheric wet deposition of mercury and other trace elements in Pensacola, Florida. Atmospheric Chemistry and Physics, 10: 4867-4877.

Lapierre J F L, Guillemette F, Berggren M, et al. 2013. Increases in terrestrially derived carbon stimulate organic carbon processing and CO_2 emissions in boreal aquatic ecosystems. Nature Communications, 4.

Lara L, Artaxo P, Martinelli L, et al. 2001. Chemical composition of rainwater and anthropogenic influences in the Piracicaba River Basin, Southeast Brazil. Atmospheric Environment, 35: 4937-4945.

Laskin A, Laskin J, Nizkorodov S A. 2015. Chemistry of atmospheric brown carbon. Chemical Reviews, 115: 4335-4382.

Lawrence M, Lelieveld J. 2010. Atmospheric pollutant outflow from southern Asia: a review. Atmospheric Chemistry and Physics, 10: 11017.

Lee K S, Bong Y S, Lee D, et al. 2008. Tracing the sources of nitrate in the Han River watershed in Korea, using δ 15 N-NO^{3-} and δ 18 O-NO^{3-} values. Science of the Total Environment, 395: 117-124.

Li C, Bosch C, Kang S, et al. 2016a. Sources of black carbon to the Himalayan-Tibetan Plateau glaciers. Nature Communications, 7: 12574.

Li C, Chen P, Kang S, et al. 2016b. Concentrations and light absorption characteristics of carbonaceous aerosol in PM2.5 and PM10 of Lhasa city, the Tibetan Plateau. Atmospheric Environment, 127: 340-346.

Li C, Yan F Kang S, et al. 2016c. Light absorption characteristics of carbonaceous aerosols in two remote stations of the southern fringe of the Tibetan Plateau, China. Atmospheric Environment, 143: 79-85.

Li C, Kang S, Chen P, et al. 2014a. Geothermal spring causes arsenic contamination in river waters of the southern Tibetan Plateau, China. Environmental Earth Sciences, 71: 4143-4148.

Li C, Kang S, Wang X, et al. 2008. Heavy metals and rare earth elements (REEs) in soil from the Nam Co Basin, Tibetan Plateau. Environmental Geology, 53(7): 1433-1440.

Li C, Kang S, Zhang Q. 2009. Elemental composition of Tibetan Plateau top soils and its effect on evaluating atmospheric pollution transport. Environmental Pollution, 157: 2261-2265.

Li C, Kang S, Zhang Q, et al. 2009. Rare earth elements in the surface sediments of the Yarlung Tsangbo (Upper Brahmaputra River) sediments, southern Tibetan Plateau. Quaternary International, 208: 151-157.

Li C, McLinden C, Fioletov V, et al. 2017a. India is overtaking China as the world's largest emitter of anthropogenic sulfur dioxide. Scientific Reports, 7: 14304.

Li C, Yan F, Kang S, et al. 2017b. Deposition and light absorption characteristics of precipitation dissolved organic carbon (DOC) at three remote stations in the Himalayas and Tibetan Plateau, China. Science of the Total Environment, 605: 1039-1046.

Li C D, Zhang Q G, Kang S C, et al. 2015. Distribution and enrichment of mercury in Tibetan lake waters and their relations with the natural environment. Environ. Sci Pollut Res, 22: 12490-12500.

Li C L, Kang S C, Cong Z Y. 2007a. Elemental composition of aerosols collected in the glacier area on Nyainqentanglha Range, Tibetan Plateau, during summer monsoon season. Chinese Science Bulletin, 52: 3436-3442.

Li C L, Kang S C, Zhang Q G, et al. 2007b. Major ionic composition of precipitation in the Nam Co region, Central Tibetan Plateau. Atmospheric Research, 85: 351-360.

Li C L, Kang S C, Chen P F, et al. 2012. Characteristics of particle-bound trace metals and polycyclic aromatic hydrocarbons (PAHs) within Tibetan tents of south Tibetan Plateau, China. Environ Sci Pollut Res, 19: 1620-1628.

Li D, Zhang J, Quan J, et al. 1998. A study on the feature and cause of runoff in the upper reaches of Yellow River. Advances in Water Science, 9: 22-28.

Li D, Zhang J, Quan J, et al. 2003. Study on interdecadal change of Heihe runoff and Qilian mountain's climate. Plateau Meteorology, 22: 104-110.

Li J, Wang G, Aggarwal S G, et al. 2014b. Comparison of abundances, compositions and sources of elements, inorganic ions and organic compounds in atmospheric aerosols from Xi'an and New Delhi, two megacities in China and India. Science of The Total Environment, 476: 485-495.

Li J, Yuan G L, Wu, M Z, et al. 2017c. Evidence for persistent organic pollutants released from melting glacier in the central Tibetan Plateau, China. Environmental Pollution, 220: 178-185.

Li S, Cheng G. 1996. Map of frozen ground on Qinghai-Xizang Plateau. Lanzhou: Gansu Cult Press.

Li S, Zhang Q. 2008. Geochemistry of the upper Han River basin, China, 1: spatial distribution of major ion compositions and their controlling factors. Applied Geochemistry, 23: 3535-3544.

Li X, He X, Kang S, et al. 2016d. Diurnal dynamics of minor and trace elements in stream water draining Dongkemadi Glacier on the Tibetan Plateau and its environmental implications. Journal of Hydrology, 541: 1104-1118.

Li X, Kang S, He X, et al. 2017d. Light-absorbing impurities accelerate glacier melt in the Central Tibetan Plateau. Science of the Total Environment, 587: 482-490.

Li X, Kang S, Sprenger M, et al. 2020. Black carbon and mineral dust on two glaciers on the central Tibetan Plateau: sources and implications. Journal of Glaciology, 66 (256): 248-258. https://doi.org/10.1017/jog.2019.100.

Li Y, Chen J, Kang S, et al. 2016e. Impacts of black carbon and mineral dust on radiative forcing and glacier melting during summer in the Qilian Mountains, northeastern Tibetan Plateau. Cryosphere Discussions, 2016: 1-14.

Li Y, Kang S, Chen J, et al. 2019. Black carbon in a glacier and snow cover on the northeastern Tibetan Plateau: concentrations, radiative forcing and potential source from local topsoil. Science of the Total Environment, 686: 1030-1038. https://doi.org/10.1016/j.scitotenv.2019.05.469.

Liang L, Engling G, He K, et al. 2013. Evaluation of fungal spore characteristics in Beijing, China, based on molecular tracer measurements. Environmental Research Letters, 8: 014005.

Liao S, Sun J. 2003. GIS based spatialization of population census data in Qinghai-Tibet Plateau. Acta Geographica Sinica, 58: 25-33.

Lim S S, Vos T, Flaxman A D, et al. 2012. A comparative risk assessment of burden of disease and injury attributable to 67 risk factors and risk factor clusters in 21 regions, 1990–2010: a systematic analysis for the Global Burden of Disease Study 2010. The Lance, t 380: 2224-2260.

Limbeck A, Handler M, Neuberger B, et al. 2005. Carbon-specific analysis of humic-like substances in atmospheric aerosol and precipitation samples. Analytical Chemistry, 77: 7288-7293.

Lin C J, Pehkonen S O. 1999. The chemistry of atmospheric mercury: a review. Atmospheric Environment, 33: 2067-2079.

Lin P, Huang X F, He L Y, et al. 2010. Abundance and size distribution of HULIS in ambient aerosols at a rural site in South China. Journal of Aerosol Science, 41: 74-87.

Liu B, Cong Z, Wang Y, et al. 2017. Background aerosol over the Himalayas and Tibetan Plateau: observed characteristics of aerosol mass loading. Atmospheric Chemistry and Physics, 17: 449-463.

Liu B, Kang S, Sun J, et al. 2013a. Wet precipitation chemistry at a high-altitude site (3, 326 m a.s.l.) in the southeastern Tibetan Plateau. Environ Sci Pollut Res, 20: 5013-5027.

Liu J, Bergin M, Guo H, et al. 2013b. Size-resolved measurements of brown carbon in water and methanol extracts and estimates of their contribution to ambient fine-particle light absorption. Atmospheric Chemistry and Physics, 13: 12389-12404.

Liu J, Lin P, Laskin A, et al. 2016. Optical properties and aging of light-absorbing secondary organic aerosol. Atmospheric Chemistry and Physics, 16: 12815-12827.

Liu T. 1999. Hydrological Characteristics of Yarlung Zangbo River. Acta Geographica Sinica 54: 157-164.

Lu H, Wu N, Gu Z, et al. 2004. Distribution of carbon isotope composition of modern soils on the Qinghai-Tibetan Plateau. Biogeochemistry, 70: 275-299.

Lüthi Z, Škerlak B, Kim S, et al. 2015. Atmospheric brown clouds reach the Tibetan Plateau by crossing the Himalayas. Atmospheric. Chemistry and Physics, 15: 1-15.

Lyman S N, Jaffe D A. 2012. Formation and fate of oxidized mercury in the upper troposphere and lower stratosphere. Nature Geoscience, 5: 114-117.

Ma J Z, Tang J, Li S M, et al. 2003. Size distributions of ionic aerosols measured at Waliguan Observatory: Implication for nitrate gas-to-particle transfer processes in the free troposphere. Journal of Geophysical Research-Atmospheres, 108(17), DOI: 10.1029/2002JD003356.

Mahowald N, Ward D S, Kloster S, et al. 2011. Aerosol Impacts on Climate and Biogeochemistry. Annual Review of Environment and Resources, 36: 45-74.

Mandal P, Saud T, Sarkar R, et al. 2014. High seasonal variation of atmospheric C and particle concentrations in Delhi, India. Environmental Chemistry Letters, 12: 225-230.

Mandalakis M, Tsapakis M, Tsoga A, et al. 2002. Gas–particle concentrations and distribution of aliphatic hydrocarbons, PAHs, PCBs and PCDD/Fs in the atmosphere of Athens (Greece). Atmospheric Environment, 36: 4023-4035.

Mann P, Davydova A, Zimov N, et al. 2012. Controls on the composition and lability of dissolved organic matter in Siberia's Kolyma River basin. Journal of Geophysical Research-Biogeosciences (2005–2012), 117.

Marinoni A, Cristofanelli P, Laj P, et al. 2010. Aerosol mass and black carbon concentrations, a two year record at NCO-P (5079 m, Southern Himalayas). Atmospheric Chemistry and Physics, 10: 8551-8562.

Marwick T R, Tamooh F, Teodoru C R, et al. 2015. The age of river‐transported carbon: A global perspective. Global Biogeochemical Cycles, 29: 122-137.

Masiello C A, Druffel E R M. 2001. Carbon isotope geochemistry of the Santa Clara River. Global Biogeochem. Cycles, 15: 407-416.

Matthew J, Susan K, Kang S C, et al. 2016. Tibetan Plateau Geladaindong black carbon ice core record (1843–1982): Recent increases due to higher emissions and lower snow accumulation. Advances in Climate Change Research, 7: 132-138.

McCallister S L, del Giorgio P A. 2012. Evidence for the respiration of ancient terrestrial organic C in northern temperate lakes and streams. Proceedings of the National Academy of Sciences, 109: 16963-16968.

McMurry P H. 2000. A review of atmospheric aerosol measurements. Atmospheric Environment, 34:1959-1999.

McNaughton C S, Clarke A D, Freitag S, et al. 2011. Absorbing aerosol in the troposphere of the Western Arctic during the 2008 ARCTAS/ARCPAC airborne field campaigns. Atmospheric Chemistry and Physics, 11: 7561-7582.

Ménégoz M, Krinner G, Balkanski Y, et al. 2014. Snow cover sensitivity to black carbon deposition in the Himalayas: from atmospheric and ice core measurements to regional climate simulations. Atmospheric Chemistry and Physics, 14: 4237-4249.

Meng J, Wang G, Li J, et al. 2013. Atmospheric oxalic acid and related secondary organic aerosols in Qinghai Lake, a continental background site in Tibet Plateau. Atmospheric Environment, 79: 582-589.

Menon S. 2004. Current uncertainties inassessing aerosol effects on climate. Annual Review of Environment and Resources, 29: 1-30.

Meybeck M. 1982. Carbon, nitrogen, and phosphorus transport by world rivers. American Journal of Science, 282: 401-450.

Meybeck M. 2003. Global occurrence of major elements in rivers. Treatise on Geochemistry, 5: 207-223.

Ming J, Xiao C, Cachier H, et al. 2009. Black Carbon (BC) in the snow of glaciers in west China and its potential effects on albedos. Atmospheric Research, 92: 114-123.

Ming J, Xiao C, Du Z, et al. 2013. An overview of black carbon deposition in High Asia glaciers and its impacts on radiation balance. Advances in Water Resources, 55: 80-87.

Ming J, Xiao C, Sun J, et al. 2010. Carbonaceous particles in the atmosphere and precipitation of the Nam Co region, central Tibet. Journal of Environmental Sciences, 22: 1748-1756.

Ming J, Xiao C, Wang F, et al. 2016. Grey Tienshan Urumqi Glacier No.1 and light-absorbing impurities. Environ Sci Poll Res, 23: 9549-9558. https://doi.org/10.1007/s11356-016-6182-7.

Ming J, Zhang D, Kang S, et al. 2007. Aerosol and fresh snow chemistry in the East Rongbuk Glacier on the northern slope of Mt. Qomolangma (Everest). Journal of Geophysical Research-Atmospheres, 112: D15307.

Miyazaki Y, Aggarwal S G, Singh K. et al. 2009. Dicarboxylic acids and water‐soluble organic carbon in aerosols in New Delhi, India, in winter: Characteristics and formation processes. Journal of Geophysical Research-Atmospheres, 114: D19206.

Mkoma S L, Kawamura K, Fu P Q. 2013. Contributions of biomass/biofuel burning to organic aerosols and particulate matter in Tanzania, East Africa, based on analyses of ionic species, organic and elemental carbon, levoglucosan and mannosan. Atmospheric Chemistry and Physics, 13: 10325-10338.

Mochida M, Kawamura K, Umemoto N, et al. 2003. Spatial distributions of oxygenated organic compounds (dicarboxylic acids, fatty acids, and levoglucosan) in marine aerosols over the western Pacific and off the coast of East Asia: Continental outflow of organic aerosols during the ACE-Asia campaign. Journal of Geophysical Research-Atmospheres, 108(23), DOI: 10.1029/2002JD003249.

Monks P S, Granier C, Fuzzi S, et al. 2009. Atmospheric composition change – global and regional air quality. Atmospheric Environment, 43: 5268-5350.

Moore G, Semple J. 2009. High concentration of surface ozone observed along the Khumbu Valley Nepal April 2007. Geophysical Research Letters, 36: L14809.

Moorthy K K, Sreekanth V, Prakash Chaubey J, et al. 2011. Fine and ultrafine particles at a near-free tropospheric environment over the high-altitude station Hanle in the Trans-Himalaya: New particle formation and size distribution. Journal of Geophysical Research, 116: D20212.

Mukai H, Ambe Y. 1986. Characterization of a humic acid-like brown substance in airborne particulate matter and tentative identification of its origin. Atmospheric Environment, (1967) 20: 813-819.

Muller C L, Baker A, Hutchinson R, et al. 2008. Analysis of rainwater dissolved organic carbon compounds using fluorescence spectrophotometry. Atmospheric Environment, 42:8036-8045.

Nasir J, Wang X P, Xu B Q, et al. 2014. Selected organochlorine pesticides and polychlorinated biphenyls in urban atmosphere of pakistan: concentration, spatial variation and sources. Environmental Science &

Technology, 48: 2610-2618.

Nguyen Q T, Kristensen T B, Hansen, A M K, et al. 2014. Characterization of humic-like substances in Arctic aerosols. Journal of Geophysical Research-Atmospheres, 119: 5011-5027.

Nirmalkar J, Deshmukh D K, Deb M K, et al. 2015. Mass loading and episodic variation of molecular markers in PM2.5 aerosols over a rural area in eastern central India. Atmospheric Environment, 117: 41-50.

Niu H, Deshmukh D K, Deb M K, et al. 2014. Chemical composition of rainwater in the Yulong Snow Mountain region, Southwestern China. Atmospheric Research, 144: 195-206.

Niu H, Kang S, Zhang Y, et al. 2017. Distribution of light-absorbing impurities in snow of glacier on Mt. Yulong, southeastern Tibetan Plateau. Atmospheric Research, 197: 474-484.

Offenberg J H, Lewis C W, Lewandowski M, et al. 2007. Contributions of Toluene and α-Pinene to SOA Formed in an Irradiated Toluene/α-Pinene/NOx/ Air Mixture: Comparison of Results Using 14C Content and SOA Organic Tracer Methods. Environmental Science & Technology, 41: 3972-3976.

Okuda T, Naoi D, Tenmoku M, et al. 2006. Polycyclic aromatic hydrocarbons (PAHs) in the aerosol in Beijing, China, measured by aminopropylsilane chemically-bonded stationary-phase column chromatography and HPLC/fluorescence detection. Chemosphere, 65: 427-435.

Panday A K, Prinn R G. 2009. Diurnal cycle of air pollution in the Kathmandu Valley, Nepal: Observations. Journal of Geophysical Research, 114: D09305.

Pandey P K, Patel K S, Lenicek J. 1999. Polycyclic aromatic hydrocarbons: need for assessment of health risks in India? Study of an urban-industrial location in India. Environ Monitor Assess, 59: 287-319.

Pant R. 2018. Characterization & Assessment of Water Quality Environment in the Himalaya, Nepal. 中国科学院青藏高原研究所博士学位论文.

Pant R, Zhang F, Qaisar F, et al. 2018. Spatiotemporal variations of hydrogeochemistry and its controlling factors in the Gandaki River Basin, Central Himalaya Nepal, Science of the Total Environment, 622-623: 770-782.

Pant R, Zhang F, Qaisar F, et al. 2020. Spatiotemporal characterization of dissolved trace elements in the Gandaki River, Central Himalaya Nepal, Journal of Hazardous Materials, 389: 121913.

Park S S, Kim Y J, Kang C H, 2002. Atmospheric polycyclic aromatic hydrocarbons in Seoul, Korea. Atmospheric Environment, 36: 2917-2924.

Paudyal R, Kang S, Huang J, et al. 2017. Insights into mercury deposition and spatiotemporal variation in the glacier and melt water from the central Tibetan Plateau. Science of The Total Environment, 599-600: 2046-2053.

Pauliquevis T, Lara L L, Antunes M L, et al. 2012. Aerosol and precipitation chemistry measurements in a remote site in Central Amazonia: the role of biogenic contribution. Atmospheric Chemistry and Physics, 12: 4987-5015.

Pavuluri C, Kawamura K, Aggarwal S, et al. 2011. Characteristics, seasonality and sources of carbonaceous and ionic components in the tropical aerosols from Indian region. Atmospheric Chemistry and Physics, 11: 8215-8230.

Peuravuori J, Pihlaja K. 1997. Molecular size distribution and spectroscopic properties of aquatic humic substances. Analytica Chimica Acta, 337: 133-149.

Pithan F, Mauritsen T. 2014. Arctic amplification dominated by temperature feedbacks in contemporary climate models. Nature Geoscience 7: 181-184.

Porterfield W. 1984. Inorganic Chemistry: A Unified Approach. Boston: Addison-Wesley.

Pöschl U. 2003. Aerosol particle analysis: challenges and progress. Analytical and Bioanalytical Chemistry, 375: 30-32.

Pöschl U. 2005. Atmospheric Aerosols: Composition, Transformation, Climate and Health Effects. Angewandte Chemie International Edition, 44: 7520-7540.

Pöschl U, Shiraiwa M. 2015. Multiphase Chemistry at the Atmosphere–Biosphere Interface Influencing Climate and Public Health in the Anthropocene. Chemical Reviews, 115: 4440-4475.

Pósfai M, Gelencsér A, Simonics R, et al. 2004. Atmospheric tar balls: Particles from biomass and biofuel burning. Journal of Geophysical Research-Atmospheres, 109(6), DOI: 10.1029/2003JD004169.

Pozo K, Sarkar S K, Estellano V H, et al. 2017. Passive air sampling of persistent organic pollutants (POPs) and emerging compounds in Kolkata megacity and rural mangrove wetland Sundarban in India: An approach to regional monitoring. Chemosphere, 168: 1430-1438.

Price J, Vaughan G. 1993. The potential for stratosphere‐troposphere exchange in cut‐off‐low systems. Quarterly Journal of the Royal Meteorological Society, 119: 343-365.

Putero D, Landi T, Cristofanelli P, et al. 2014. Influence of open vegetation fires on black carbon and ozone variability in the southern Himalayas (NCO-P, 5079 m asl). Environmental Pollution, 184: 597-604.

Puxbaum H, Caseiro A, Sanchez-Ochoa A, et al. 2007. Levoglucosan levels at background sites in Europe for assessing the impact of biomass combustion on the European aerosol background. Journal of Geophysical Research-Atmospheres, 112, DOI: 10.1029/2006JD008114.

Puxbaum H, Tenze-Kunit M. 2003. Size distribution and seasonal variation of atmospheric cellulose. Atmospheric Environment, 37: 3693-3699.

Qian W H, Tang X, Quan L S. 2004. Regional characteristics of dust storms in China. Atmospheric Environment, 38: 4895-4907.

Qian Y F M, Leung L R, Wang W. 2011. Sensitivity studies on the impacts of Tibetan Plateau snowpack pollution on the Asian hydrological cycle and monsoon climate. Atmospheric Chemistry and Physics, 11: 1929-1948.

Qiao T, Zhao M, Xiu G, et al. 2015. Seasonal variations of water soluble composition (WSOC, Hulis and WSIIs) in PM 1 and its implications on haze pollution in urban Shanghai, China. Atmospheric Environment, 123: 306-314.

Qin D H, Mayewski P A, Kang S C, et al. 2000. Evidence for recent climate change from ice cores in the central Himalaya, in: Steffen, K. (Ed.), Annals of Glaciology, 31: 153-158.

Qu B, Zhang Y, Kang S, et al. 2019. Water quality in the Tibetan Plateau: Major ions and trace elements in rivers of the "Water Tower of Asia". *Science of the Total Environment*, 649, 571-581.

Qu B, Sillanpää M, Kang S C, et al. 2018. Export of dissolved carbonaceous and nitrogenous substances in rivers of the "Water Tower of Asia". *Journal of EnvironmentalSciences*, 65, 53-61.

Qu B, Ming J, Kang S C, et al. 2014. The decreasing albedo of the Zhadang glacier on western Nyainqentanglha and the role of light-absorbing impurities. Atmospheric Chemistry and Physics, 14: 11117-11128.

Qu B, Sillanpaa M, Li C L, et al. 2017a. Aged dissolved organic carbon exported from rivers of the Tibetan Plateau. Plos One, 12: 11.

Qu B, Sillanpää M, Zhang Y, et al. 2015. Water chemistry of the headwaters of the Yangtze River. Environmental Earth Sciences, 74: 6443-6458.

Qu B, Zhang Y, Kang S, et al. 2017b. Water chemistry of the southern Tibetan Plateau: an assessment of the Yarlung Tsangpo river basin. Environmental Earth Sciences, 76: 74.

Qu X, Hou Z, Zaw K, Li Y. 2007. Characteristics and genesis of Gangdese porphyry copper deposits in the southern Tibetan Plateau: Preliminary geochemical and geochronological results. Ore Geology Reviews, 31: 205-223.

Rajput N, Lakhani A. 2010. Measurments of polycyclic aromatic hydrocarbons in an urban atmosphere of Agra, India. Atmosfera, 23: 165-183.

Rajput P, Sarin M, Rengarajan R, Singh D. 2011. Atmospheric polycyclic aromatic hydrocarbons (PAHs) from post-harvest biomass burning emissions in the Indo-Gangetic Plain: Isomer ratios and temporal trends. Atmospheric Environment, 45: 6732-6740.

Rajput P, Sarin M, Kundu S. 2013. Atmospheric particulate matter (PM2.5), BC, OC, WSOC and PAHs from NE–Himalaya: abundances and chemical characteristics. Atmos Pollut Res, 4: 214-221.

Ram K, Sarin M. 2010. Spatio-temporal variability in atmospheric abundances of BC, OC and WSOC over Northern India. J Aerosol Sci, 41: 88-98.

Ram K, Sarin M M, Hegde P. 2008. Atmospheric abundances of primary and secondary carbonaceous species at two high-altitude sites in India: Sources and temporal variability. Atmospheric Environment, 42: 6785-6796.

Ram K, Sarin M M, Hegde P. 2010. Long-term record of aerosol optical properties and chemical composition from a high-altitude site (Manora Peak) in Central Himalaya. Atmospheric Chemistry and Physics, 10: 11791-11803.

Ram K, Sarin M M, Tripathi S N. 2012. Temporal Trends in Atmospheric PM2.5, PM10, Elemental Carbon, Organic Carbon, Water-Soluble Organic Carbon, and Optical Properties: Impact of Biomass Burning Emissions in The Indo-Gangetic Plain. Environ Sci Technol, 46: 686-695.

Ramanathan V. 2006. Atmospheric brown clouds: health, climate and agriculture impacts. Scripta Varia, 47.

Ramanathan V, Carmichael G. 2008. Global and regional climate changes due to black carbon. Nature Geoscience, 1: 221-227.

Ramanathan V, Chung C, Kim D, et al. 2005. Atmospheric brown clouds: Impacts on South Asian climate and hydrological cycle. Proceedings of the National Academy of Sciences of the United States of America,

102: 5326-5333.

Ramanathan V, Crutzen P J, Kiehl J T, et al. 2001a. Aerosols, climate, and the hydrological cycle. Science, 294: 2119-2124.

Ramanathan V, Crutzen P J, Lelieveld J, et al. 2001b. Indian Ocean Experiment: An integrated analysis of the climate forcing and effects of the great Indo-Asian haze. Journal of Geophysical Research-Atmospheres, 106: 28371-28398.

Ravindra K, Bencs L, Wauters E, et al. 2006. Seasonal and site-specific variation in vapour and aerosol phase PAHs over Flanders (Belgium) and their relation with anthropogenic activities. Atmospheric Environment, 40: 2895-2921.

Raymond P A, Bauer J E. 2001. Riverine export of aged terrestrial organic matter to the North Atlantic Ocean. Nature, 409: 497-500.

Raymond P A, McClelland J W, Holmes R M, et al. 2007. Flux and age of dissolved organic carbon exported to the Arctic Ocean: A carbon isotopic study of the five largest arctic rivers. Global Biogeochemical Cycles, 21: GB4011.

Regnier P, Friedlingstein P, Ciais P, et al. 2013. Anthropogenic perturbation of the carbon fluxes from land to ocean. Nature Geoscience, 6: 597-607.

Ren J, Wang X, Wang C, et al. 2017a. Biomagnification of persistent organic pollutants along a high-altitude aquatic food chain in the Tibetan Plateau: Processes and mechanisms. Environmental Pollution, 220: 636-643.

Ren J, Wang X, Wang C, et al. 2017b. Atmospheric processes of organic pollutants over a remote lake on the central Tibetan Plateau: implications for regional cycling. Atmospheric Chemistry and Physics, 17: 1401.

Ren J, Wang X P, Xue Y G, et al. 2014. Persistent organic pollutants in mountain air of the southeastern Tibetan Plateau: Seasonal variations and implications for regional cycling. Environmental Pollution, 194: 210-216.

Roelofs G, Kentarchos A, Trickl T, et al. 2003. Intercomparison of tropospheric ozone models: Ozone transport in a complex tropopause folding event. Journal of Geophysical Research-Atmospheres, 108(12), DOI: 10.1029/2003JD003462.

Salma I, Kentarchos A, Trickl T, et al. 2010. Chirality and the origin of atmospheric humic-like substances. Atmospheric Chemistry and Physics, 10: 1315-1327.

Salma I, Ocskay R, Láng G G. 2008. Properties of atmospheric humic-like substances – water system. Atmospheric Chemistry and Physics, 8: 2243-2254.

Samanta S K, Singh O V, Jain R K. 2002. Polycyclic aromatic hydrocarbons: environmental pollution and bioremediation. Trends Biotechnol, 20: 243-248.

Sang X, Zhang Z, Chan C, et al. 2013. Source categories and contribution of biomass smoke to organic aerosol over the southeastern Tibetan Plateau. Atmospheric Environment, 78: 113-123.

Sarangi C, Qian Y, Ritter K, et al. 2019. Impact of light-absorbing particles on snow albedo darkening and associated radiative forcing over high-mountain Asia: high-resolution WRF-Chem modeling and new satellite observations. Atmos Chem Phys, 19: 7105-7128. https://doi.org/10.5194/acp-19-7105-2019.

Sarkar S, Khillare P. 2013. Profile of PAHs in the inhalable particulate fraction: source apportionment and associated health risks in a tropical megacity. Environ Monit Assess, 185: 1199-1213.

Satish R V, Shamjad P M, Thamban, N M, et al. 2017. Temporal Characteristics of Brown Carbon over the Central Indo-Gangetic Plain. Environ Sci Technol, 51: 6765-6772.

Satsangi A, Pachauri T, Singla V, et al. 2013. Water soluble ionic species in atmospheric aerosols: concentrations and sources at agra in the Indo-Gangetic Plain (IGP). Aerosol and Air Quality Research, 13: 1877-1889.

Schmale J, Flanner M, Kang S, et al. 2017. Modulation of snow reflectance and snowmelt from Central Asian glaciers by anthropogenic black carbon. Scientific Reports. 7, 40501.

Schuur E, McGuire A, Schädel C, et al. 2015. Climate change and the permafrost carbon feedback. Nature, 520: 171-179.

SCIO. 2015. White Paper: Successful Practice of Regional Ethnic Autonomy in Tibet. Beijing: The State Council Information Office of the People's Republic of China.

Seigneur C, Vijayaraghavan K, Lohman K. 2006. Atmospheric mercury chemistry: Sensitivity of global model simulations to chemical reactions. Journal of Geophysical Research-Atmospheres, 111, DOI: 10.1029/2005JD006780.

Seinfeld J H, Pandis S N. 2012. Atmospheric Chemistry and Physics: from Air Pollution to Climate Change. New York: John Wiley & Sons.

Sellegri K, Laj P, Venzac H, et al. 2010. Seasonal variations of aerosol size distributions based on long-term measurements at the high altitude Himalayan site of Nepal Climate Observatory-Pyramid (5079 m), Nepal. Atmospheric Chemistry and Physics, 10: 10679-10690.

Shakya K M, Ziemba L D, Griffin R J. 2010. Characteristics and sources of carbonaceous, ionic, and isotopic species of wintertime atmospheric aerosols in Kathmandu Valley, Nepal. Aerosol and Air Quality Research, 10: 219-230.

Shamjad P, Tripathi S, Pathak R, et al. 2015. Contribution of brown carbon to direct radiative forcing over the indo-gangetic plain. Environ Sci Technol, 49: 10474-10481.

Shao J J, Shi J B, Duo B, et al. 2016. Mercury in alpine fish from four rivers in the Tibetan Plateau. Journal of Environmental Sciences, 39: 22-28.

Sharma H, Jain V, Khan Z H. 2007. Characterization and source identification of polycyclic aromatic hydrocarbons (PAHs) in the urban environment of Delhi. Chemosphere, 66: 302-310.

She H Q, Feng C Y, Zhang D Q, et al. 2005. Characteristics and metallogenic potential of skarn copper-lead-zinc polymetallic deposits in central eastern Gangdese. Kuangchuang Dizhi(Mineral Deposits), 24: 508-520.

Shen R Q, Ding X, He Q F, et al. 2015. Seasonal variation of secondary organic aerosol tracers in Central Tibetan Plateau. Atmospheric Chemistry and Physics, 15: 8781-8793.

Shen Z, Zhang Q, Cao J, et al. 2017. Optical properties and possible sources of brown carbon in PM 2.5 over

Xi'an, China. Atmospheric Environment, 150: 322-330.

Sheng J, Xiaoping W, Ping G R, et al. 2013. Monsoon-driven transport of organochlorine pesticides and polychlorinated biphenyls to the Tibetan Plateau: three year atmospheric monitoring study. Environ Sci Technol, 47: 3199-3208.

Shi Y, Yang Z. 1985. Water resources of glaciers in China. GeoJournal, 10: 163-166.

Shrestha P, Barros A P, Khlystov A. 2010. Chemical composition and aerosol size distribution of the middle mountain range in the Nepal Himalayas during the 2009 pre-monsoon season. Atmospheric Chemistry and Physics, 10: 11605-11621.

Sicre M, Marty J, Saliot A, et al. 1987. Aliphatic and aromatic hydrocarbons in different sized aerosols over the Mediterranean Sea: occurrence and origin. Atmospheric Environment, 21: 2247-2259.

Simcik M F, Eisenreich S J, Lioy P J. 1999. Source apportionment and source/sink relationships of PAHs in the coastal atmosphere of Chicago and Lake Michigan. Atmospheric Environment, 33: 5071-5079.

Simoneit B R T. 1984. Organic matter of the troposphere—III. Characterization and sources of petroleum and pyrogenic residues in aerosols over the western united states. Atmospheric Environment (1967), 18: 51-67.

Simoneit B R T. 1999. A review of biomarker compounds as source indicators and tracers for air pollution. Environmental Science and Pollution Research, 6: 159-169.

Simoneit B R T. 2002. Biomass burning - A review of organic tracers for smoke from incomplete combustion. Applied Geochemistry, 17: 129-162.

Simoneit B R T, Kobayashi M, Mochida M, et al. 2004. Composition and major sources of organic compounds of aerosol particulate matter sampled during the ACE-Asia campaign. Journal of Geophysical Research-Atmospheres, 109, DOI: 10.1029/2004JD004565.

Six D, Fily M, Blare L, et al. 2005. First aerosol optical thickness measurements at Dome C (East Antarctica), summer season 2003-2004. Atmospheric Environment, 39: 5041-5050.

Sonne C, Wolkers H, Leifsson P S, et al. 2008. Organochlorine-induced histopathology in kidney and liver tissue from Arctic fox (Vulpes lagopus). Chemosphere, 71: 1214-1224.

Spencer R G M, Mann P J, Dittmar T, et al. 2015. Detecting the signature of permafrost thaw in Arctic rivers. Geophysical Research Letters, 42: 2830-2835.

Srinivas B, Rastogi N, Sarin M, et al. 2016. Mass absorption efficiency of light absorbing organic aerosols from source region of paddy-residue burning emissions in the Indo-Gangetic Plain. Atmospheric Environment, 125: 360-370.

Srinivas B, Sarin M. 2013. Light absorbing organic aerosols (brown carbon) over the tropical Indian Ocean: impact of biomass burning emissions. Environmental Research Letters, 8: 044042.

Stallard R, Edmond J. 1981. Geochemistry of the Amazon: 1. Precipitation chemistry and the marine contribution to the dissolved load at the time of peak discharge. Journal of Geophysical Research-Oceans, 86: 9844-9858.

Steffen A, Douglas T, Amyot M, et al. 2008. A synthesis of atmospheric mercury depletion event chemistry in the atmosphere and snow. Atmospheric Chemistry and Physics, 8: 1445-1482.

Stockwell C E, Christian T J, Goetz J D, et al. 2016. Nepal Ambient Monitoring and Source Testing Experiment (NAMaSTE): emissions of trace gases and light-absorbing carbon from wood and dung cooking fires, garbage and crop residue burning, brick kilns, and other sources. Atmospheric Chemistry and Physics, 16: 11043-11081.

Stohl A, Berg T, Burkhart J F, et al. 2007. Arctic smoke - record high air pollution levels in the European Arctic due to agricultural fires in Eastern Europe in spring 2006. Atmospheric Chemistry and Physics, 7: 511-534.

Stohl A, Spichtinger-Rakowsky N, Bonasoni P, et al. 2000. The influence of stratospheric intrusions on alpine ozone concentrations. Atmospheric Environment, 34:1323-1354.

Stohl A, Trickl T.1999. A textbook example of long‐range transport: Simultaneous observation of ozone maxima of stratospheric and North American origin in the free troposphere over Europe. Journal of Geophysical Research-Atmospheres, 104: 30445-30462.

Stohl A, Wernli H, James P, et al. 2003. A new perspective of stratosphere–troposphere exchange. Bulletin of the American Meteorological Society, 84: 1565-1573.

Stone E, Schauer J, Quraishi T A, et al. 2010. Chemical characterization and source apportionment of fine and coarse particulate matter in Lahore, Pakistan. Atmospheric Environment, 44: 1062-1070.

Su Y, Wania F. 2005. Does the Forest Filter Effect Prevent Semivolatile Organic Compounds from Reaching the Arctic? Environ Sci Technol, 39: 7185-7193.

Sun X, Wang K, Kang S, et al. 2017. The role of melting alpine glaciers in mercury export and transport: An intensive sampling campaign in the Qugaqie Basin, inland Tibetan Plateau. Environmental Pollution, 220: 936-945.

Sun Y, Yuan G L, Li J, et al. 2018. High-resolution sedimentary records of some organochlorine pesticides in Yamzho Yumco Lake of the Tibetan Plateau: Concentration and composition. Science of The Total Environment, 615: 469-475.

Sun Y, Zhuang G, Wang Y, et al. 2004. The air-borne particulate pollution in Beijing—concentration, composition, distribution and sources. Atmospheric Environment, 38: 5991-6004.

Suthar S, Sharma J, Chabukdhara M, et al. 2010. Water quality assessment of river Hindon at Ghaziabad, India: impact of industrial and urban wastewater. Environmental Monitoring and Assessment, 165: 103-112.

Tang N, Hattori T, Taga R, et al. 2005. Polycyclic aromatic hydrocarbons and nitropolycyclic aromatic hydrocarbons in urban air particulates and their relationship to emission sources in the Pan–Japan Sea countries. Atmospheric Environment, 39: 5817-5826.

Taylor S R, McLennan S M, 1985. The Continental Crust: Its Composition and Evolution. Oxford: Blackwell.

Thind P S, Chandel K K, Sharma S K, et al. 2019. Light-absorbing impurities in snow of the Indian Western Himalayas: impact on snow albedo, radiative forcing and enhanced melting. Environ. Sci Poll Res, 26: 7566-7578. https://doi.org/10.1007/s11356-019-04183-5.

Thompson L G, Yao T, Davis M E, et al. 1997. Tropical climate instability: The last glacial cycle from a Qinghai-Tibetan ice core. Science, 276: 1821-1825.

Thurman E. 1985. Amount of organic carbon in natural waters, Organic geochemistry of natural waters. Springer: 7-65.

Tobiszewski M, Namiesnik J. 2012. PAH diagnostic ratios for the identification of pollution emission sources. Environment Pollution, 162: 110-119.

Tong Y, Chen L, Chi J, et al. 2016. Riverine nitrogen loss in the Tibetan Plateau and potential impacts of climate change. Science of The Total Environment, 553: 276-284.

Tripathee L. 2015. Chemical composition of precipitation and aerosol over the southern slope of Himalayas, Nepal. 中国科学院青藏高原研究所博士学位论文.

Tripathee L, Kang S, Huang J, et al. 2014a. Concentrations of trace elements in wet deposition over the central Himalayas, Nepal. Atmospheric Environment, 95: 231-238.

Tripathee L, Kang S, Huang J, et al. 2014b. Ionic composition of wet precipitation over the southern slope of central Himalayas, Nepal. Environmental Science and Pollution Research, 21: 2677-2687.

Tsapakis M, Stephanou E G. 2003. Collection of gas and particle semi-volatile organic compounds: use of an oxidant denuder to minimize polycyclic aromatic hydrocarbons degradation during high-volume air sampling. Atmospheric Environment, 37: 4935-4944.

Turpin B J, Lim H J. 2001. Species contributions to PM2.5 mass concentrations: Revisiting common assumptions for estimating organic mass. Aerosol Science and Technology, 35: 602-610.

Vadrevu K P, Ellicott E, Giglio L, et al. 2012. Vegetation fires in the himalayan region–aerosol load, black carbon emissions and smoke plume heights. Atmospheric Environment, 47: 241-251.

Venkataraman C, Brauer M, Tibrewal K, et al. 2018. Source influence on emission pathways and ambient PM 2.5 pollution over India (2015–2050). Atmospheric Chemistry and Physics, 18: 8017-8039.

Venzac H, Sellegri K, Laj P, et al. 2008. High frequency new particle formation in the Himalayas. Proceedings of the National Academy of Sciences, 105: 15666-15671.

Vonk J E, Mann P J, Davydov S, et al. 2013. High biolability of ancient permafrost carbon upon thaw. Geophysical Research Letters, 40: 2689-2693.

Voß M, Deutsch B, Elmgren R, et al. 2006. River biogeochemistry and source identification of nitrate by means of isotopic tracers in the Baltic Sea catchments. Biogeosciences Discussions, 3: 475-511.

Wai K M, Lin N H, Wang S H, et al. 2008. Rainwater chemistry at a high-altitude station, Mt. Lulin, Taiwan: comparison with a background station. Mt. Fuji. Journal of Geophysical Research, 113: D06305.

Wake C P, Dibb J E, Mayewski P A, et al. 1994. The chemical composition of aerosols over the Eastern Himalayas and Tibetan plateau during low dust periods. Atmospheric Environment, 28: 695-704.

Wan X, Kang S, Li Q, et al. 2017. Organic molecular tracers in the atmospheric aerosols from Lumbini, Nepal, in the northern Indo-Gangetic Plain: influence of biomass burning. Atmospheric Chemistry and Physics, 17: 8867-8885.

Wan X, Kang S, Wang Y, et al. 2015. Size distribution of carbonaceous aerosols at a high-altitude site on the central Tibetan Plateau (Nam Co Station, 4730 m a.s.l.). Atmospheric Research, 153: 155-164.

Wang C, Wang X, Gong P, et al. 2018. Long-term trends of atmospheric organochlorine pollutants and polycyclic aromatic hydrocarbons over the southeastern Tibetan Plateau. Science of The Total Environment, 624: 241-249.

Wang C F, Wang X P, Gong P, et al. 2014. Polycyclic aromatic hydrocarbons in surface soil across the Tibetan Plateau: Spatial distribution, source and air-soil exchange. Environment Pollution, 184: 138-144.

Wang C F, Wang X P, Gong P, et al. 2016a. Residues, spatial distribution and risk assessment of DDTs and HCHs in agricultural soil and crops from the Tibetan Plateau. Chemosphere, 149: 358-365.

Wang C F, Wang X P, Ren J, et al. 2017. Using a passive air sampler to monitor air-soil exchange of organochlorine pesticides in the pasture of the central Tibetan Plateau. Science of the Total Environment, 580: 958-965.

Wang C F, Wang X P, Yuan X H, et al. 2015a. Organochlorine pesticides and polychlorinated biphenyls in air, grass and yak butter from Namco in the central Tibetan Plateau. Environmental Pollution, 201: 50-57.

Wang G, Kawamura K, Lee S, et al. 2006. Molecular, seasonal, and spatial distributions of organic aerosols from fourteen Chinese cities. Environ Sci Technol, 40: 4619-4625.

Wang G, Li Y, Wang Y, et al. 2008a. Effects of permafrost thawing on vegetation and soil carbon pool losses on the Qinghai-Tibet Plateau, China. Geoderma, 143: 143-152.

Wang G, Qian J, Cheng G, et al. 2002. Soil organic carbon pool of grassland soils on the Qinghai-Tibetan Plateau and its global implication. Science of the Total Environment, 291:207-217.

Wang H, Chen Y, Li W, et al. 2013a. Runoff responses to climate change in arid region of northwestern China during 1960–2010. Chinese Geographical Science, 23: 286-300.

Wang M, Xu B, Cao J, et al. 2015b. Carbonaceous aerosols recorded in a southeastern Tibetan glacier: analysis of temporal variations and model estimates of sources and radiative forcing. Atmospheric Chemistry Physics, 15: 1191-1204.

Wang M, Xu B, Wang N, et al. 2016b. Two distinct patterns of seasonal variation of airborne black carbon over Tibetan Plateau. Science of the Total Environment, 573: 1041-1052.

Wang Q Y, Huang R J, Cao J J, et al. 2015c. Black carbon aerosol in winter northeastern Qinghai–Tibetan Plateau, China: the source, mixing state and optical property. Atmospheric Chemistry and Physics, 15: 13059-13069.

Wang X, Doherty S J, Huang J. 2013b. Black carbon and other light-absorbing impurities in snow across Northern China. Journal of Geophysical Research-Atmospheres, 118: 1471-1492.

Wang X, Yao T, Cong Z, et al. 2007. Distribution of persistent organic pollutants in soil and grasses around Mt. Qomolangma, China. Archives of Environmental Contamination and Toxicology, 52: 153-162.

Wang X P, Ren J, Gong P, et al. 2016c. Spatial distribution of the persistent organic pollutants across the Tibetan Plateau and its linkage with the climate systems: a 5-year air monitoring study. Atmospheric Chemistry and Physics, 16: 6901-6911.

Wang X P, Sheng, J J, Gong, P, et al. 2012. Persistent organic pollutants in the Tibetan surface soil: Spatial distribution, air-soil exchange and implications for global cycling. Environmental Pollution, 170: 145-151.

Wang X P, Xu B Q, Kang S C, et al. 2008b. The historical residue trends of DDT, hexachlorocyclohexanes and polycyclic aromatic hydrocarbons in an ice core from Mt. Everest, central Himalayas, China. Atmospheric Environment, 42: 6699-6709.

Wang X P, Xue Y G, Gong P, et al. 2014. Organochlorine pesticides and polychlorinated biphenyls in Tibetan forest soil: profile distribution and processes. Environmental Science and Pollution Research, 21: 1897-1904.

Wania F. 2003. Assessing the potential of persistent organic chemicals for long-range transport and accumulation in polar regions. Environ Sci Technol, 37: 1344-1351.

Wania F, Mackay D. 1993. Global Fractionation and Cold Condensation of Low Volatility Organochlorine Compounds in Polar-Regions. Ambio, 22: 10-18.

Wania F, Westgate J N. 2008. On the mechanism of mountain cold-trapping of organic chemicals. Environ Sci Technol, 42: 9092-9098.

Watson J G, Chow J C, Houck J E. 2001. PM2.5 chemical source profiles for vehicle exhaust, vegetative burning, geological material, and coal burning in Northwestern Colorado during 1995. Chemosphere, 43:1141-1151.

Westerhoff P, Mash H. 2002. Dissolved organic nitrogen in drinking water supplies: a review. Journal of Water Supply: Research and Technology-AQUA, 51: 415-448.

Wheatley B, Wyzga R. 1997. Mercury as a Global Pollutant: Human Health Issues. Berlin: Springer.

WHO. 2011. (World Health Organization). Guidelines for Drinking-Water Quality. http://www.who.int/water_ sanitation_ health/ dwq/ gdwq3rev/en/.

Wiegner T N, Seitzinger S P, Glibert P M, et al. 2006. Bioavailability of dissolved organic nitrogen and carbon from nine rivers in the eastern United States. Aquatic Microbial Ecology, 43: 277-287.

Wolf A T, Natharius, J A, Danielson, J J, et al. 1999. International river basins of the world. International Journal of Water Resources Development, 15: 387-427.

Wright G, Gustin M S, Weiss-Penzias P, et al. 2014. Investigation of mercury deposition and potential sources at six sites from the Pacific Coast to the Great Basin, USA. Science of The Total Environment, 470: 1099-1113.

Wu G, Liu Y, He B, et al. 2012. Thermal controls on the Asian summer monsoon. Scientific Reports, 2: 404.

Wu G, Wan X, Gao S, et al. 2018. Humic-like substances (HULIS) in aerosols of central Tibetan Plateau (Nam Co, 4730 m asl): Abundance, light absorption properties and sources. Environ Sci Technol, 52(13): 7203-7211.

Wu G M, Cong Z Y, Kang S C, et al. 2016. Brown carbon in the cryosphere: Current knowledge and perspective. Advances in Climate Change Research, 7: 82-89.

Wu Q, Zhang T. 2010. Changes in active layer thickness over the Qinghai‐Tibetan Plateau from 1995 to 2007. Journal of Geophysical Research-Atmospheres, 115, DOI: 10.1029/2009JD012974.

Xia X, Zong X, Cong Z, et al. 2011. Baseline continental aerosol over the central Tibetan plateau and a case study of aerosol transport from South Asia. Atmospheric Environment, 45: 7370-7378.

Xia X A. 2006. Significant overestimation of global aerosol optical thickness by MODIS over land. Chinese Science Bulletin, 51: 2905-2912.

Xiao C, Kang S, Qin D, et al. 2002. Transport of atmospheric impurities over the Qinghai–Xizang (Tibetan) Plateau as shown by snow chemistry. Journal of Asian Earth Sciences, 20: 231-239.

Xin J, Wang Y, Li Z, et al. 2007. Aerosol optical depth (AOD) and Ångström exponent of aerosols observed by the Chinese Sun Hazemeter Network from August 2004 to September 2005. Journal of Geophysical Research, 112, DOI: 10.1029/2006JD007075.

Xu B, Cao J, Hansen J, et al. 2009. Black soot and the survival of Tibetan glaciers. Proceedings of the National Academy of Sciences of the United States of America, 106: 22114-22118.

Xu C, Ma Y M, Panday A, et al. 2014a. Similarities and differences of aerosol optical properties between southern and northern sides of the Himalayas. Atmospheric Chemistry and Physics, 14: 3133-3149.

Xu J, Wang Z, Yu G, et al. 2014b. Characteristics of water soluble ionic species in fine particles from a high altitude site on the northern boundary of Tibetan Plateau: Mixture of mineral dust and anthropogenic aerosol. Atmospheric Research, 143: 43-56.

Xu J, Wang Z, Yu G, et al. 2013a. Seasonal and diurnal variations in aerosol concentrations at a high-altitude site on the northern boundary of Qinghai-Xizang Plateau. Atmospheric Research, 120-121: 240-248.

Xu J, Zhang Q, Li X, et al. 2013b. Dissolved organic matter and inorganic ions in a Central Himalayan Glacier-Insights into chemical composition and atmospheric sources. Environ Sci Technol, 47: 6181-6188.

Xu W, Liu X. 2007. Response of vegetation in the Qinghai-Tibet Plateau to global warming. Chinese Geographical Science, 17: 151-159.

Xu X, Tang J, Lin W, 2011. The trend and variability of surface ozone at the global GAW station Mt. WALIGUAN, China, Second Tropospheric Ozone Workshop Tropospheric Ozone Changes: Observations, state of understanding and model performances, WMO/GAW report, WMO, Geneva.

Xu Z, Gong T, Li J. 2008. Decadal trend of climate in the Tibetan Plateau—regional temperature and precipitation. Hydrological Processes, 22: 3056-3065.

Yadav I C, Devi N L, Li J, et al. 2017. Possible emissions of POPs in plain and hilly areas of Nepal: Implications for source apportionment and health risk assessment. Environment Pollution, 220: 1289-1300.

Yadav I C, Devi N L, Syed J H, et al. 2015. Current status of persistent organic pesticides residues in air, water, and soil, and their possible effect on neighboring countries: a comprehensive review of India. Science of the Total Environment, 511: 123-137.

Yan C, Zheng M, Sullivan A P, et al. 2015. Chemical characteristics and light-absorbing property of water-soluble organic carbon in Beijing: Biomass burning contributions. Atmospheric Environment, 121: 4-12.

Yang H, Battarbee R W, Turner S D, et al. 2010a. Historical reconstruction of mercury pollution across the

Tibetan Plateau using lake sediments. Environ Sci Technol, 44: 2918-2924.

Yang S, Xu B, Cao J, et al. 2015. Climate effect of black carbon aerosol in a TP glacier, Atmos. Environ., 111, 71-78. https://doi.org/10.1016/j.atmosenv.2015.03.016.

Yang J, Duan K, Kang S, et al. 2017. Potential feedback between aerosols and meteorological conditions in a heavy pollution event over the Tibetan Plateau and Indo-Gangetic Plain. Climate Dynamics, 48: 2901-2917.

Yang J H, Kang S C, Ji Z M, et al. 2018. Modeling the origin of anthropogenic black carbon and its climatic effect over the Tibetan Plateau and surrounding regions. Journal of Geophysical Research-Atmosphere, 123: 671-692.

Yang K, Wu H, Qin J, et al. 2014. Recent climate changes over the Tibetan Plateau and their impacts on energy and water cycle: A review. Global and Planetary Change, 112: 79-91.

Yang M, Nelson F E, Shiklomanov N I, et al. 2010b. Permafrost degradation and its environmental effects on the Tibetan Plateau: A review of recent research. Earth-Science Reviews, 103: 31-44.

Yang R, Jing C, Zhang Q, et al. 2011. Polybrominated diphenyl ethers (PBDEs) and mercury in fish from lakes of the Tibetan Plateau. Chemosphere, 83: 862-867.

Yang R, Jing C, Zhang Q, Jiang, G. 2013a. Identifying semi-volatile contaminants in fish from Niyang River, Tibetan Plateau. Environmental Earth Sciences, 68: 1065-1072.

Yang R Q, Yao T D, Xu B Q, et al. 2008a. Distribution of organochlorine pesticides (OCPs) in conifer needles in the southeast Tibetan Plateau. Environmental Pollution, 153: 92-100.

Yang R Q, Zhang, S J, Li, A, et al. 2013b. Altitudinal and Spatial Signature of Persistent Organic Pollutants in Soil, Lichen, Conifer Needles, and Bark of the Southeast Tibetan Plateau: Implications for Sources and Environmental Cycling. Environ Sci Technol, 47: 12736-12743.

Yang Y, Fang J, Tang Y, et al. 2008b. Storage, patterns and controls of soil organic carbon in the Tibetan grasslands. Global Change Biology, 14: 1592-1599.

Yang Y J, Wang Y S, Wen T X, et al. 2009. Elemental composition of PM2.5 and PM10 at Mount Gongga in China during 2006. Atmospheric Research, 93: 801-810.

Yao P, Schwab V F, Roth V N, et al. 2013. Levoglucosan concentrations in ice-core samples from the Tibetan Plateau determined by reverse-phase high-performance liquid chromatography mass spectrometry. Journal of Glaciology, 59: 599-612.

Yao T, Thompson L, Yang W, et al. 2012a. Different glacier status with atmospheric circulations in Tibetan Plateau and surroundings. Nature Climate Change, 2: 663-667.

Yao T, Thompson L G, Mosbrugger V, et al. 2012b. Third Pole Environment (TPE). Environmental Development, 3: 52-64.

Yasunari T, Bonasoni P, Laj P, et al. 2010. Estimated impact of black carbon deposition during pre-monsoon season from Nepal Climate Observatory-Pyramid data and snow albedo changes over Himalayan glaciers. Atmospheric Chemistry and Physics, 10: 6603-6615.

Ye B M, Ji X L, Yang H Z, et al. 2003. Concentration and chemical composition of PM2.5 in Shanghai for a

1-year period. Atmospheric Environment, 37: 499-510.

Yin X, Kang S, de Foy B, et al. 2017. Surface ozone at Nam Co in the inland Tibetan Plateau: variation, synthesis comparison and regional representativeness. Atmospheric Chemistry and Physics, 17: 11293-11311.

Yin X, Kang S, Foy B D, et al. 2018. Multi-year monitoring of atmospheric total gaseous mercury at a remote high-altitude site (Nam Co, 4730 m asl) in the inland Tibetan Plateau region. Atmospheric Chemistry and Physics, 18: 10557-10574.

You C, Yao T, Xu B, et al. 2016. Effects of sources, transport, and postdepositional processes on levoglucosan records in southeastern Tibetan glaciers. Journal of Geophysical Research-Atmospheres, 121:8701-8711.

You C, Yao T, Xu C. 2018. Recent Increases in Wildfires in the Himalayas and Surrounding Regions Detected in Central Tibetan Ice Core Records. Journal of Geophysical Research-Atmospheres, 123: 3285-3291.

You C, Yao T, Xu C, et al. 2017. Levoglucosan on Tibetan glaciers under different atmospheric circulations. Atmospheric Environment, 152: 1-5.

Yunker M B, Macdonald R W, Vingarzan R, et al. 2002. PAHs in the fraser river basin: a critical appraisal of PAH ratios as indicators of PAH source and composition. Org Geochem, 33: 489-515.

Zdrahal Z, Oliveira J, Vermeylen R, et al. 2002. Improved method for quantifying levoglucosan and related monosaccharide anhydrides in atmospheric aerosols and application to samples from urban and tropical locations. Environ Sci Technol, 36: 747-753.

Zhang D D, Peart M, Jim C Y, et al. 2003. Precipitation chemistry of Lhasa and other remote towns, Tibet. Atmospheric Environment, 37: 231-240.

Zhang G, Chakraborty P, Li J, et al. 2008. Passive Atmospheric Sampling of Organochlorine Pesticides, Polychlorinated Biphenyls, and Polybrominated Diphenyl Ethers in Urban, Rural, and Wetland Sites along the Coastal Length of India. Environ Sci Technol, 42: 8218-8223.

Zhang H, Fu X, Lin C, et al. 2015a. Observation and analysis of speciated atmospheric mercury in Shangri-La, Tibetan Plateau, China. Atmospheric Chemistry Physics, 15: 653-665.

Zhang J Y, Wang X P, Gong P, et al. 2018. Seasonal variation and source analysis of persistent organic pollutants in the atmosphere over the western Tibetan Plateau. Environmental Science and Pollution Research, 25: 24052-24063.

Zhang L, Song X, Xia J, et al. 2011a. Major element chemistry of the Huai River basin, China. Applied Geochemistry, 26: 293-300.

Zhang L, Wright L P, Blanchard P. 2009. A review of current knowledge concerning dry deposition of atmospheric mercury. Atmospheric Environment, 43: 5853-5864.

Zhang N, Cao J, Ho K, et al. 2012a. Chemical characterization of aerosol collected at Mt. Yulong in wintertime on the southeastern Tibetan Plateau. Atmospheric Research, 107: 76-85.

Zhang N, Cao J, Liu S, et al. 2014a. Chemical composition and sources of PM2.5 and TSP collected at Qinghai Lake during summertime. Atmospheric Research, 138: 213-222.

Zhang Q, Huang J, Wang F, et al. 2012b. Mercury distribution and deposition in glacier snow over western

China. Environ Sci Technol, 46: 5404-5413.

Zhang Q, Pan K, Kang S, et al. 2014b. Mercury in wild fish from high-altitude aquatic ecosystems in the Tibetan Plateau. Environ Sci Technol, 48: 5220-5228.

Zhang Q, Zhang F, Kang S, et al. 2017a. Melting glaciers: Hidden hazards. Science, 356: 495-495.

Zhang T, Frauenfeld O W, Serreze M C, et al. 2005. Spatial and temporal variability in active layer thickness over the Russian Arctic drainage basin. Journal of Geophysical Research-Atmospheres, 110, DOI: 10.1029/2004JD005642.

Zhang X, Lin Y H, Surratt J D, et al. 2011b. Light‐absorbing soluble organic aerosol in Los Angeles and Atlanta: A contrast in secondary organic aerosol. Geophysical Research Letters, 38, DOI: 10.1029/2011GL049385.

Zhang X L, Lin Y H, Surratt J D, et al. 2013. Sources, Composition and Absorption Angstrom Exponent of Light-absorbing Organic Components in Aerosol Extracts from the Los Angeles Basin. Environ Sci Technol, 47: 3685-3693.

Zhang X P, Deng W, Yang X M. 2002. The background concentrations of 13 soil trace elements and their relationships to parent materials and vegetation in Xizang (Tibet), China. Journal of Asian Earth Sciences, 21: 167-174.

Zhang Y, Forrister H, Liu J, et al. 2017b. Top-of-atmosphere radiative forcing affected by brown carbon in the upper troposphere. Nature Geoscience, 10: 486-489.

Zhang Y, Kang S, Cong Z, et al. 2017c. Light-absorbing impurities enhance glacier albedo reduction in the southeastern Tibetan plateau. Journal of Geophysical Research-Atmospheres, 122: 6915-6933.

Zhang Y, Kang S, Sprenger M, et al. 2018. Black carbon and mineral dust in snow cover on the Tibetan Plateau. The Cryosphere, 12, 413-431. https://doi.org/10.5194/tc-12-413-2018.

Zhang Y, Kang S, Xu M, et al. 2017d. Light-absorbing impurities on Keqikaer Glacier in western Tien Shan: concentrations and potential impact on albedo reduction. Sci Cold Arid Reg, 9(2): 97-111. https://doi.org/10.3724/SP.J.1226.2017.00097.

Zhang Y, Sillanpää M, Li C, et al. 2015b. River water quality across the Himalayan regions: elemental concentrations in headwaters of Yarlung Tsangbo, Indus and Ganges River. Environmental Earth Sciences, 73: 4151-4163.

Zhang Z, Tao F, Du J, et al. 2010. Surface water quality and its control in a river with intensive human impacts–a case study of the Xiangjiang River, China. Journal of Environmental Management, 91: 2483-2490.

Zhao H B, Xu B Q, Yao T D, et al. 2011. Records of sulfate and nitrate in an ice core from Mount Muztagata, central Asia. Journal of Geophysical Research-Atmospheres, 116, DOI: 10.1029/2011JD015735.

Zhou J, Tie X, Xu B, et al. 2018. Black carbon (BC) in a northern Tibetan Mountain: effect of Kuwait fires on glaciers. Atmos Chem Phys, 18: 13673-13685.

Zhao L, Ping C-L, Yang D, et al. 2004. Changes of climate and seasonally frozen ground over the past 30 years in Qinghai-Xizang (Tibetan) Plateau, China. Global and Planetary Change, 43: 19-31.

Zhao P, Dor J, Jin J. 2000. A new geochemical model of the Yangbajin geothermal field, Tibet. Proceedings World Geothermal Congress: 1-6.

Zhao S, Ming J, Sun J, et al. 2013a. Observation of carbonaceous aerosols during 2006–2009 in Nyainqêntanglha Mountains and the implications for glaciers. Environmental Science and Pollution Research, 20: 5827-5838.

Zhao Y. 2003. Saline Lake Lithium Resources of China and Its Exploitation. Mineral Deposits-Beijing-, 22: 99-106.

Zhao Z, Cao J, Shen Z, et al. 2013b. Aerosol particles at a high‐altitude site on the Southeast Tibetan Plateau, China: Implications for pollution transport from South Asia. Journal of Geophysical Research-Atmospheres, 118:11360-11375.

Zheng W, Kang S, Feng X, et al. 2010. Mercury speciation and spatial distribution in surface waters of the Yarlung Zangbo River, Tibet. Chinese Science Bulletin, 55: 2697-2703.

Zhu C, Kawamura K, Kunwar B. 2015. Effect of biomass burning over the western North Pacific Rim: wintertime maxima of anhydrosugars in ambient aerosols from Okinawa. Atmospheric Chemistry and Physics, 15: 1959-1973.

Zhu T, Lin W, Song Y, et al. 2006. Downward transport of ozone‐rich air near Mt. Everest. Geophysical Research Letters, 33, DOI: 10.1029/2006GL027726.

Zou H, Zhou L, Ma S, et al. 2008. Local wind system in the Rongbuk Valley on the northern slope of Mt. Everest. Geophysical Research Letters, 35: L13813.

附　录

附录1 南亚污染物跨境传输及其对青藏高原
环境影响考察日志

专题科考队总体上按计划执行,投入 50 名科考队员,开展了为期 60 天、行程超过 10000 km 的南亚通道南端及周边地区综合科学考察,高质量完成了各项拟定工作。专题科考队总体实施在喜马拉雅山脉两侧(我国西藏和尼泊尔境内)同步进行,即设置为境内考察小组和境外考察小组,分为大气污染物跨境传输科考分队和河流分队,对大气污染物和河流水样进行监测和样品采集。

考察期间主要科考人员分工如下:①康世昌协调组组长总体统筹、负总责;②丛志远分队长负责境内西藏地区考察前期沟通协调、科考路线设计与后期数据收集及其跟踪收集;③张凡分队长负责河流队总体统筹,曾辰协助;④张强弓执行分队长负责科考路线设计、考察期间地方部门对外联络及科考日志整理,Lekhendra Tripathee 和陈鹏飞协助;⑤万欣负责考察期间后勤保障与财务支出等,武广明协助;⑥孙友文负责西藏气体污染物实时监测,邢成志协助,付毅宾和刘吉瑞负责西藏污染物垂直分布监测。科考队员分工明确,各司其职,高效协作,成效显著。相关数据整理和分析在路线考察的同时同步进行。此外,科考队员还于考察后期对此次考察进行了集中讨论,并对此次考察相关收获进行了及时总结。

在此,特别感谢各位队员和诸位同仁的千辛万苦和不懈努力!没有大家的同甘共苦和坚强意志,没有大家的步调一致和齐心协力,我们就不能如期完成南亚通道南端综合区污染物跨境传输及其对青藏高原环境影响科考任务。让我们一起为我们的南亚通道南端境内境外考察致以崇高的敬意!

丛志远

2018 年 1 月于中国科学院青藏高原研究所

表 1　第二次青藏科考南亚通道南端跨境污染物监测 - 中国境内（西藏）科考分队日志

日期	工作内容	停留地点
2017.11.10	中国科学院合肥物质研究院科考队员从合肥到达成都转机	成都
2017.11.11	中国科学院合肥物质研究院科考队员从成都到达拉萨，青藏所科考队从北京到达拉萨，西北院科考队员从兰州到达拉萨，适应高原	拉萨
2017.11.12	整理清点前期快递物品和仪器配件；工具采购；材料、科考仪器及相关设备核查	拉萨
2017.11.13	边防证办理，进一步确定考察线路与日程安排	拉萨
2017.11.14	科考仪器及相关设备打包装车；从拉萨前往珠峰站，在日喀则停留一晚（三辆车，包括货车）	日喀则
2017.11.15	采样配件补充购置，前往珠峰站；日喀则至珠峰站	珠峰站
2017.11.16	激光雷达和MAX-DOS调试，PM中流量采样器安装，光度计和臭氧仪维修	珠峰站
2017.11.17	PM采样，激光雷达和MAX-DOS测试，黑碳、臭氧监测，AMS吊装调试	珠峰站
2017.11.18	PM采样，激光雷达和MAX-DOS测试，黑碳、臭氧监测，AMS调试	珠峰站
2017.11.19	PM采样，激光雷达和MAX-DOS测试，黑碳、臭氧监测，AMS监测	珠峰站
2017.11.20	PM采样，激光雷达和MAX-DOS测试，黑碳、臭氧监测，AMS监测	珠峰站
2017.11.21	PM采样，激光雷达和MAX-DOS测试，黑碳、臭氧监测，AMS监测	珠峰站
2017.11.22	PM采样，激光雷达和MAX-DOS测试，黑碳、臭氧监测，AMS监测	珠峰站
2017.11.23	PM采样，激光雷达和MAX-DOS测试，黑碳、臭氧监测，AMS监测	珠峰站
2017.11.24	PM采样，激光雷达和MAX-DOS测试，黑碳、臭氧监测，AMS监测	珠峰站
2017.11.25	停电，整理观测结果	珠峰站
2017.11.26	停电，整理观测结果	珠峰站
2017.11.27	停电，整理观测结果	珠峰站
2017.11.28	珠峰站队员继续整理观测结果，新到队员于拉萨部核查打包TSP等采样器，联系货运物流送往珠峰站	日喀则
2017.11.29	珠峰站队员继续整理观测数据和样品，丛志远队长一行4人于日喀则进行跨境污染物监测方案讨论	日喀则
2017.11.30	跨境污染物监测方案继续讨论，建议增加手持PM和黑碳仪在线观测，联系手持PM和黑碳仪借用	日喀则
2017.12.01	日喀则—仲巴，跨境污染物监测位置选点	仲巴
2017.12.02	仲巴—吉隆，跨境污染物监测位置选点	吉隆
2017.12.03	吉隆—日喀则，购买发电机、稳压器等	日喀则
2017.12.04	跨境污染物加强观测方案制订	日喀则
2017.12.05	手持PM、黑碳仪等仪器准备	日喀则
2017.12.06	日喀则—珠峰站	珠峰站

续表

日期	工作内容	停留地点
2017.12.07	跨境污染物加强观测仪器调试，打包	珠峰站
2017.12.08	携带发电机、稳压器和汽油，珠峰站—仲巴	仲巴
2017.12.09	跨境污染物全天加强观测（激光雷达、差分吸收光谱、黑碳仪、粒谱仪）全面开展	仲巴
2017.12.10	跨境污染物全天加强观测	仲巴
2017.12.11	跨境污染物全天加强观测	仲巴
2017.12.12	仲巴—吉隆	吉隆
2017.12.13	跨境污染物全天加强观测（激光雷达、差分吸收光谱、黑碳仪、粒谱仪）全面开展	吉隆
2017.12.14	跨境污染物全天加强观测	吉隆
2017.12.15	跨境污染物全天加强观测	吉隆
2017.12.16	吉隆—珠峰站	珠峰站
2017.12.17	珠峰站—日喀则，仪器检查，留站仪器（激光雷达、差分吸收光谱）安装调试，黑碳仪打包运回北京维修	日喀则
2017.12.18	日喀则—拉萨	拉萨
2017.12.19	拉萨—北京、拉萨—成都	
2017.12.19	成都—合肥	

表 2　第二次青藏科考南亚通道跨境污染物监测 - 境内（尼泊尔）科考分队考察日志

日期（每天）	工作内容	停留地点
2017.11.12	兰州 / 北京—加德满都	北京 / 成都 / 昆明
2017.11.13	材料、工具采购、仪器检查	加德满都
2017.11.14	证明信办理，机场取仪器	加德满都
2017.11.15	野外前准备，通行证办理	加德满都
2017.11.16	加德满都—东启	东启
2017.11.17	东启仪器架设和培训，采样启动	东启
2017.11.18	东启—蓝毗尼	蓝毗尼
2017.11.19	蓝毗尼仪器培训和采样，蓝毗尼—博克拉	博克拉
2017.11.20	博克拉仪器架设和培训，采样启动	博克拉
2017.11.21	博克拉对比试验采集启动	博克拉
2017.11.22	博克拉前往 Jomsom	博克拉，Jomsom
2017.11.23	Jomsom 仪器架设和培训，采样启动	博克拉，Jomsom
2017.11.24	Jomsom—博克拉	博克拉，Jomsom
2017.11.25	博克拉—加德满都，加德满都站仪器培训和采样，采样启动	博克拉，加德满都
2017.11.26	多站点 $PM_{2.5}$ 样品加密采集协同进行中；在加德满都科教中心勘察大气环境观测场站	加德满都，东启，博克拉，蓝毗尼和 Jomsom 5 个站点
2017.11.27	多站点 $PM_{2.5}$ 样品加密采集协同进行中	5 个站点
2017.11.28	多站点 $PM_{2.5}$ 样品加密采集协同进行中	5 个站点
2017.11.29	多站点 $PM_{2.5}$ 样品加密采集协同进行中	5 个站点
2017.11.30	多站点 $PM_{2.5}$ 样品加密采集协同进行中	5 个站点
2017.12.01	多站点 $PM_{2.5}$ 样品加密采集协同进行中；在 Jomsom 开展单颗粒气溶胶采样；在蓝毗尼开展 TSP 和 $PM_{2.5}$ 对比采样	5 个站点
2017.12.02	多站点 $PM_{2.5}$ 样品加密采集协同进行中；在 Jomsom 开展单颗粒气溶胶采样；在蓝毗尼开展 TSP 和 $PM_{2.5}$ 对比采样	5 个站点
2017.12.03	多站点 $PM_{2.5}$ 样品加密采集协同进行中；在 Jomsom 开展单颗粒气溶胶采样；在蓝毗尼开展 TSP 和 $PM_{2.5}$ 对比采样	5 个站点
2017.12.04	多站点 $PM_{2.5}$ 样品加密采集协同进行中；在 Jomsom 开展单颗粒气溶胶采样；在蓝毗尼开展 TSP 和 $PM_{2.5}$ 对比采样	5 个站点
2017.12.05	多站点 $PM_{2.5}$ 样品加密采集协同进行中；在 Jomsom 开展单颗粒气溶胶采样；在蓝毗尼开展 TSP 和 $PM_{2.5}$ 对比采样	5 个站点
2017.12.06	多站点 $PM_{2.5}$ 样品加密采集协同进行中；在 Jomsom 开展单颗粒气溶胶采样；在蓝毗尼开展 TSP 和 $PM_{2.5}$ 对比采样	5 个站点

续表

日期（每天）	工作内容	停留地点
2017.12.07	多站点 PM$_{2.5}$ 样品加密采集协同进行中；在 Jomsom 开展单颗粒气溶胶采样；在蓝毗尼开展 TSP 和 PM$_{2.5}$ 对比采样	5 个站点
2017.12.08	多站点 PM$_{2.5}$ 样品加密采集协同进行中；在 Jomsom 开展单颗粒气溶胶采样；在蓝毗尼开展 TSP 和 PM$_{2.5}$ 对比采样	5 个站点
2017.12.09	多站点 PM$_{2.5}$ 样品加密采集协同进行中；在 Jomsom 开展单颗粒气溶胶采样；在蓝毗尼开展 TSP 和 PM$_{2.5}$ 对比采样	5 个站点
2017.12.10	多站点 PM$_{2.5}$ 样品加密采集协同进行中；在 Jomsom 开展单颗粒气溶胶采样；在蓝毗尼开展 TSP 和 PM$_{2.5}$ 对比采样。气象小组离开加德满都前往朗当国家公园	5 个站点
2017.12.11	多站点 PM$_{2.5}$ 样品加密采集协同进行中；气象小组到达朗当国家公园徒步起点	5 个站点和朗当国家公园
2017.12.12	多站点 PM$_{2.5}$ 样品加密采集协同进行中；气象小组到达朗当国家公园徒步前往仪器架设点	5 个站点
2017.12.13	多站点 PM$_{2.5}$ 样品加密采集协同进行中；气象小组到达朗当国家公园徒步前往仪器架设点	5 个站点
2017.12.14	多站点 PM$_{2.5}$ 样品加密采集协同进行中；气象小组到达 Kanjin Gongba 展开气象站架设工作	5 个站点
2017.12.15	多站点 PM$_{2.5}$ 样品加密采集协同进行中；Jomsom 采样结束，携带样品返回加德满都；气象小组到达 Kanjin Gongba 展开气象站架设工作	5 个站点
2017.12.16	多站点 PM$_{2.5}$ 样品加密采集协同进行中；气象小组完成气象站架设工作返回徒步起点	加德满都，东启，博克拉，蓝毗尼
2017.12.17	多站点 PM$_{2.5}$ 样品加密采集协同进行中；气象小组完成气象站架设工作返回徒步起点	加德满都，东启，博克拉，蓝毗尼
2017.12.18	多站点 PM$_{2.5}$ 样品加密采集协同进行中；蓝毗尼、博克拉和东启站采样结束，携带样品返回加德满都；气象小组返回加德满都	加德满都
2017.12.19	样品整理	加德满都
2017.12.20	加德满都仪器维护，样品整理	加德满都
2017.12.21	博克拉、蓝毗尼样品收集、整理	加德满都
2017.12.22	整理样品，协助撰写初步野外报告	加德满都
2017.12.23	加德满都—成都	成都
2017.12.24	成都—兰州 / 北京	兰州，北京

表 3　第二次青藏科考南亚通道河流水污染监测科考分队考察日志

表 3.1　水污染 1 小组科考日志和相关图

时间	工作内容	路线
2017.10.15		北京—加德满都
2017.10.16	Tribhuvan University 参加会议	加德满都
2017.10.17	野外路线准备	加德满都
2017.10.18	野外仪器和材料准备	加德满都
2017.10.19	野外介绍信准备	加德满都
2017.10.20	沿途水样调查采集	加德满都—博克拉
2017.10.21	周边水样调查采集	博克拉
2017.10.22	沿途水样调查采集	博克拉—Beni
2017.10.23	沿途水样调查采集	Beni—Jomsom
2017.10.24	沿途水样调查采集	Jomsom—Chosang
2017.10.25	沿途水样调查采集	Jomsom—Muktinath
2017.10.26	沿途水样调查采集	Jomsom—博克拉
2017.10.27	返程	博克拉—加德满都
2017.10.28	处理水样	加德满都
2017.10.29	处理水样	加德满都
2017.10.30	沿途水样调查采集	加德满都—尼泊尔根杰
2017.10.31	周边 Karnali River 调查采样	尼泊尔根杰—Jumla
2017.11.01	沿途水样调查采集	Jumla-Rakham
2017.11.02	沿途水样调查采集	Rakham—尼泊尔根杰
2017.11.03	沿途水样调查采集	尼泊尔根杰—Kohalpur
2017.11.04	沿途水样调查采集	Kohalpur—加德满都
2017.11.05	处理过滤水样	加德满都
2017.11.06	返回北京	加德满都—北京

表 3.2 水污染 2 小组科考日志

表 3.2.1 第一批科考队员科考日志

时间	工作内容	路线
2017.10.23		北京—加德满都
2017.10.24	野外仪器和材料准备	加德满都
2017.10.25	讨论野外路线，开具介绍信	加德满都—Sunkoshi
2017.10.26	沿途水样调查采集	加德满都—Sunkoshi
2017.10.27	Sunkoshi 沿途水样调查采集	Sunkoshi
2017.10.28	Sunkoshi 沿途水样调查采集	Sunkoshi
2017.10.29	Koshi 沿途水样调查采集	Koshi 河
2017.10.30	Koshi 沿途水样调查采集	Koshi 河
2017.10.31	Koshi 印度境内水样调查采集	Koshi 河
2017.11.01	Arun 河沿途水样调查采集	Arun 河
2017.11.02	沿途水样调查采集	Baraha
2017.11.03	返程	加德满都
2017.11.04	TU 大学实验室水样处理	加德满都
2017.11.05	TU 大学实验室水样处理	加德满都
2017.11.06	返回北京	加德满都—北京

表 3.2.2 第二批科考队员科考日志

时间	工作内容	路线
2017.12.02		北京—加德满都
2017.12.03	野外前准备工作	加德满都
2017.12.04	沿途采集水体样品	加德满都—Hedauta
2017.12.04	沿途采集水体样品	Hedauta-Thada Tole
2017.12.05	采集 Bagmati 河河水样品	Thada Tole-Rautahat-Thada Tole
2017.12.05	采集 Bhokraha 河水样	Thada Tole-Dudhauli
2017.12.06	采集 Bhokraha 河水样	Dudhauli-Siraha
2017.12.06	采集 Balan 河水样	Siraha-Belhi-Pipra
2017.12.07	采集沿途河水样品	Pipra-Rajbiraj
2017.12.07-09	采集 Koshi 河干流下游样品	Koshi Tappu 自然保护区
2017.12.10-12	采集 Koshi 河干流上游样品	Rajbiraj-Dharan
2017.12.13	在中科院加德满都中心观测场安装大气有机物观测设备	加德满都
2017.12.14	访问加德满都大学	加德满都
2017.12.15	整理样品	加德满都
2017.12.16	返回	加德满都—北京

表 3.3 水污染 3 小组科考日志

时间	工作内容	路线
2017.11.27		北京—拉萨
2017.11.28	野外前准备工作	拉萨
2017.11.29	赶赴马甲藏布途中	拉萨市—拉孜县
2017.11.30	赶赴马甲藏布途中	拉孜县—仲巴县
2017.12.01	马甲藏布下游采样调查	仲巴县—普兰县
2017.12.02	马甲藏布源头及上游采样调查	普兰
2017.12.03	赶赴吉隆藏布途中	普兰县—萨嘎县
2017.12.04	吉隆藏布源头及上游采样调查	萨嘎县—吉隆镇
2017.12.05	吉隆藏布中下游采样调查	吉隆镇—吉隆口岸—吉隆县
2017.12.06	朋曲源头及上游采样调查	吉隆县—珠峰站
2017.12.07	朋曲支流—扎嘎曲采样调查	珠峰站—定日县
2017.12.08	朋曲支流—叶如藏布采样调查	定日县—陈塘镇
2017.12.09	朋曲下游采样调查	陈塘镇—日喀则
2017.12.10	返程	日喀则—拉萨
2017.12.11	处理过滤水样	拉萨
2017.12.12	处理过滤水样	拉萨
2017.12.13	处理过滤水样	拉萨
2017.12.14	处理过滤水样	拉萨
2017.12.15	处理过滤水样	拉萨
2017.12.16	处理过滤水样	拉萨
2017.12.17	处理过滤水样	拉萨
2017.12.18	返回北京	拉萨—北京

附录 2 南亚污染物跨境传输及其对青藏高原
环境影响考察科考分队成员名单

（共 50 人）

康世昌	男	中国科学院西北生态环境资源研究院	
			协调小组组长 / 研究员
丛志远	男	中国科学院青藏高原研究所	队长 / 研究员
张强弓	男	中国科学院青藏高原研究所	执行分队长 / 副研究员
张　凡	女	中国科学院青藏高原研究所	执行分队长 / 研究员
黄　杰	男	中国科学院青藏高原研究所	副研究员
万　欣	女	中国科学院青藏高原研究所	博士后
武广明	男	中国科学院青藏高原研究所	博士研究生
Jagdish Dotel	男	中国科学院青藏高原研究所	硕士研究生
丁张巍	男	中国科学院青藏高原研究所	博士后
Bharat B. Joshi	男	中国科学院青藏高原研究所	硕士研究生
韩小文	女	中国科学院青藏高原研究所	硕士研究生
徐建中	男	中国科学院西北生态环境资源研究院	研究员
陈鹏飞	男	中国科学院西北生态环境资源研究院	博士后
钟歆玥	女	中国科学院西北生态环境资源研究院	博士后
Lekhendra Tripathee	男	中国科学院西北生态环境资源研究院	博士后
Linda Maharjan	女	中国科学院西北生态环境资源研究院	博士研究生
张兴华	男	中国科学院西北生态环境资源研究院	博士研究生
陈欣桐	女	中国科学院西北生态环境资源研究院	博士研究生
孙友文	男	中国科学院合肥物质科学研究院	副研究员
邢成志	男	中国科学院合肥物质科学研究院	博士研究生
付毅宾	男	中国科学院合肥物质科学研究院	助理研究员
刘吉瑞	男	中国科学院合肥物质科学研究院	助理研究员
王雨春	男	中国水利水电科学研究院	教授
Maskey Rejina	女	Tribhuvan University	教授
Dhananjay Regmi	男	尼泊尔喜马拉雅研究中心	教授
肖　青	男	中国科学院遥感与数字地球研究所	研究员
叶庆华	女	中国科学院青藏高原研究所	副研究员
李潮流	男	中国科学院青藏高原研究所	副研究员

罗　维	男	中国科学院生态环境研究中心	副研究员
唐剑锋	男	长江水环境监测中心	高级工程师
王英才	男	长江水环境监测中心	高级工程师
胡明明	女	中国水利水电科学研究院	高级工程师
Khagendra RPoudel	男	Prithivi Narayan Campus in Pokhara	副教授
雷天柱	男	中国科学院西北生态环境资源研究院	副研究员
Sudeep Thakuri	男	Tribhuvan University	专家
曾　辰	男	中国科学院青藏高原研究所	助理研究员
张宏波	男	中国科学院青藏高原研究所	博士后
Pant Ramesh	男	中国科学院青藏高原研究所	博士研究生
Adhikari Subash	男	中国科学院青藏高原研究所	博士研究生
Kabita Karki	女	中国科学院青藏高原研究所	博士研究生
Namita P. Adhikari	女	中国科学院青藏高原研究所	博士研究生
胡轶伦	男	中国科学院青藏高原研究所	博士研究生
闫天龙	男	兰州大学	博士研究生
郭海超	男	中国科学院青藏高原研究所	博士研究生
郝大磊	男	中国科学院青藏高原研究所	博士研究生
聂　维	男	中国科学院青藏高原研究所	硕士研究生
唐分俊	男	中国科学院青藏高原研究所	硕士研究生
Bhaskar Shrestha	男	中国科学院青藏高原研究所	硕士研究生
Nawraj Sapkota	男	尼泊尔喜马拉雅研究中心	硕士研究生
Karishma Khadka	女	Tribhuvan University	硕士研究生

附 图

图 1 南亚通道南端大气污染物监测站点位置和科考路线

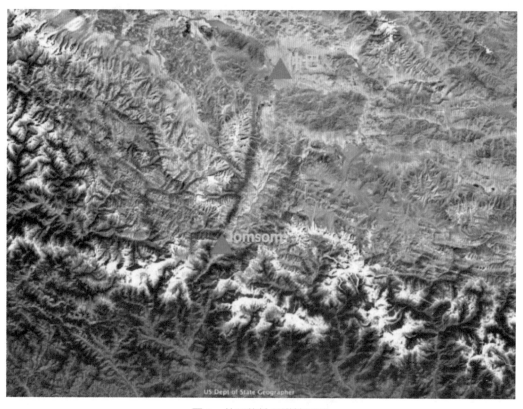

图 2 仲巴传输通道地形图

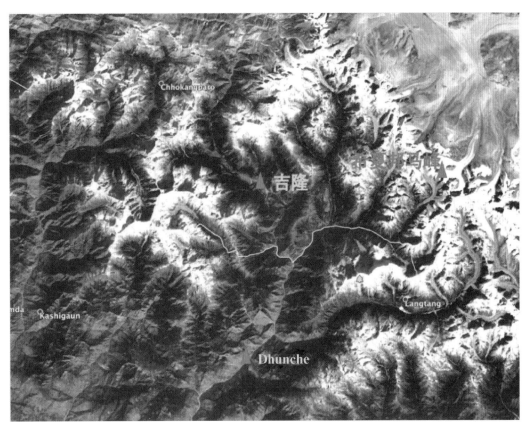

图 3　吉隆传输通道地形图

图 4　南亚通道南端河流主要区域科考路线图

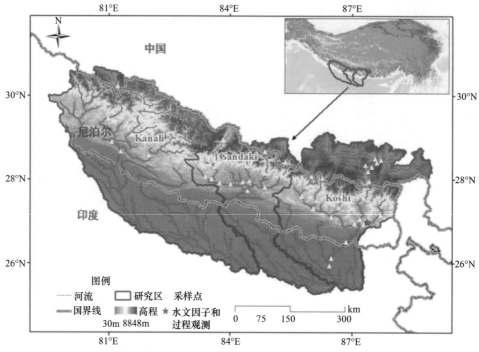

图 5　南亚通道南端河流主要跨境流域考察点示意图

图 6　科考队员们整装待发

图 7　太阳光度计 AOD 数据下载

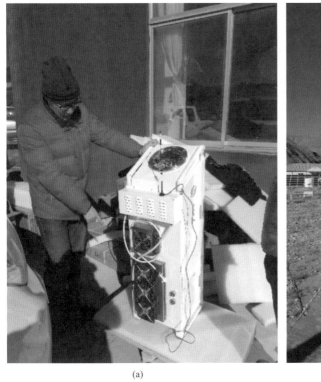

(a)

(b)

图 8　气溶胶激光雷达（a）和差分吸收光谱分析仪（b）调试安装

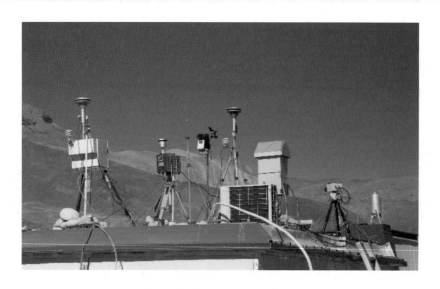

图 9　珠峰站观测房 PM$_{2.5}$ 中流量采样器等仪器

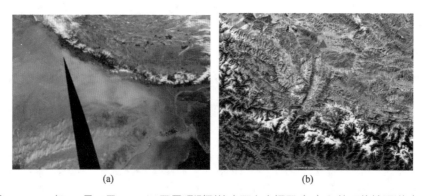

图 10　2017 年 12 月 1 日 MODIS 卫星观测到的南亚上空烟羽（a）和仲巴传输通道（b）

图 11　仲巴县选定监测点

图 12　吉隆县选定监测点

多轴差分吸收光谱　颗粒物激光雷达
MaxDOAS

图 13　仲巴观测现场主要观测仪器

图 14   仲巴观测现场科考队员合影

(a)

(b)

图 15   吉隆现场观测

(a)

(b)

图 16　加德满都谷地严重的大气污染

图 17　Bode 站观测平台及 PM$_{2.5}$ 采样器安装人员

图 18　Dhunche 大气污染

图 19　Dhunche PM$_{2.5}$ 采样现场培训

图 20　Lumbini 站 TSP 和 PM$_{2.5}$ 协同对比采样（雾霾天气）

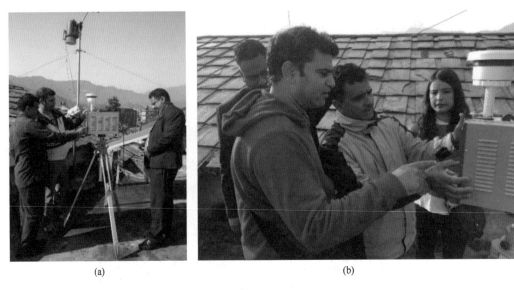

图 21　博克拉站大气气溶胶采样仪器培训

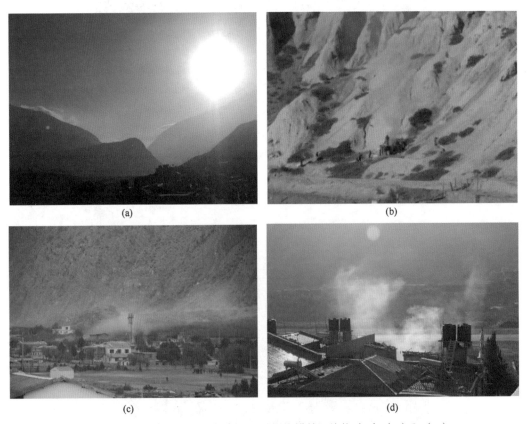

图 22　Jomsom 大气污染（a）及局地燃烧排放污染物（b）、（c）和（d）

图 23　Jomsom 站 PM$_{2.5}$ 采样

 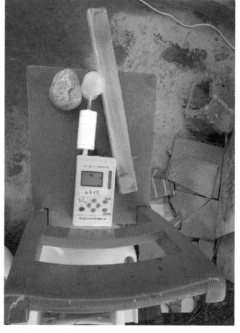

图 24　Jomsom 自动气象仪和单颗粒采样

(a)   (b)

图 25　科考队员们和野外水质调查采样工作合影

(a)   (b)

图 26　科考队员在 Bhurung Tatopani 开展水质调查采样工作

(a)   (b)

图 27　科考队员在 Gandaki 河上游 Mustang 地区开展水质调查采样工作

(a)   (b)

图 28　科考队员在水质调查采样工作过程中顺访当地相关机构

图 29　科考队员在 Melumchi 河与 Indrawati 河的汇流处开展水质调查采样工作

(a)   (b)

图 30　科考队员在 Tamakoshi 和 Sunkoshi 河和 Melumchi 河开展水质调查采样工作

(a)　　　　　　　　　　　　　　　(b)

图 31　尼 - 印边境 Koshi Barrage 采样调查点

(a)　　　　　　　　　　　　　　　(b)

图 32　科考队员野外水样过滤工作照

(a)　　　　　　　　　　　　　　　(b)

图 33　Sunkoshi（a）和 Tamakoshi（b）汇合点（两条河水质相差较大）

(a)　　　　　　　　　　　　　　　(b)

图 34　马甲藏布上游（a）和下游（b）出境点采样调查点

(a)　　　　　　　　　　　　　　　(b)

图 35　吉隆藏布河源（a）和上游（b）样点调查采样工作

(a)　　　　　　　　　　　　　　　(b)

图 36　吉隆藏布中游（a）和下游（b）出境点样点水质调查采样工作

(a)　　　　　　　　　　　　　　　(b)

图 37　朋曲河源（a）和上游（b）采样调查点

(a)　　　　　　　　　　　　　　　(b)

图 38　朋曲中游扎嘎曲（a）和叶如藏布（b）两大支流样点水质调查采样工作

(a)　　　　　　　　　　　　　　　(b)

图 39　朋曲下游出境点样点水质调查采样工作

图 40　科考队员经过冈仁波齐和拉昂错时的合影

图 41　科考队员于吉隆口岸的合影

图 42　科考队员于珠峰站的合影

图 43　科考队员在珠峰扎嘎曲采样时的合影

图 44　科考队员在朋曲出境点的合影